应用型本科 电子及通信工程专业“十三五”规划教材

移动通信信号室内覆盖原理及工程设计

李国华 编著

西安电子科技大学出版社

内 容 简 介

本书主要阐述移动通信信号室内覆盖的原理和工程设计，内容包含无线电技术基础、移动通信网络基础、信号室内覆盖的基本原理、室内覆盖系统工程勘察与设计、多系统共存设计、MIMO技术及室内实现、中继技术、工程安装设计、典型场景的覆盖解决方案。

书中每章都配有思考题，适用性强，有助于学生巩固学习内容，提升应用能力，同时也有助于教师开展教学。本书内容贴近工程实践，内容完整全面，实用性强，有助于应用型人才的能力培养。

本书可作为应用型本科通信工程及相关专业的教材使用，也可作为从事移动通信信号室内覆盖工程建设的相关技术人员的学习培训教材或参考资料。

图书在版编目(CIP)数据

移动通信信号室内覆盖原理及工程设计/李国华编著. 一西安：
西安电子科技大学出版社，2016.8
应用型本科 电子及通信工程专业“十三五”规划教材
ISBN 978 - 7 - 5606 - 4104 - 1

Ⅰ. ① 移… Ⅱ. ① 李… Ⅲ. ① 移动通信一通信网一高等学校一教材
Ⅳ. ① TN929.5

中国版本图书馆 CIP 数据核字(2016)第 169381 号

策　　划　马乐惠
责任编辑　马乐惠　王文秀
出版发行　西安电子科技大学出版社(西安市太白南路 2 号)
电　　话　(029)88242885　88201467　　邮　　编　710071
网　　址　www.xduph.com　　电子邮箱　xdupfxb001@163.com
经　　销　新华书店
印刷单位　陕西天意印务有限责任公司
版　　次　2016 年 8 月第 1 版　2016 年 8 月第 1 次印刷
开　　本　787 毫米×1092 毫米　1/16　印张 13.5
字　　数　313 千字
印　　数　1～3000 册
定　　价　28.00 元
ISBN 978 - 7 - 5606 - 4104 - 1/TN

XDUP 4396001 - 1

＊＊＊如有印装问题可调换＊＊＊

西安电子科技大学出版社
应用型本科 信息工程类专业“十三五”规划教材
编审专家委员名单

前　言

在过去的20多年中，中国的移动运营商建成了世界上规模最大、用户数量最多、覆盖面最广阔、技术制式最丰富的移动通信网络。随着移动互联网的快速发展，移动数据业务量飞速增长，研究与实践均表明，大量的移动数据业务在室内产生，因此移动通信网络的室内覆盖质量是移动运营商提高服务质量、改善用户体验的关键指标。同时随着我国经济社会的现代化和城镇化发展，大量的高层建筑、大型建筑、大型居民小区、大型地下空间和地铁等不断涌现，采用室外宏基站粗犷型网络覆盖的建设模式已经越来越不能适应城市发展的需要，逐渐取而代之的是采用室内覆盖技术的精细化网络覆盖的建设模式。移动数据业务呈现的热点和热区现象，促使移动网络出现了高吞吐率并促进了宽带化发展，LTE和4G网络的建设很好地满足了移动数据业务发展的需要。但LTE和4G网络所采用的无线新技术对室内信号覆盖提出了许多新的要求，如室内分布系统2×2 MIMO的实现、多运营商多技术室内信号共建的问题等，本书就是在这样的发展背景下完成的。

本书主要介绍移动通信网络信号室内覆盖实现的基本原理和系统组成、相关室内覆盖的工程设计流程方法和要点要素、室内MIMO实现的技术方法和多系统共存共建的方式方法及其干扰协调，并给出了多种典型场景的网络覆盖解决方案。本书侧重工程方法，内容全面而深入浅出，适合从事室内分布系统工程建设的相关技术专业人员和大专院校通信信息相关专业的学生阅读使用。

全书共有9章。第1章介绍移动通信室内分布系统工程建设常用的无线电技术的基本概念。第2章介绍当前室内分布系统建设中常见的移动通信网络技术及其基站的无线射频性能指标。第3章介绍信号室内覆盖的基本原理，主要包括室内分布系统的组成及其各种信号源、信号分布方式和相关功率分配等器件的特点。第4章全面介绍室内覆盖系统的工程设计流程方法和要点要素，主要包括工程选点、勘测、网络设计指标、系统设计及其容量预测、切换设计、天线布放、功率分配等相关问题，以及系统原理图及其标识方法。第5章介绍多系统共存设计，主要包括多系统共分布系统的建设方式、干扰分析和隔离措施。第6章介绍MIMO技术及其室内实现。第7章介绍了中继技术，主要分析了2G/3G网络使用的各种直放站技术及其引起的干扰问题；同时重点介绍了已成为4G网络关键技术之一的中继技术，讨论了它的应用模式以及由此引起的干扰和资源复用问题。第8章介绍了工程安装设计，包含主机、天线、器件、各种线缆等布放的技术要求和注意事项，以及密封和标识的技术要求。第9章介绍典型场景室内覆盖解决方案。

本书的撰写得到了金陵科技学院的经费支持和相关领导、同事的热情帮助，在此表示衷心的感谢。由于编者水平有限，加之技术发展日新月异，书中或有不足之处，敬请广大读者指正。

编著者

2016 年 7 月

目　　录

第 1 章　无线电技术基础

1.1　电磁波基础

1.1.1　无线电波的基本概念

利用电磁波的辐射和传播，经过空间传送信息的通信方式称为无线电通信(radio communication)，也称为无线通信(wireless communication)。

无线电波是一种能量传输形式，在传播过程中，电场和磁场在空间中是相互垂直的，同时也都垂直于传播方向。无线电波和光波一样，它的传播速度与传播媒质有关。无线电波在真空中的传播速度等于光速($c=3\times10^{8}$ m/s)，在媒质中的传播速度为

$$v=\frac{c}{\sqrt{\varepsilon}} \tag{1.1}$$

其中，ε 为传播媒质的相对介电常数。

无线电波的波长、频率和传播速度的关系为

$$\lambda=\frac{v}{f} \tag{1.2}$$

其中，v 为速度，单位为 m/s(米/秒)；f 为频率，单位为 Hz(赫兹)；λ 为波长，单位为 m(米)。

由上述关系式不难看出，同一频率的无线电波在不同的媒质中传播时速度是不同的，因此波长也不一样。

1.1.2　移动通信电磁波的工作频段

无线电频谱可分为 14 个频带(见表 1.1)，无线电频率以 Hz(赫兹)为单位，其表达方式为：3000 kHz 以下(包括 3000 kHz)，以 kHz 表示；3 MHz 以上至 3000 MHz(包括 3000 MHz)，以 MHz(兆赫兹)表示；3 GHz 以上至 3000 GHz(包括 3000 GHz)，以 GHz(吉赫兹)表示。

欧美各国、日本等一些西方国家常常把部分微波波段分为 L、S、C、X、Ku、K、Ka 等波段(或称子波段)，具体如表 1.2 所示。

国际电信联盟(ITU)以及各国无线电主管部门为移动业务划分和分配了多个频段，考虑到无线电波传播的特点，移动业务使用的频段主要在 3 GHz 以下。确定移动通信工作频段可从以下几方面来考虑：① 电磁波的传播特性；② 环境噪声及干扰的影响；③ 服务区范围、地形和障碍物的影响以及建筑物的穿透性能；④ 设备小型化；⑤ 与已经开发的频段的干扰、协调和兼容性。

表 1.1 无线电频带和波段命名

带号	频带名称	频率范围	波段名称	波长范围
-1	至低频(TLF)	0.03～0.3 Hz	至长波或千兆米波	10 000～1000 Mm
0	至低频(TLF)	0.3～3 Hz	至长波或百兆米波	1000～100 Mm
1	极低频(ELF)	3～30 Hz	极长波	100～10 Mm
2	超低频(SLF)	30～300 Hz	超长波	10～1 Mm
3	特低频(ULF)	300～3000 Hz	特长波	1000～100 km
4	甚低频(VLF)	3～30 kHz	甚长波	100～10 km
5	低频(LF)	30～300 kHz	长波	10～1 km
6	中频(MF)	300～3000 kHz	中波	1000～100 m
7	高频(HF)	3～30 MHz	短波	100～10 m
8	甚高频(VHF)	30～300 MHz	米波	10～1 m
9	特高频(UHF)	300～3000 MHz	分米波	10～1 dm
10	超高频(SHF)	3～30 GHz	厘米波	10～1 cm
11	极高频(EHF)	30～300 GHz	毫米波	10～1 mm
12	至高频(THF)	300～3000 GHz	丝米波或亚毫米波	10～1 dmm

注：频率范围均含上限，不含下限；相应名词不是正式标准名称，仅作简化称呼参考之用(波长范围亦类似)。

表 1.2 无线通信中部分微波波段的名称

代号	频率范围/GHz	波长范围/cm	代号	频率范围/GHz	波长范围/cm
L	1～2	30～15	Ku	13～18	2.31～1.67
S	2～4	15～7.5	K	18～28	1.67～1.07
C	4～8	7.5～3.75	Ka	28～40	1.07～0.75
X	8～13	3.75～2.31			

我国移动通信的使用频段原则上参照国际的划分来规划，同时兼顾我国无线电磁波的使用现状。我国蜂窝移动通信使用的频段具体安排如表 1.3 所示。

表 1.3 我国移动通信系统使用的无线电频段

类型	网络	上行频段	下行频段
2G	移动 GSM	890～909 MHz、1710～1725 MHz	935～954 MHz、1805～1820 MHz
	联通 GSM	909～915 MHz、1745～1755 MHz	954～960 MHz、1840～1850 MHz
	电信 CDMA	825～835 MHz	870～880 MHz
3G	移动 TD-SCDMA	F：1880～1900 MHz，A：2010～2025 MHz，E：2320～2370 MHz	
	联通 WCDMA	1940～1955 MHz	2130～2145 MHz
	电信 EV-DO	825～835 MHz、1920～1935 MHz	870～880 MHz、2110～2125 MHz
LTE	移动 TD-LTE	1880～1900 MHz、2320～2370 MHz、2575～2635 MHz	
	联通 TD-LTE	2300～2320 MHz、2555～2575 MHz	
	电信 TD-LTE	2370～2390 MHz、2635～2655 MHz	
WLAN	共用	2.4～2.4853 GHz、5.725～5.850 GHz	

1.1.3　室内电磁波传播模型

无线电磁波的基本传播方式有三种：直射、反射和绕射，如图 1.1 所示。无线电波在室内传播时受到的影响因素很多，如墙体、天花板、地面、人和室内物体等都会引起电磁波的直射、反射、绕射及它们的组合，电磁场分布十分复杂。

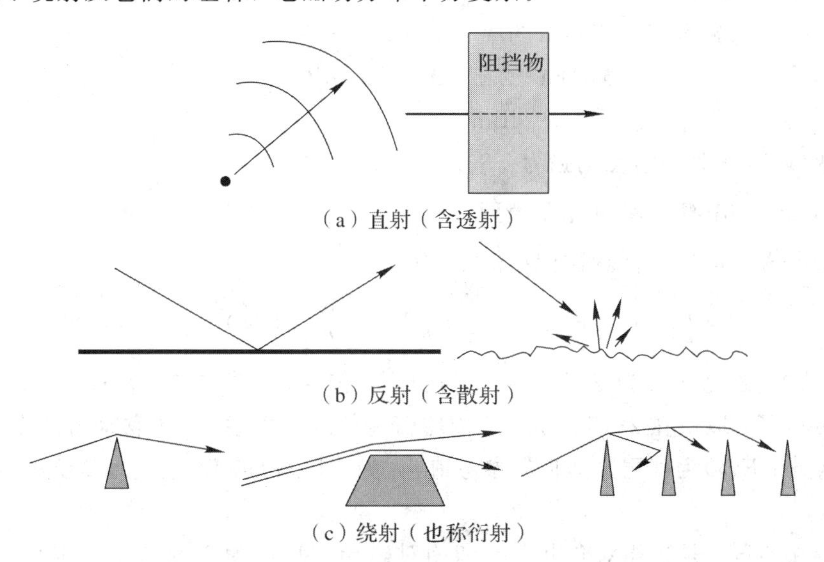

图 1.1　电磁波的三种基本传播方式

描述电磁波室内传播的模型有许多种，但都大同小异，下面着重介绍三种室内传播模型，供移动通信室内覆盖预测参考使用。

1. ITU－R P.1238 室内传播模型

该模型把室内传播场景分为无线信号的非视线传输(NLOS)和视线传输(LOS)。对于 NLOS，模型所用的公式为

$$PL(d)=20\ \lg f+n\ \lg d+L_F-28\ \text{dB}+X_\delta \tag{1.3}$$

其中，PL(d)为路径损耗，单位为 dB；n 为距离损耗系数，一般住宅取 28，办公室取 30，商场取 22；f 为频率，单位为 MHz；d 为移动台与发射机天线之间的距离，单位为 m；L_F 为楼层穿透损耗(由于室内覆盖通常为平层覆盖，很少穿透楼层覆盖，因此，该值被修正为墙壁穿透损耗)，单位为 dB；X_δ 为阴影衰落余量，单位为 dB，取值与覆盖概率要求和室内阴影衰落标准差有关。

不同材质的墙体，其墙体穿透损耗差别很大。表 1.4 所示为几种常见材质墙体的穿透损耗参考值。

表 1.4　常见墙体的穿透损耗值

墙体的类型	混凝土墙体	砖墙	玻璃	钢筋混凝土	混凝土地板
穿透损耗/dB	13～20	8～15	6～12	20～40	8～12

对于 LOS，模型所用的公式为

$$PL(d)=20\ \lg f+20\ \lg d-28\ \text{dB}+X_\delta \tag{1.4}$$

例 1.1 对某一建筑物做信号室内覆盖，电磁波频率为 2100 MHz，穿一面砖墙(穿透损耗取 10 dB)，天线口信号功率为 0 dBm(天线增益为 2.5 dB)，距离损耗系数取 30，阴影衰落余量取 8 dB，分析距离天线 10 m 处的边缘场强。

解 代入式(1.3)，得

$$\mathrm{PL}(10\ \mathrm{m})=20\times\lg 2100+30\times\lg 10+10-28+8=86.4\ \mathrm{dB}$$

$$\begin{aligned}\text{边缘场强}&=\text{天线口功率}+\text{天线增益}-\mathrm{PL}(10\ \mathrm{m})\\&=0\ \mathrm{dBm}+2.5\ \mathrm{dB}-86.4\ \mathrm{dB}\\&=-83.9\ \mathrm{dBm}\end{aligned}$$

距离天线 10 米处的边缘场强为−83.9 dBm。

2. Keenan - Motley 室内传播模型

Keenan - Motley 室内传播模型的公式为

$$\mathrm{PL}(d)=\mathrm{PL}(d_0)+10n_{\mathrm{SF}}\lg\left(\frac{d}{d_0}\right)+kF(k)+qW(q) \tag{1.5}$$

其中，$\mathrm{PL}(d_0)$为参考距离为 d_0 的自由空间的路径损耗，通常参考距离取 1 m；n_{SF}为室内路径损耗衰减因子，取值在 2～5 之间，室内覆盖一般取 3 左右；d 为移动台离发射天线的距离，单位为 m；$F(k)$为楼层穿透损耗参考值，k 为楼层数目；$W(q)$为墙壁穿透损耗参考值，q 为墙壁数目。

所谓自由空间，是指相对介电常数和相对磁导率均恒为 1 的均匀介质所存在的空间，电磁波自由空间传播只有扩散损耗的直线传播，而没有反射、折射、绕射、色散等现象，其传播速度等于光速。自由空间的路径损耗公式为

$$\mathrm{PL}(d)=32.45+20\ \lg d+20\ \lg f \tag{1.6}$$

其中，d 为收发天线间的距离，单位为 km；f 为工作频率，单位为 MHz。

需要注意的是，Keenan - Motley 室内传播模型中没有包含衰落余量，在进行链路预算时，需另行增加。

例 1.2 假设某工程为一宾馆的室内分布系统工程，天线输入口功率 $P_{\mathrm{t}}=5$ dBm，吸顶天线增益为 $G=2.1$ dBi，n_{SF}为 2.8，工作频段为 $f=900$ MHz，试预测同层视距可见距离 $d=15$ m 处的信号强度。

解 将已知条件代入式(1.6)得

$$\mathrm{PL}(1\ \mathrm{m})=32.45+20\ \lg 900+20\ \lg 0.001=31.5\ \mathrm{dB}$$

因为没有穿墙损耗和穿楼层损耗，所以由式(1.5)可得

$$\mathrm{PL}(15\ \mathrm{m})=\mathrm{PL}(1\ \mathrm{m})+10\times 2.8\ \lg\left(\frac{15}{1}\right)=31.5+32.9=64.4\ \mathrm{dB}$$

预测出距离信号源 15 米处的场强(设衰减余量 R 为 10 dB)为

$$\begin{aligned}P_{\mathrm{r}}&=P_{\mathrm{t}}+G-\mathrm{PL}(15\ \mathrm{m})-R\\&=5\ \mathrm{dBm}+2.1\ \mathrm{dB}-64.4\ \mathrm{dB}-10\ \mathrm{dB}\\&=-67.3\ \mathrm{dBm}\end{aligned}$$

3. 自由空间附加衰减损耗模型

自由空间附加衰减损耗模型公式为

$$\mathrm{PL}(d)=\mathrm{PL}(d_0)+20\lg\left(\frac{d}{d_0}\right)+\beta d+\mathrm{CL} \tag{1.7}$$

其中，$\mathrm{PL}(d_0)$是指参考距离为 d_0 的自由空间的路径损耗，通常参考距离取 1 m；β 为距离损耗因子，由多种因素组成，一般取值范围为 0～2 dB/m；d 为移动台与发射机天线之间的距离，单位为 m；CL 为穿墙穿透损耗，单位为 dB。

同样地，自由空间附加衰减损耗模型中没有包含衰落余量，在进行链路预算时，需另行增加。

由于室内传播非常复杂，预测出的场强和实际测量值存在一定偏差，因此工程设计时需用实测值对传播模型进行修正。

1.2　天线技术基础

1.2.1　天线的作用

在无线电通信系统中，有效地辐射和接收无线电波的装置称为天线。导线上有交变电流流动时，可发生电磁波的辐射，辐射的能力与导线的长度和形状有关。若导线间距离很近，电场被束缚在两导线之间，则辐射很微弱；将两导线张开，电场即散播在周围空间，则辐射增强，见图 1.2。

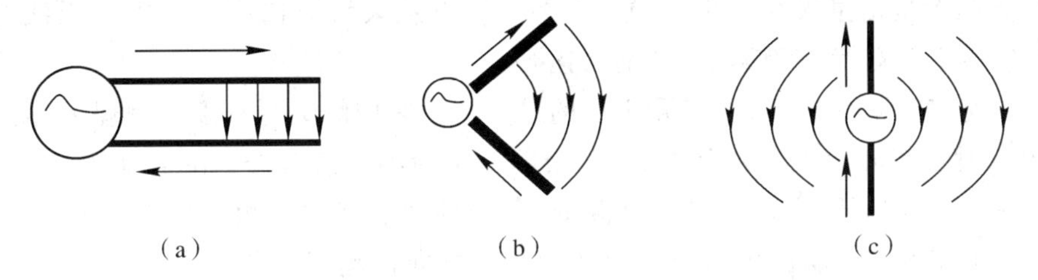

图 1.2　天线的电磁能量辐射

无线电发射机输出的射频信号功率，通过馈线（电缆）输送到天线，由天线以电磁波的形式辐射出去。电磁波到达接收地点后，由天线接收，并通过馈线送到无线电接收机。

发射天线是一种将高频已调电流的能量变换为电磁波的能量，并将电磁波辐射到预定方向的装置。接收天线将无线电磁波的能量变换为高频电流能量，输入到接收机。接收天线和发射天线的作用是可逆的。

1.2.2　半波振子天线

在移动通信频段，天线的形式主要是线状天线。所谓线状天线，就是天线的辐射体的长度远大于其直径。线状天线的基础单元是对称振子，对称振子就是在中点断开并馈以高频电流的导线，馈电点两边的导线长度相等。对称振子可以作为独立的天线或成为复杂天线的组成单元。每臂长度为四分之一波长的对称振子称为半波对称振子，如图1.3所示。

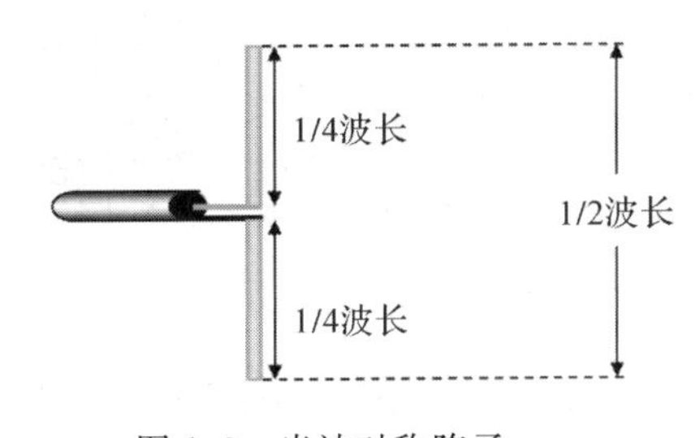

图 1.3　半波对称阵子

通常，天线在空间各个方向的辐射并不是均匀的，也就是说天线具有方向性。图 1.4 分别为一个半波振子天线和多个半波振子叠加组成天线的辐射方向示意图。

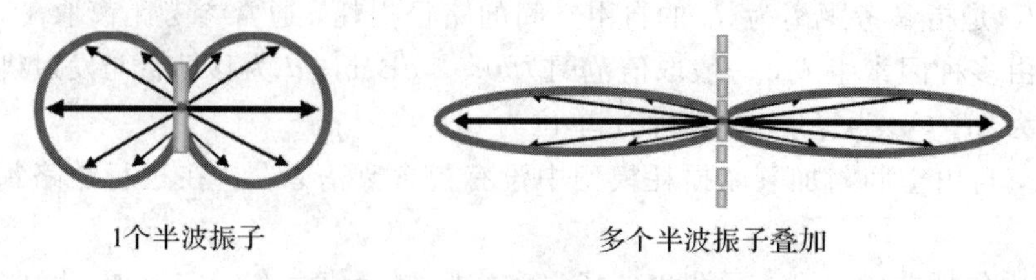

图 1.4　一个半波振子及多个半波阵子叠加后的辐射方向图

1.2.3　天线方向图

发射天线的基本功能之一是把从馈线取得的大部分能量向所需的方向辐射出去，天线的这种方向特性可以用天线方向图来描述。

天线的方向图是表征天线辐射特性(功率和场强)与空间角度关系的图形。完整的方向图是一个三维的空间图形，它是以天线相位中心为球心(坐标原点)，在远场半径 r 足够大的球面上，逐点测定其辐射特性绘制而成的。三维空间方向图的测绘十分麻烦，实际工作中，一般只需测得水平面和垂直面(即 XY 平面和 XZ 平面)的方向图。

常见的天线方向图为归一化方向图，采用无量纲的相对值或分贝表示。

天线方向图是衡量天线性能的重要图形，可以从天线方向图中观察到天线的各项参数，主要包括主瓣宽度、旁瓣电平和前后比等。

(1) 主瓣宽度。主瓣宽度是衡量天线的最大辐射区域的尖锐程度的物理量(见图 1.5)。方向图中辐射强度最大的瓣称为主瓣，其余的瓣称为副瓣或旁瓣。在主瓣最大辐射方向的两侧，把辐射强度降低 3 dB(功率密度降低一半)的两点间的夹角定义为主瓣宽度(又称波束宽度、波瓣宽度或半功率角)。主瓣宽度越窄，方向性越好，作用距离越远，抗干扰能力越强。

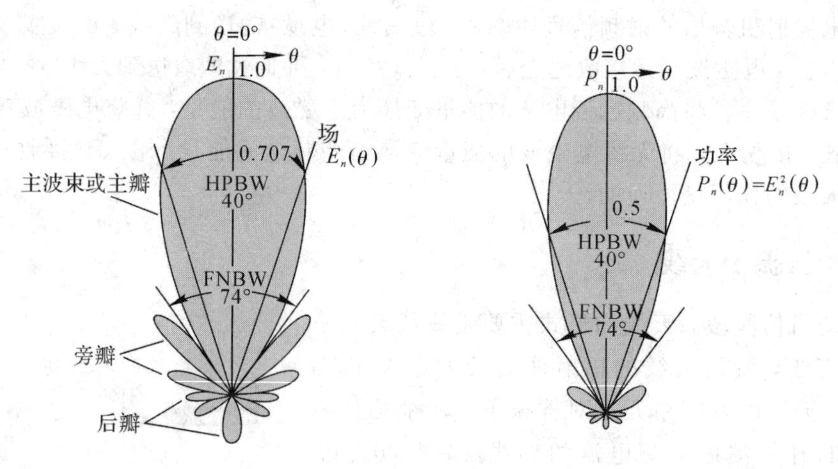

图 1.5　主瓣宽度

(2) 旁瓣电平。旁瓣电平通常是指离主瓣最近且电平最高的第一旁瓣的电平，一般以分贝表示。

(3) 前后比。前后比是指最大辐射方向(前向)电平与其相反方向(后向)功率之比，记为 F/B(见图 1.6)，通常以分贝为单位。F/B 的计算方法如下：

$$F/B = 10 \lg \frac{P_F}{P_B} \tag{1.8}$$

其中，P_F 为前向功率密度，P_B 为后向功率密度。

前后比越大，天线的后向辐射越小。

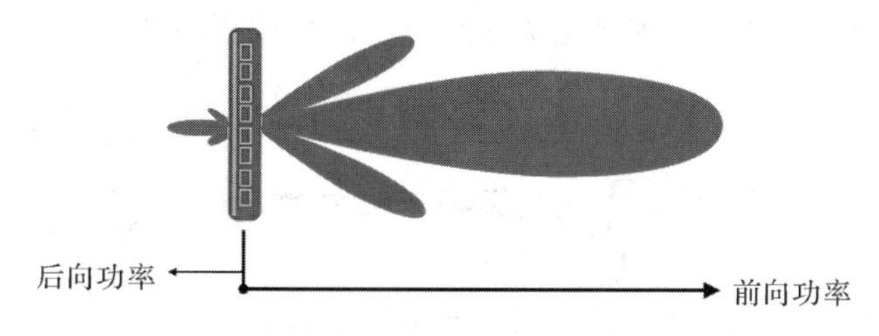

图 1.6　天线的辐射前后比

在移动通信中常用两类天线：全向天线和定向天线。全向天线在同一水平面内各方向的辐射强度是相等的(或基本相等的)，适用于全向小区的覆盖，如图 1.7 所示；定向天线在同一水平面的辐射具有方向性，能量辐射比较集中，适用于扇形小区的覆盖，如图 1.8 所示。

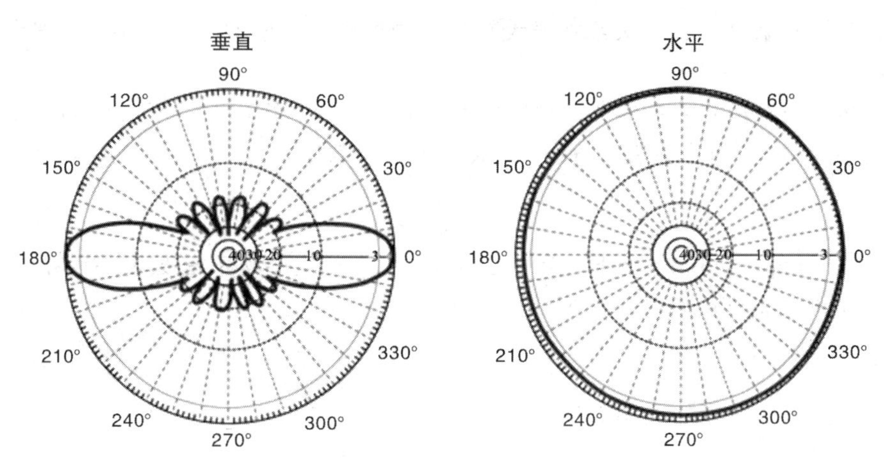

图 1.7　全向天线方向图

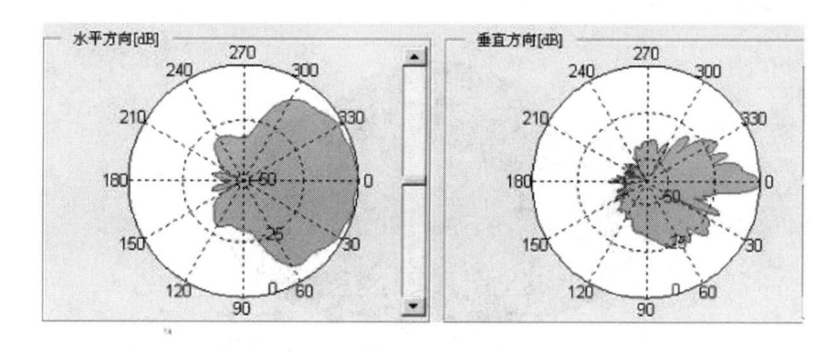

图 1.8　定向天线方向图

1.2.4 天线增益

天线作为无源器件，其增益的意义与功率放大器的不同。天线增益是指在输入功率相等的条件下，实际天线与理想的辐射单元在空间同一点处所产生的信号的功率密度之比，它定量地描述一个天线把输入功率集中辐射的程度。增益显然与天线方向图有密切的关系，方向图主瓣越窄，副瓣越小，增益越高(参见图 1.9)。天线增益用来衡量天线朝一个特定方向收发信号的能力，它是选择基站天线最重要的参数之一。

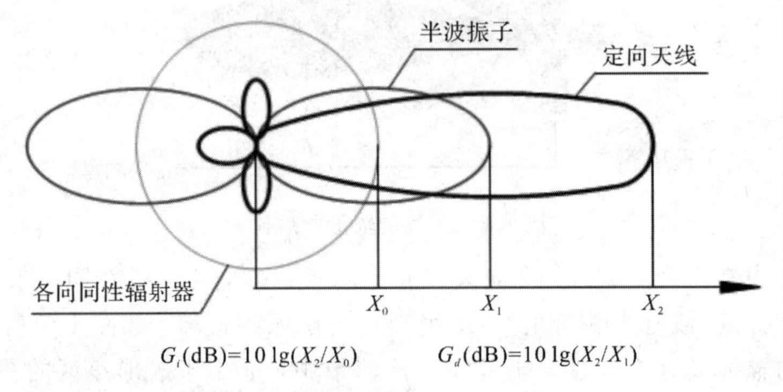

图 1.9 天线增益的定义

标称的天线增益通常是指天线在最大辐射方向的增益。增益是比较值，依据参考天线的不同，有两种表示方式：

(1) 在输入功率相同的条件下，天线在某方向某点产生的功率密度 X_2 与理想点源(理想介质)在同一点产生的功率密度 X_0 的比值，单位为 dBi。

$$G_i = 10\ \lg \frac{X_2}{X_0} \tag{1.9}$$

(2) 在输入功率相同的条件下，天线在某方向某点产生的功率密度 X_2 与半波对称振子在同一点产生的功率密度 X_1 的比值，单位为 dBd。

$$G_d = 10\ \lg \frac{X_2}{X_1} \tag{1.10}$$

两种表示方式存在如下关系：

$$G_i = G_d + 10\ \lg \frac{X_1}{X_0} = G_d + 2.15 \tag{1.11}$$

G_i 和 G_d 的关系如图 1.10 所示。

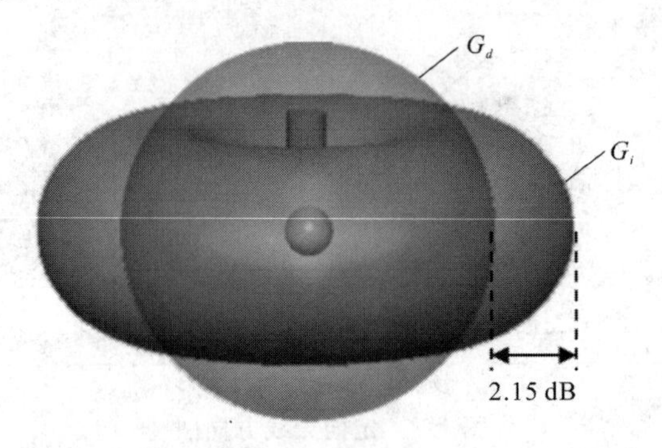

图 1.10 G_i 和 G_d 的关系

1.2.5　天线阻抗匹配

天线的辐射功率来自馈线，因此天线实际上是馈线的负载。它从馈线取得功率，变换成电磁能量，发射到空间，而不应将输入功率通过馈线反射回发射机，这就是天线的阻抗匹配问题。

天线的输入阻抗是天线馈电端输入电压与电流的比值。天线与馈线的连接，最佳情形是天线的输入阻抗为纯电阻且等于馈线的特性阻抗，这时馈线终端没有功率反射，馈线上没有驻波，高频电流在馈线中以行波方式传送。天线的输入阻抗随频率的变化比较平缓。天线的匹配工作就是消除天线输入阻抗中的电抗分量，使电阻分量尽可能地接近馈线的特性阻抗。

天线阻抗匹配的优劣一般用四个参数来衡量，即驻波比、反射系数、行波系数和回波损耗，四个参数之间有固定的数值关系。

由反射波和入射波合成而产生的称为驻波，驻波信号振幅的最大值与最小值之比称为电压驻波比(VSWR)，用 ρ 表示。

$$\rho=\frac{|U|_{\max}}{|U|_{\min}}=\frac{|U^{+}|+|U^{-}|}{|U^{+}|-|U^{-}|}=\frac{1+|\Gamma|}{1-|\Gamma|} \tag{1.12}$$

其中，$|U^{+}|$ 为入射波电压；U^{-} 为反射波电压；Γ 为反射系数，其定义为反射波与入射波的电压比，见式(1.13)。

$$\Gamma=\frac{U^{-}}{U^{+}}=\frac{Z_L-Z_0}{Z_L+Z_0} \tag{1.13}$$

其中，Z_L 为输入阻抗，Z_0 为特性阻抗。由定义可得出，反射系数的取值范围是 0～1，而驻波比的取值范围是 1 正无穷大。驻波比为 1，表示完全匹配；驻波比为无穷大，表示全反射，完全失配。

行波系数 K 与驻波比互为倒数。

回波损耗表示端口的入射波电压与反射波电压之比，也就是反射系数绝对值的倒数。回波损耗常用分贝值表示，回波损耗越小表示匹配越差，回波损耗越大表示匹配越好。

在移动通信工程中，天线阻抗匹配用得较多的参数是驻波比和回波损耗。

1.2.6　极化方式

极化是指电磁波在传播的过程中，其电场矢量在空间的取向状态。极化可以分为线极化、圆极化和椭圆极化等形式，在移动通信中一般使用线极化天线。线极化天线依据其极化方向与大地水平面的垂直或平行等关系，又有垂直极化、水平极化、+45°极化和－45°极化之分，如图 1.11 所示。

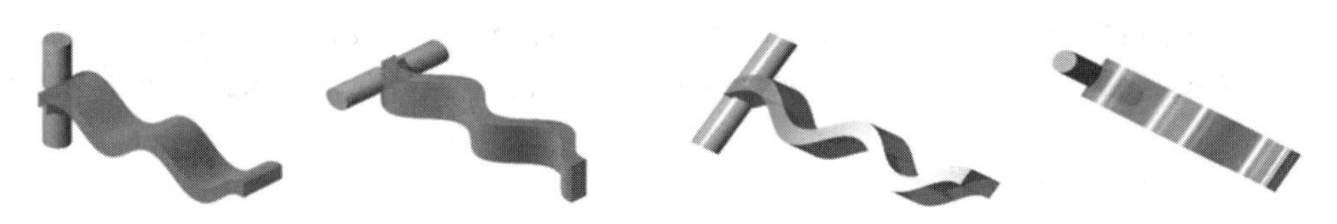

垂直极化和水平极化　　　　+45° 极化和-45° 极化

图 1.11　天线的单极化方向

把垂直极化和水平极化两种极化的天线组合在一起，或者把＋45°极化和－45°极化两种极化的天线组合在一起，就构成了一种新的天线——双极化天线，见图1.12。

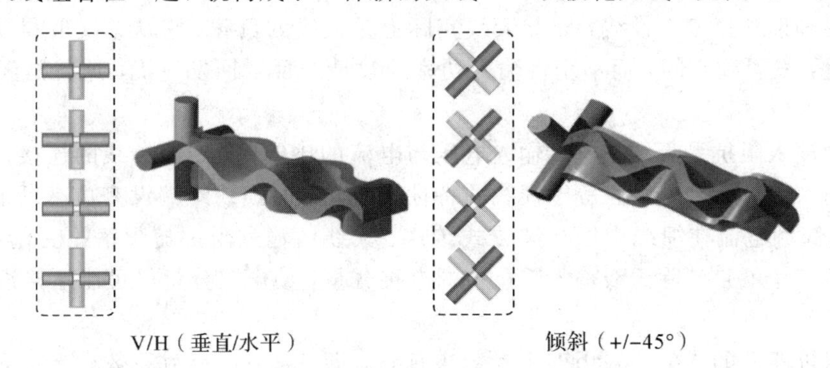

图1.12　天线的双极化组合

接收天线的极化方向只有同被接收的电磁波的极化方向一致时，才能有效地接收到信号。当来波的极化方向与接收天线的极化方向不一致时，接收到的信号都会变小，也就是发生了极化损失。例如，当用＋45°极化天线接收垂直极化或水平极化波时，或者当用垂直极化天线接收＋45°极化或－45°极化波时，都会产生极化损失。

当接收天线的极化方向与来波的极化方向完全正交时，如用水平极化的接收天线接收垂直极化的来波，天线就完全接收不到来波的能量，这种情况下极化损失最大。当然，由于实际工艺的限制，理想的完全极化隔离是没有的。

如图1.13所示的双极化天线中，设输入垂直极化天线的功率为1 W，结果在水平极化天线的输出端测得的输出功率为1 mW，则极化隔离度为30 dB。

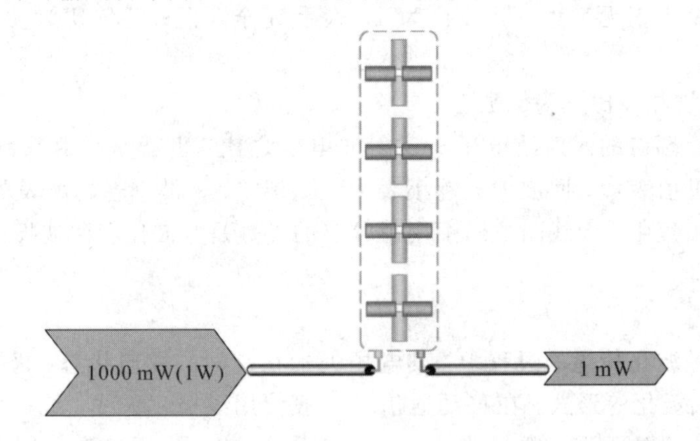

图1.13　天线的极化隔离

一个较复杂的电磁波传播环境会引起电磁波极化方向的多样化。在移动通信中，手机通常采用单极化天线，综合考虑天线大小、电磁波传播环境、大地极化电流和接收有效性等因素，室外宏基站天线一般采用±45度双极化天线，室内分布系统通常采用垂直极化天线。

1.2.7　工作频带和功率容限

天线的电参数一般都与工作频率有关，保证电参数指标容许的频率变化范围，即是天线的工作频带宽度。限制天线频带宽度的主要因素是阻抗特性。

在移动通信系统中，天线的工作频带是指天线的驻波比不超过 1.5 时的天线工作频率范围。一般全向天线的工作带宽能达到工作频率范围的 3%～5%，定向天线的工作带宽能达到工作频率的 5%～10%。

功率容量是指天线不出现由电阻和介质损耗所消耗产生的热能而导致的器件的老化、变形以及电压飞弧现象所允许的最大功率负荷。功率容限是指由于最大输入信号所引起的热能不会引起电击穿和热损坏等问题的最大承受限度。

因此，在移动通信工程建设中选择天线时，必须对天线的工作频带和功率容限(发信时)做出正确的选择。

1.3 传输线基础

1.3.1 传输线的特性

从电子学概念上来说，能够传输电磁能量的线路都叫传输线。在射频频段，由于信号波长很短，传输线的长度可以和波长相比拟，线上各点的电压和电流都不再相同，整个传输线也不再是等效电路中的一点，这个意义上的传输线叫长线。如无特殊说明，射频和微波信号的传输线都是指长线传输线。常见的射频传输线有平行线、同轴线、波导、带状线、微带线等不同形式。特性阻抗和传播常数是所有微波传输线最主要的两个参量。

1. 特征阻抗

特征阻抗，也称特性阻抗。传输线的特性阻抗是由其几何结构和材料决定的一个物理量，它等于模式电压与模式电流之比。无耗传输线的特征阻抗为实数，有耗传输线的特征阻抗为复数。在做射频系统设计时，一定要考虑信号线的特征阻抗是否等于所连接前后级部件的阻抗。当不相等时会产生反射，造成失真和功率损失。

目前世界上的微波通信系统一般分为两种特性阻抗：一种是 50 欧姆系统，如军用的微波通信系统和雷达、民用的蜂窝移动通信系统等；另一种是 75 欧姆系统，这种系统相对比较少，如有线电视系统。

2. 传播常数

传播常数 $g=a+\mathrm{j}b$，表示行波每经过单位长度，其振幅和相位的变化。a 为衰减常数，单位为 Np/m 或 dB/m，表示每经过单位长度行波振幅衰减为原来的 $1/\mathrm{e}^{-a}$；b 为相移常数，单位为 rad/m，表示每经过单位长度相位滞后的弧度数。

对于有耗传输线，传播常数为

$$g=\sqrt{(R_0+\mathrm{j}\omega L_0)(G_0+\mathrm{j}\omega C_0)} \tag{1.14}$$

其中，R_0、L_0、G_0、C_0 分别对应于传输线的分布电阻、分布电感、分布电导和分布电容。

对于均匀无耗传输线，$R_0=0$，$G_0=0$，则

$$g=\mathrm{j}\omega\sqrt{L_0C_0} \tag{1.15}$$

其衰减常数 $a=0$，相移常数 $b=\omega\sqrt{L_0C_0}$，表明在传输过程中振幅不衰减，相位按线性关系滞后。

1.3.2 传输线阻抗匹配

微波传输线的特性阻抗必须与负载的输入阻抗匹配，否则就会有反射波产生，信号能量流向信号源，使输送到负载的功率降低。

驻波比恶化意味着信号反射比较严重，也就是说负载和传输线的匹配效果比较差。如果负载阻抗与传输线的特性阻抗并不相等，就需要在传输线的输出端与负载之间接入阻抗变换器，使后者的输入阻抗作为等效负载而与传输线的特性阻抗相等，从而实现传输线阻抗匹配。

信号在传输线上的传播可以分为以下三种状态：

(1) 行波状态。产生行波的条件是 $Z_L=Z_0$，其特征是线上无反射，$\Gamma=0$。

(2) 纯驻波状态。产生纯驻波的条件是 $Z_L=0$ 或 $Z_L=\infty$，表现为线上信号全反射，$\Gamma=-1$ 或 $\Gamma=1$。

(3) 行驻波状态。当负载阻抗介于上述两种条件之间时，传输线上既有行波也有驻波，这种状态称为行驻波状态，这是最为普遍的传输状态。在移动通信系统中，一般要求回波损耗大于 14 dB。

传输线的损耗主要有以下三类：

(1) 介质损耗。介质损耗是当电场通过介质时，由于介质分子交替极化和晶格来回碰撞而产生的热损耗。为了减少这部分损耗，应选择性能优良的介质。

(2) 导体损耗。传输线均具有有限的电导率，电流流过时必然引起的热损耗称为导体损耗。在高频情况下，趋肤效应减少了导体的有效截面积，增加了导体损耗。

(3) 辐射损耗。例如，由微带线场结构的半开放性所引起的损耗就是一种辐射损耗。

1.3.3 射频同轴电缆

射频同轴电缆基本上由内导体、介质、外导体和护套等组成，内外导体呈同心圆，如图 1.14 所示。

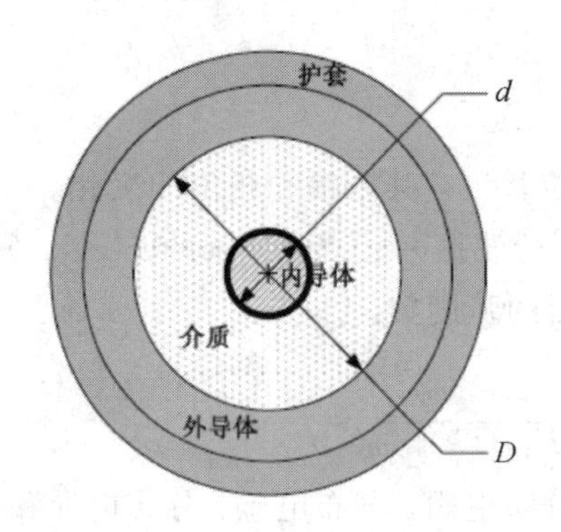

图 1.14 射频同轴电缆的结构和实体图

同轴电缆的特性阻抗(Z_0)与其内外导体的尺寸之比有关。由于射频能量传输的趋肤效应，与阻抗相关的重要尺寸是电缆内导体的外径(d)和外导体的内径(D)。同轴电缆的特性阻抗的计算式如下：

$$Z_0 = \frac{138}{\sqrt{\varepsilon_r}} \lg\left(\frac{D}{d}\right) \tag{1.16}$$

如果同轴电缆某一段发生比较大的挤压或者扭曲变形，那么内外导体半径间的关系就会发生变化，从而形成该段同轴电缆阻抗失配，造成失配损耗，因此每种电缆都有最小弯曲半径的要求。

同轴电缆的基模为 TEM 模，即电场和磁场的方向均与传播方向垂直。在信号通过同轴电缆时，所建立的电磁场是封闭的，电磁能量局限在内外导体之间的介质内传播，在导体的横切面周围没有电磁场。电缆内部电场建立在中心导体和外导体之间，方向呈放射状；而磁场则是以中心导体为圆心，呈多个同心圆状，如图 1.15 所示。

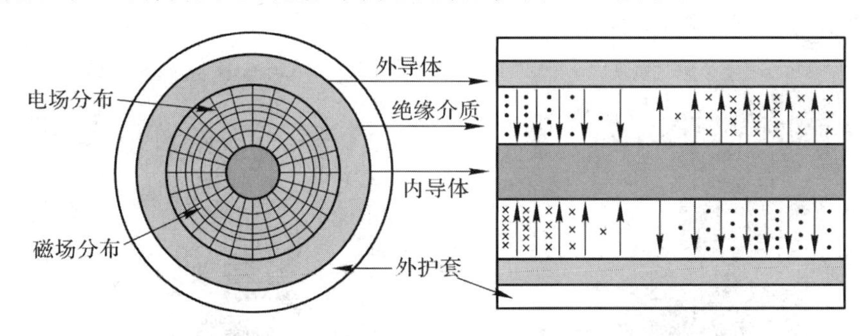

图 1.15　同轴电缆的内部场分布

同轴电缆的衰减也是由介质损耗、导体(铜)损耗和辐射损耗三部分组成的。大部分的损耗转换为热能。导体的尺寸越大，导体损耗越小；而频率越高，介质损耗越大。

1.3.4　泄漏同轴电缆

泄漏同轴电缆(leaky coaxial cable)通常又简称为泄漏电缆，其结构与普通的同轴电缆相近，由内导体、绝缘介质、开有一系列槽孔的外导体和护套四部分组成，如图 1.16 所示。泄漏同轴电缆既具有信号传输作用，又具有天线功能。电磁波在泄漏电缆中纵向传输的同时通过槽孔向外界辐射电磁波；外界的电磁场也可通过槽孔感应到泄漏电缆内部并传送到接收端。

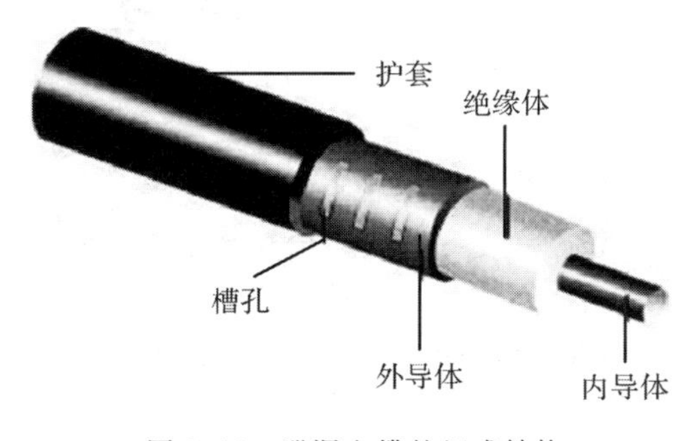

图 1.16　泄漏电缆的组成结构

当同轴电缆外导体完全封闭时，电缆内传输的信号与外界是完全屏蔽的，电缆外没有其泄露出的电磁场；同样地，外界的电磁场也不会对电缆内的信号造成影响。然而通过同轴电缆外导体上所开的槽孔，电缆内传输的一部分电磁能量发送至外界环境。同样，外界能量也能传入电缆内部。外导体上的槽孔使电缆内部电磁场和外界电波之间产生耦合，具体的耦合机制取决于槽孔的排列形式。

根据信号与外界的耦合机制不同，泄漏电缆主要分为辐射型(RMC)和耦合型(CMC)两种基本类型。

辐射型泄漏电缆(见图1.17)的电磁场由电缆外导体上周期性排列的槽孔产生，槽孔间距(d)与工作波长(λ)相当。

耦合型泄漏电缆(见图1.18)有许多不同的结构形式，如在外导体上开一长条形槽，或开一组间距远远小于工作波长的小孔，或两侧开缝。电磁场通过小孔衍射激发电缆外导体外部电磁场。电流沿外导体外部传输，电缆像一个可移动的长天线向外辐射电磁波。因此，耦合型电缆亦等同于一根长的电子天线。

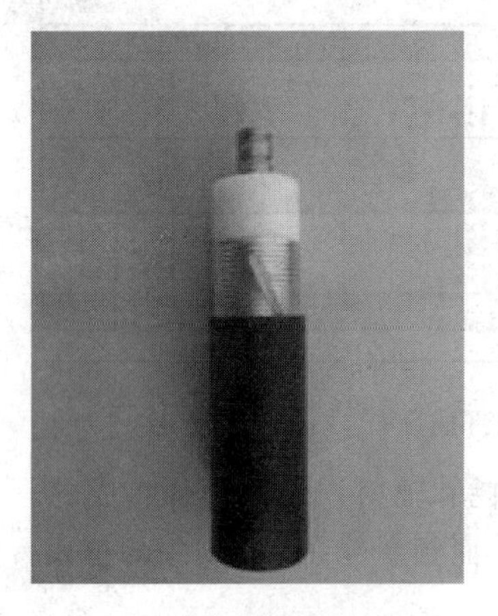

图1.17　辐射型泄漏同轴电缆

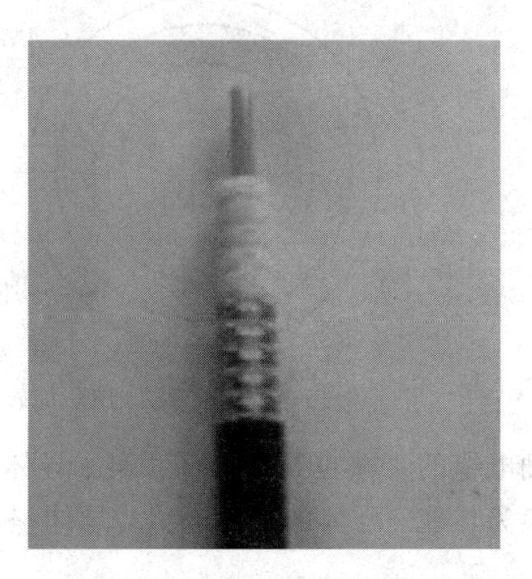

图1.18　耦合型泄漏同轴电缆

泄漏同轴电缆有两个重要指标：传输衰减和耦合损耗。泄漏同轴电缆的系统损耗就是指传输衰减和耦合损耗的总和。传输衰减，也叫介入损耗，主要指传输线路的传导损耗，它随频率而变化，以dB/100 m表示；耦合损耗是指通过开槽外导体从电缆散发出的电磁波在泄漏同轴电缆和移动接收机之间的路径损耗或信号衰减。

1.4　射频常用术语

1. dB与dBc

射频信号的相对功率常用dB和dBc两种形式表示，其区别在于：dB是任意两个功率的比值的对数表示形式，而dBc是某一频点输出功率和载频输出功率的比值的对数表示形式。

射频信号的绝对功率常用dBm、dBW表示，它与mW、W的换算关系如下(设信号功率为xW)：

$$P(\text{dBm})=10\lg(1000x) \tag{1.17}$$

$$P(\text{dBm})=10\lg x \tag{1.18}$$

例如，1 W等于30 dBm，等于0 dBW。

2. 噪声与热噪声

噪声是指在信号处理过程中遇到的无法确切预测的干扰信号(各类频点干扰不算是噪声)。常见的噪声有来自外部的，也有来自系统内部的。来自外部的有地球大气层外银河系产生的噪声、大气干扰和电暴、汽车的点火噪声等；来自系统内部的有热噪声、晶体管等在工作时产生的散粒噪声、信号与噪声的互调产物等。

热噪声主要来源于电路中各元器件的电子热运动，它是电路器件所固有的，是一种随机变量，其频谱占据整个无线电频谱，热噪声谱密度是均匀的，因此热噪声的功率是正比于接收机带宽的。

热噪声 N_0 大小等于当温度为 290 K(17℃)时，由接收机通带(通常由接收机中频带宽所决定)所截获的热噪声功率电平。

$$N_0 = kTB \tag{1.19}$$

其中，k 为玻尔兹曼常量，$k=1.37\times10^{-23}$；T 为绝对温度值 290 K；B 为接收机带宽，单位为 Hz。N_0 用分贝值表示如下：

$$N_0(\text{dBW}) = -204\ \text{dBW} + 10\ \lg B$$

或

$$N_0(\text{dBm}) = -174\ \text{dBm} + 10\ \lg B \tag{1.20}$$

3. 信噪比与载噪比

信号功率与噪声功率的对数比值称为信噪比。信噪比是衡量系统性能的关键指标。

由于在扩频通信系统中，允许其输入的信噪比为负值，即信号功率往往比噪声功率低很多，这就使得我们无法准确测试信号通过射频通道后的信噪比的恶化程度。为了能够准确测量射频通道对信噪比影响的性能，可以用载噪比替代信噪比来衡量射频通道的好坏。载噪比是指输入载波功率与噪声功率的对数比值。

由于射频通道对信噪比的影响是通过输入端信噪比和输出端信噪比的变化差值来衡量的，而同样利用一个较强的输入载波功率替代信号功率，输入端和输出端载噪比的变化差值与信噪比的变化差值实际上是一样大的。

4. 噪声系数

在接收机系统中，主要依靠信噪比(载噪比)来判断接收通道的性能好坏。而在射频通道的各个指标中，低噪放的噪声系数的指标是对接收机信噪比(载噪比)影响最大的指标。

噪声系数用来衡量射频部件对小信号的处理能力，噪声系数定义为系统输入信噪比 $(\text{SNR})_\text{i}$ 与输出信噪比 $(\text{SNR})_\text{o}$ 的比值，即

$$\text{NF} = \frac{(\text{SNR})_\text{i}}{(\text{SNR})_\text{o}} = \frac{P_\text{i}/N_\text{i}}{P_\text{o}/N_\text{o}} \tag{1.21}$$

噪声系数表示信号通过射频通道后，电路对信噪比的恶化程度。噪声系数最小为 1，但实际中不存在这样的电路网络。

对于线性单元，不会产生信号与噪声的互调产物及信号的失真，这时噪声系数可以用下式表示：

$$NF=\frac{P_{no}}{G\cdot kTB} \tag{1.22}$$

其中，P_{no}表示输出端的噪声功率，G为单元增益，kTB为热噪声功率。

对于级联网络的噪声系数，计算公式如下：

$$NF_{total}=NF_1+\frac{NF_2-1}{G_1}+\frac{NF_3-1}{G_1\cdot G_2}+\cdots+\frac{NF_n-1}{G_1\cdot G_2\cdot\cdots\cdot G_{n-1}} \tag{1.23}$$

例 1.3 三个电路网络级联，各电路网络的增益和噪声系统分别为：$G_1=1000$，$NF_1=1.5$；$G_2=1000$，$NF_2=10$；$G_3=1000$，$NF_3=20$。求三个电路网络级联后的总噪声系数。

解 三个电路网络级联后的总噪声系数为

$$NF_{total}=NF_1+\frac{NF_2-1}{G_1}+\frac{NF_3-1}{G_1\cdot G_2}=1.5+\frac{10-1}{1000}+\frac{20-1}{1000\times 10000}=1.51$$

可见当第一级网络的增益足够大时，多个网络级联的噪声系数主要取决于第一级网络的噪声系数。

5. 1 dB 压缩点

信号在通过射频通道时会有一定程度的失真，失真可以分为线性失真和非线性失真。产生线性失真的主要是一些滤波器等无源器件，产生非线性失真的主要是一些放大器、混频器等有源器件。

非线性失真可以分成非线性幅度失真和非线性相位失真。非线性幅度失真常用 1 dB 压缩点、三阶交调、三阶截止点等指标衡量。

当一个射频放大器的输入信号较小时，其输出与输入可以保证线性关系，输入电平每增加 1 dB，输出相应增加 1 dB，增益保持不变；随着输入信号电平的增加，输入电平每增加 1 dB，输出将增加不到 1 dB，增益开始压缩。增益压缩 1 dB 时的输入信号电平称为输入 1 dB 压缩点，这时输出信号电平称为输出 1 dB 压缩点，如图 1.19 所示。

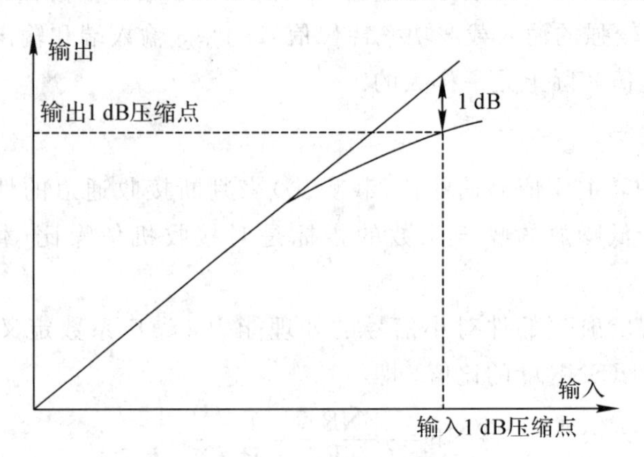

图 1.19 1dB 压缩点

6. 三阶交调与三阶截止点

三阶交调(也称三阶互调)是用来衡量非线性的一个重要指标，三阶交调常用 dBc 表示，即交调产物与主输出信号的比。以放大器为例来说明三阶交调指标，两个电平相等的

单音信号 ω_1 和 ω_2 同时输入一个射频放大器，由于存在非线性作用，因此将产生许多互调分量，其中的 $2\omega_1-\omega_2$ 和 $2\omega_2-\omega_1$ 两个频率分量称为三阶交调分量(见图 1.20)，其功率 P_3 与信号 ω_1 或 ω_2 的功率 P_1 之比称三阶交调系数 M_3，即

$$M_3=10\ \lg\frac{P_3}{P_1} \tag{1.24}$$

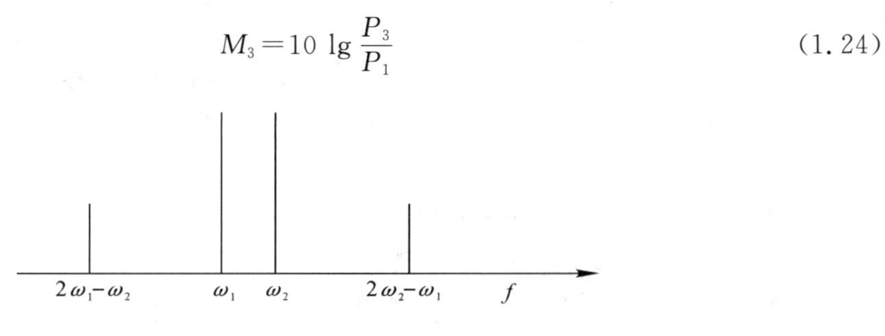

图 1.20　三阶交调分量

当两个单频输入信号同时增加 1 dB 时，输出三阶交调产物将增加 3 dB，而主输出信号仅增加 1 dB(不考虑压缩)，这样输入信号电平增加到一定值时，输出三阶交调产物与主输出信号相等，这一点称为三阶截止点，对应的输入信号电平称为输入三阶截止点，对应的输出信号电平称为输出三阶截止点，如图 1.21 所示。注意：三阶截止点信号电平是不可能达到的，因为在这时早已超过微波单元电路的承受能力。

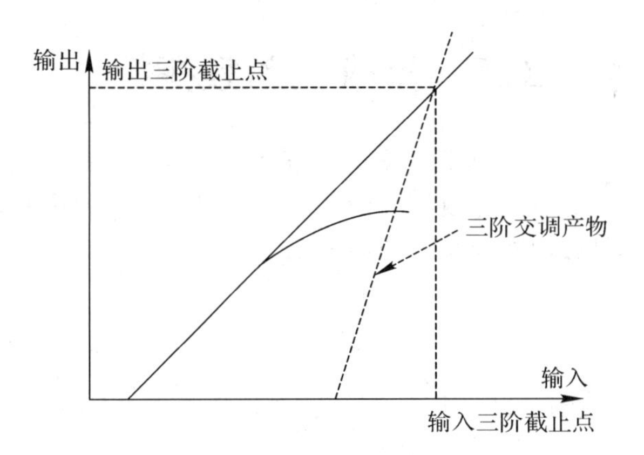

图 1.21　三阶交调截止点

7. EIRP

EIRP(等效全向辐射功率)为射频发射机在指定方向上的辐射功率。EIRP 反映了设备辐射信号的强度，接收设备收到的信号强度与这个指标有密切关系。一般的无线电法规都是规定 EIRP 的限值，而不是发射功率的限值。

EIRP 的计算公式如下：

$$\text{EIRP}=P+G-A \tag{1.25}$$

其中，P 为设备发射功率，单位为 dBw 或 dBm；G 为发射天线增益，单位为 dB；A 为线路损耗，单位为 dB。

例 1.4　如图 1.22 所示，设备发射功率为 20 W，两端连接跳线损耗各为 0.5 dB，馈线损耗为 3 dB，发射天线增益为 18 dBi，求该系统的 EIRP。

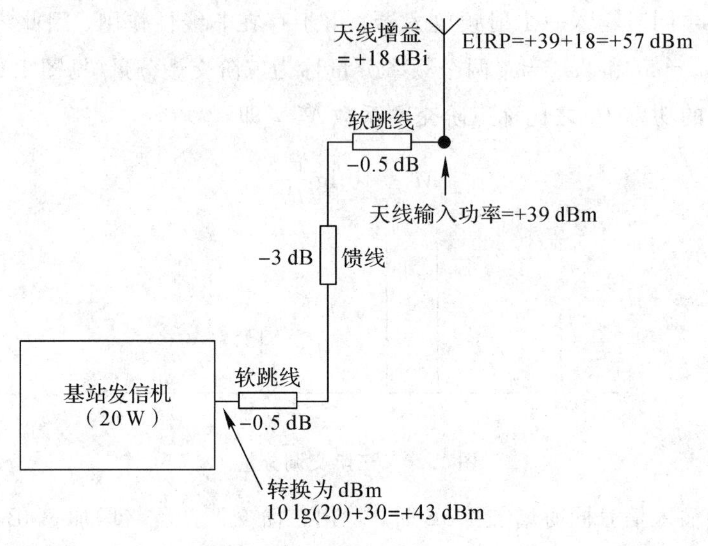

图 1.22　EIRP 的计算

解　经换算：20 W=43 dBm，由图可知，线路损耗

$$A=0.5+3+0.5=4\ \text{dB}$$

$$\text{EIRP}=P+G-A=43\ \text{dBm}+18\ \text{dBi}-4\ \text{dB}=57\ \text{dBm}$$

1.5　接收机射频指标

接收机的主要作用是把天线接收下来的射频载波信号首先进行低噪声放大，然后经过(一次、两次，甚至三次)变频将射频信号变频为适宜解调的中频信号，最后经解调还原出原始低频信号。天线基站接收机典型框图如图 1.23 所示。

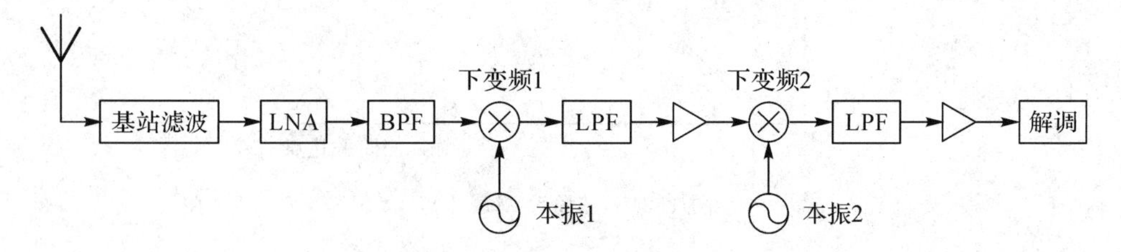

图 1.23　无线基站接收机典型框图

1. 接收机带外抑制

带外抑制是指接收机对通带外的干扰的抑制能力。一般如果没有特别的干扰信号，对于接收机没有特殊的带外抑制要求；通常对于远离通带的信号，一般滤波器都能很好地抑制，不需要进行特别的处理。有两类特殊情形需要对接收机的前端低噪放 LNA 部分的滤波器带外抑制作特殊要求：一是干扰信号距离通带很近，二是远离通带信号的干扰信号很强。

2. 接收机带内波动

带内波动是指接收机对通带内不同频点的增益差别。接收机带内波动太大会对接收信号的质量有影响，一般较好射频组部件的带内波动指标要求都小于 1 dB。

3. 接收灵敏度

噪声系数与灵敏度是衡量接收机对微弱信号的接收能力的两种表现方式。

接收灵敏度是指在接收机输出端得到规定的信噪比 S/N 时，接收机输入端所需要的最小电平，通常单位为 dBm。用功率表示如下：

$$S_{\min}=10\lg(KTB)+\text{NF}+\frac{S}{N} \tag{1.26}$$

其中，K 是玻尔兹曼常数，$K=1.37\times10^{-23}$；T 表示绝对温度，$T=290$ K；B 表示信号带宽，单位为 Hz；NF 表示系统的噪声系数，单位为 dB；S/N 表示解调所需信噪比，单位为 dB。当 $B=1$ Hz 时，$10\lg(KTB)=-174$ dBm。

4. 接收互调干扰

当频率不同的两个或更多干扰信号同时进入接收机时，由于接收机的非线性而产生互调产物，倘若互调产物落在接收机的工作带内，就形成了接收互调干扰。

假设系统 A 和系统 B 共站址。由于系统 A 的多个发射频率较为接近系统 B 的通带，在系统 B 接收机的通带内就会产生三阶互调产物。如果该互调产物强度足够高，就会直接干扰系统 B 接收机的正常工作。

互调干扰的影响和杂散辐射类似，即抬升接收机的基底噪声，降低接收机的灵敏度。因此可以把互调干扰也看做杂散干扰的影响。

减小接收互调干扰的方式如下：

(1) 在接收机的输入端增加抑制滤波器来抑制干扰信号。

(2) 调整天线的位置来提高干扰系统与被干扰系统间的天线隔离度。

(3) 提高接收机的线性度。

5. 阻塞干扰

接收机通常工作在线性区，当有一个强干扰信号进入接收机时，接收机会工作在非线性状态下或严重时导致接收机饱和，这种干扰称为阻塞干扰。阻塞干扰一般指接收带外的强干扰信号，会引起接收机饱和，导致增益下降；也会与本振信号混频后产生落在中频的干扰；还会由于接收机的带外抑制度有限而直接造成干扰。

阻塞指标也是用来考核接收机抗干扰能力的，它描述的是接收机在接收的频道外存在单音或调制信号干扰，但干扰信号不在相邻频道或杂散响应频点上的情况。阻塞指标一般要求接收机前端要有较高的三阶截止点(即大的线性动态)，同时要求中频滤波器有较好的选择性。

减小阻塞干扰的方式如下：

(1) 在接收机的输入端增加抑制滤波器来抑制干扰信号。

(2) 调整天线的位置来提高干扰系统与被干扰系统间的天线隔离度。

(3) 提高接收机的线性度。

6. 杂散响应

杂散响应也称为寄生响应或寄生灵敏度。无线环境中存在很多干扰信号，这些信号本身可以被系统滤波器滤掉，但是如果系统采用的接收机是超外差接收机，那么接收机接收到的能够与本振组合产生中频的信号很多，这样的中频信号和系统接收的中频信号是同一频率，系统的后级中频滤波器是无法滤除掉这些干扰的。其中除主接收信号外的其他频点称为寄生波道，该频点产生的响应称为寄生响应。

$$nf_r - mf_l = \pm f_i \tag{1.27}$$

$$f_r = \frac{\pm f_i + mf_l}{n} \tag{1.28}$$

式(1.27)和式(1.28)中，f_i 为输入信号频率，f_l 为本地振荡，f_r 为中频输出，m、n 为自然数；当 $m=n=1$，$\pm f_i$ 处取负号时，f_r 为所要的有用信号频率，则 m、n 的其他组合所得到的 f_r 为寄生波道。

杂散响应对系统的影响表现为：虽然系统工作的频带内没有任何干扰频率，但系统的灵敏度变差。这一方面是由于系统本身的抗杂散响应能力不够；另一方面是由于环境的带外干扰太强。

1.6 发射机射频指标

发射机的主要作用是将所要传送的载波信号进行调制形成已调载波，已调载波信号经过一次或两次变频成为射频载波信号，送至功率放大器，经功率放大器放大后送至天线。无线基站发射机的典型框图如图 1.24 所示。

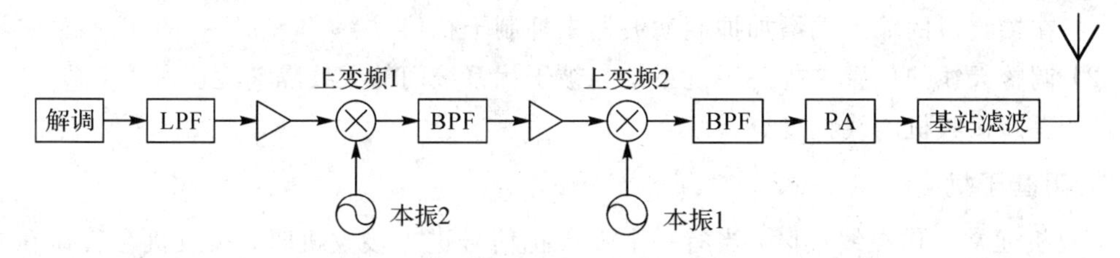

图 1.24 无线基站发射机典型框图

1. 发射机带外抑制

发射机带外抑制是指发射机对通带外的杂散的抑制能力。由发射带宽滤波器、多工器带外抑制、功放带外抑制和发射滤波器共同决定。

2. 发射机带内波动

发射机带内波动同接收机带内波动一样，是影响发射信号质量的一个指标，是指发射机对通带内不同频点的增益差别。一般要求发射信道的组部件的带内波动小于 1 dB。

3. 邻道泄漏

邻道泄漏(ACLR)是用来衡量发射机的带外辐射特性的指标，其定义为邻道功率与主信道功率之比，单位通常为 dBc，如图 1.25 所示。发射机的领道泄漏必然会对其他小区造成干扰，为了减小这种干扰，领道泄漏必须尽可能地小。WCDMA 的要求是：第一邻道(偏离载频±5MHz)的 ACLR≤－45 dBc；第二邻道(偏离载频±10 MHz)的 ACLR≤－50 dBc。

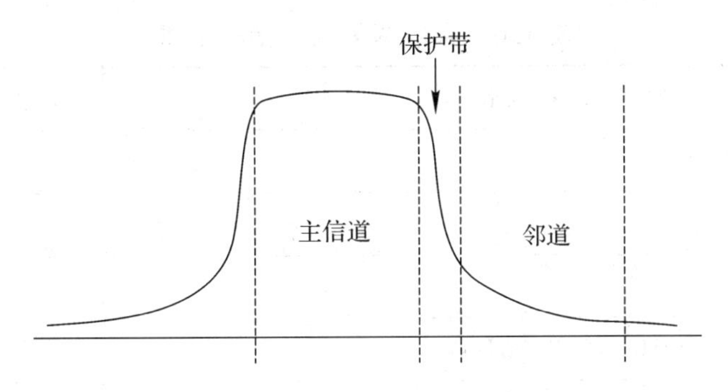

图 1.25　邻道泄漏示意图

4. 频谱发射模板

频谱发射模板用于限制偏离发射载波中心频率一定频段内的杂散发射功率。表 1.5 所示为 WCDMA 协议 3GPP TS 25.141 V3.6.0（2001—06）中规定的 Node B 发射机的频谱发射模板指标要求。

表 1.5　基站频谱发射模板(基站最大发射功率 43 dBm)

频率偏移值	最大电平(≥)	测量带宽
2.515 MHz≤频率偏移＜2.715 MHz	－14 dBm	30 kHz
2.715 MHz≤频率偏移＜3.515 MHz	－14－15×(频率偏移值－2.715) dBm	30 kHz
3.515 MHz≤频率偏移＜4.0 MHz	－26 dBm	30 kHz
4.0 MHz≤频率偏移＜8.0 MHz	－13 dBm	1 MHz
8.0 MHz≤频率偏移＜频偏最大值	－13 dBm	1 MHz

5. 杂散辐射

杂散辐射(见图 1.26)是指发信机在频谱发射模板规定的频率范围之外的频段上发射的其他信号，它包括谐波分量、寄生辐射、交调产物、发射机互调产物等。这些杂散辐射都会对其他的无线通信系统造成干扰，对该指标的规定是为了提高系统的电磁兼容性能，以便与其他系统共存，当然这也保证了系统自身的正常运行。

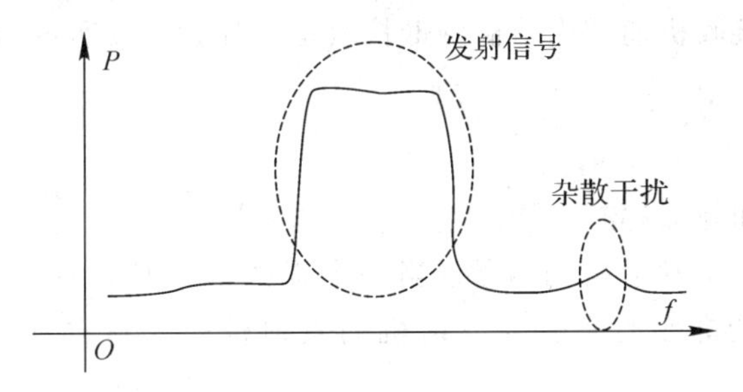

图 1.26　杂散辐射

表 1.6 所示为 WCDMA 协议 3GPP TS 25.141 V3.6.0（2001－06）中规定的 Node B 发射机的杂散辐射模板指标要求。

表 1.6 杂散辐射模板指标要求

频 率 范 围	最大电平/dBm	测量带宽
9 kHz～150 kHz	−36	1 kHz
9 kHz～30 MHz	−36	10 kHz
30 MHz～1 GHz	−36	100 kHz
1 GHz～max[(F_{c1}−60 MHz), 2100 MHz]	−30	1 MHz
max[(F_{c1}−60 MHz), 2100 MHz]～max[(F_{c1}−50 MHz), 2100 MHz]	−25	1 MHz
max[(F_{c1}−50 MHz), 2100 MHz]～max[(F_{c2}+50 MHz), 2180 MHz]	−15	1 MHz
max[(F_{c2}+50 MHz), 2180 MHz]～max[(F_{c2}+60 MHz), 2180 MHz]	−25	1 MHz
max[(F_{c2}+60 MHz), 2180 MHz]−12.75 GHz]	−30	1 MHz

其中，F_{c1}为系统所用的第一个载波频率，F_{c2}为系统所用的最后一个载波频率。

减小杂散干扰的方式为：在系统A发射机的输出端增加抑制滤波器，或调整天线的位置来提高系统A与B之间的天线隔离度。

6. 发射机对接收机的干扰

收发一体的通信机一般都存在收发隔离的问题。由于发射信号功率很大，而接收信号的功率很小，因此收发功率的差值很大，使得发射信号很容易影响到接收机的性能。

发射机对接收机的干扰主要包括以下三个方面：

(1) 发射机的杂散落在接收机的通带内，造成接收机的噪声功率增加而使得接收机的输入信噪比下降。可通过增加发射机到接收机的隔离度和增加滤波器滤除发射的杂散以使杂散在安全的范围内来解决此类问题。

(2) 发射机的泄漏功率(通过天线或其他途经)造成接收机的某级放大器饱和，其中发射机的泄漏功率既包括带内功率也包含带外杂散。可以通过增加发射机到接收机的隔离度和增大接收机的前端滤波器的带外抑制来改善此类问题。

(3) 接收机带外抑制不够，没能对发射机的泄漏功率有足够的滤波，导致后级混频时产生的多次谐波落到接收机通带内从而降低接收信噪比。可以通过增大接收机前端的带外抑制来改善此类问题。

7. 发射互调干扰

在发射机的内部和外部都有可能产生发射互调干扰。

(1) 互调产物产生于发射机的内部。当一个强的信号从发射机的输出端“反灌”到发射机时，由于发射机的非线性，会与发射机的发射信号一起产生互调产物，如图1.27所示。

(2) 互调产物产生于发射机的外部。当频率不同的两个或更多强信号同时作用在某些金属上时，由于金属的非线性会产生互调产物，如图1.28所示。

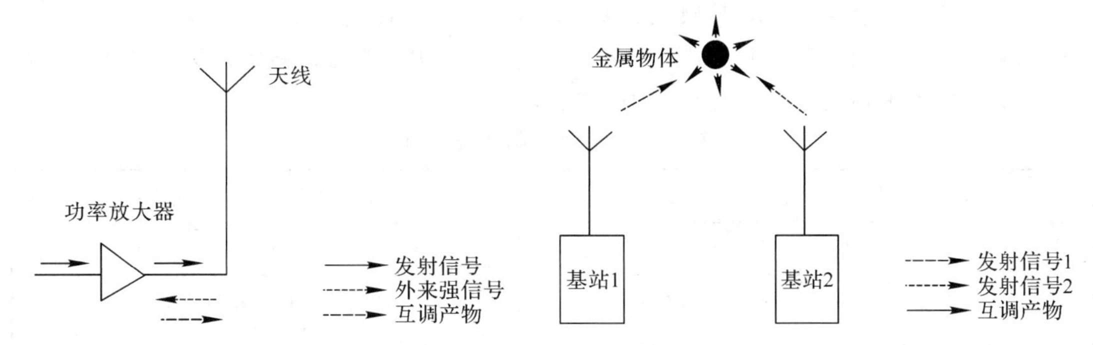

图 1.27　发射互调产生的主要原因

图 1.28　发射互调产生的另一个途径

减小发射互调干扰的方式如下：

(1) 避免系统间的天线近距离的面对面现象发生。

(2) 避免天线前方近距离内存在金属物。

1.7　电磁安全

1.7.1　电磁安全防护国家标准

我国有关电磁安全的国家标准有两个，分别是由中华人民共和国环境保护局颁布的《电磁辐射防护规定》(GB 8702—88)和由中华人民共和国卫生部颁布的《环境电磁波卫生标准》(GB 9175—88)。

1.《电磁辐射防护规定》(GB 8702—88)

该国标中规定了频率为 100 kHz～300 GHz 电磁波辐射的防护基本限值，见表 1.7。

表 1.7　GB 8702—88 规定的防护基本限值

基本限值	职业照射	在每天 8 h 工作期间内，任意连续 6 min 按全身平均的比吸收率应小于 0.1 W/kg
	公众照射	在 1 天 24 h 内，任意连续 6 min 按全身平均的比吸收率应小于 0.02 W/kg

注：比吸收率(specific absorption rate，SAR)是指生物体每单位质量所吸收的电磁辐射功率，即吸收剂量率。

该标准还对职业照射规定了导出限值：在每天 8 h 工作期间内，电磁辐射场的场量参数在任意连续 6 min 内的平均值应满足表 1.8 中的要求。

表 1.8　职业照射导出限值

频率范围/MHz	电场强度/(V/m)	磁场强度/(A/m)	功率密度/(W/m²)
0.1～3	87	0.25	201
3～30	$150/\sqrt{f}$	$0.40/\sqrt{f}$	$(60/f)$①
30～3000	282	0.0752	2
3000～15000	$0.5\sqrt{f}$②	$0.0015\sqrt{f}$②	$f/1500$
15 000～30 000	61②	0.16②	10

注：① 是平面波等效值，供对照参考；②供对照参考，不作为限值。

表 1.8 中 f 是频率，单位为 MHz；表中数据作了取整处理。

该标准也对公众照射规定了导出限值：在 1 天 24 h 内，环境电磁辐射场的参数在任意连续 6 min 内的平均值应满足表 1.9 中的要求。

表 1.9　公众照射导出限值

频率范围/MHz	电场强度/(V/m)	磁场强度/(A/m)	功率密度/(W/m^2)
0.1～3	40	0.1	4①
3～30	$67/\sqrt{f}$	$0.17/\sqrt{f}$	$(12/f)$①
30～3000	12②	0.032②	0.4
3000～15 000	$0.22\sqrt{f}$②	$0.001\sqrt{f}$②	$f/7500$
15 000～30 000	27②	0.073②	2

注：① 是平面波等效值，供对照参考；② 供对照参考，不作为限值。

表 1.9 中 f 是频率，单位为 MHz；表中数据作了取整处理。

2.《环境电磁波卫生标准》(GB 9175—88)

该标准以电磁波辐射强度及其频段特性对人体可能引起潜在性不良影响的阈下值为界，将环境电磁波容许辐射强度标准分为二级，见表 1.10。

表 1.10　GB 9175—88 定义的环境电磁波容许辐射强度标准

一级标准	为安全区，指在该环境电磁波强度下长期居住、工作、生活的一切人群(包括婴儿、孕妇和老弱病残者)均不会受到任何有害影响的区域。新建、改建或扩建的电台、电视台和雷达站等发射天线在该区域内，必须符合“一级标准”的要求
二级标准	为中间区，指在该环境电磁波强度下长期居住、工作和生活的一切人群(包括婴儿、孕妇和老弱病残者)可能引起潜在性不良反应的区域。在此区内可建造工厂和机关，但不许建造居民住宅、学校、医院和疗养院等，已建造的必须采取适当的防护措施

超过二级标准的地区，会对人体带来有害影响，此区域内可作绿化或种植农作物，禁止建造居民住宅及人群经常活动的一切公共设施，如机关、工厂、商店和影剧院等，如在此区域内已有这些建筑，则应采取措施或限制辐射时间。

环境电磁波辐射强度的分级标准见表 1.11。

表 1.11　环境电磁波辐射强度的分级标准

波　长	场强单位	容许场强	
		一级(安全区)	二级(中间区)
长、中、短波	V/m	＜10	＜25
超短波	V/m	＜5	＜12
微波	μW/cm^2	＜10	＜40
混合	V/m	按主要波段场强确定；若各波段场分散，则按复合场强加权确定	

1.7.2 电磁辐射的计算方法

依据移动通信系统的工作频率并对照两个标准，满足公众工作生活安全的电磁辐射要求分别为 0.4 W/m²（GB 8702—88）和 10 μW/cm²（GB 9175—88），很显然后者要严于前者。

距天线 d 米处电磁辐射强度为

$$R_d=\frac{\text{EIRP}}{4\pi d^2}=\frac{\text{天线输入口所有载波功率之和}\times\text{天线增益}}{4\pi d^2} \tag{1.29}$$

式中载波功率和天线增益均不采用 dB 值。

例 1.5 在 GSM 和 WCDMA 共室内分布系统设计中，某一全向吸顶天线 GSM 输入功率为 10 dBm，WCDMA 输入功率为 5 dBm，其中 GSM 网络配置两个载频，WCDMA 配置一个载频。假设天线的增益为 3 dBi，试判断这样的设计是否符合国家电磁安全的要求。

解 天线口总输入电平为

$$10\ \text{dBm}+10\ \text{dBm}+5\ \text{dBm}+10\ \text{dB}=51.62\ \text{mW}\ (17.13\ \text{dBm})$$

天线 EIRP：

$$17.13\ \text{dBm}+3\ \text{dBi}=20.13\ \text{dBm}\ (103\ \text{mW})$$

通常在室内，天花板安装的全向吸顶天线距离人员最近为 1 米，因此 1 米处的电磁功率密度为

$$\frac{103\ \text{mW}}{4\pi\times(1\text{m})^2}=8.2\ \text{mW/m}^2=0.82\ \mu\text{W/cm}^2$$

计算结果表明，这样的设计满足国家电磁辐射相关标准的要求。为了满足电磁辐射安全要求，室内分布系统中天线的 EIRP 不能大于 31 dBm（含所有合路系统的所有载波功率），在工程实践中一般要求单一系统的天线口输入功率不大于 15 dBm。

例 1.6 设 GSM 基站的一个扇区配置 6 个载频，载频发射功率为 20 W，天线增益为 15 dBi，天线挂高为 35 米，基站机顶到天线间的馈线损坏为 4 dB。试计算距离基站天线多少米远时，电磁辐射是安全的（假设电磁波是自由空间传播）。

解 基站的该扇区发射功率为

$$20\ \text{W}\times 6=120\ \text{W}\ (20.79\ \text{dBw})$$

天线口输入功率为

$$20.79\ \text{dBw}-4\ \text{dB}=16.79\ \text{dBw}$$

天线 EIRP：

$$16.79\ \text{dBw}+15\ \text{dBi}=31.79\ \text{dBw}\ (1510.71\ \text{W})$$

设 d 米处的电磁功率密度为 10 μW/cm²，满足国家电磁辐射相关标准的安全要求，则

$$\frac{1510.71\ \text{W}}{[4\pi(d\text{m})^2]}=10\ \mu\text{W/cm}^2=0.1\ \text{W/m}^2$$

计算得 $d=34.67$ m。

在天线视距可见的情况下，人距离基站天线 35 米远时，电磁辐射通常是安全的。

思考题

1. 电磁波的传播有哪几种基本方式?

2. 2 GHz 电磁波在自由空间中传播 1 km 的路径损耗是多少?

3. 什么是半波对称阵子?

4. 天线是无源器件,试说明天线的增益是怎样形成的?

5. 试说明 dB、dBc、dBm、dBi 和 dBd 各自的意义和相互间的区别。

6. 负载连接时,为什么阻抗匹配是一个重要指标?

7. 试说明射频同轴电缆和泄漏同轴电缆在结构上有什么不同。

8. 什么是接收灵敏度?

9. 什么是频谱发射模板?

10. 什么是杂散响应?什么是杂散发射?

11. 什么是阻塞干扰?

12. 接收互调和发射互调各是怎么产生的?有何区别?如何避免?

13. 天线口的输入功率为 1 W,天线的增益为 15 dBi,求该天线的 EIRP。

14. 收发一体的通信机中,发射机对接收机的主要干扰有哪些?

15. 移动通信系统中,天线口输入总功率为 1 W,天线的增益为 15 dBi,有人长期在距该天线 30 米外生活和工作,问这个人是否处在安全的电磁环境中?为什么?

第 2 章　移动通信网络基础

2.1　GSM 网络的基本原理

2.1.1　GSM 网络概述

20 世纪 80 年代初，第一代移动电话技术开始应用。当时存在众多互不兼容的标准，仅在欧洲，就有北欧的 NMT、英国的 TACS、西德等国使用的 C－450、法国的 Radiocom 2000 和意大利的 RTMI 等，某一标准下用户的手机无法在其他标准的网络上使用，造成很大的不便。因此，西欧国家开始考虑制定一个统一的下一代移动电话标准，以便能够提供更多样的功能并使用户漫游更加容易。最开始的标准起草和制定的准备工作由欧洲邮电行政大会(CEPT)负责管理，具体工作由 1982 年起成立的一系列"移动专家组"负责。GSM 的名字即是移动专家组(法语：groupe spécial mobile)的缩写，后来这一缩写的含义被改变为全球移动通信系统 GSM(global system for mobile communication)，以方便 GSM 向全世界的推广。

全球移动通信是 1992 年欧洲标准化委员会统一推出的标准，它采用数字通信技术，相对于模拟移动通信技术是第二代移动通信技术，所以简称 2G。中国于 20 世纪 90 年代初引进采用 GSM 技术标准，目前中国移动、中国联通各拥有一个 GSM 网络。

GSM 系统在无线接口上采用时分复用技术(TDMA)，语音或数据信号采用高斯最小频移键控(GMSK)方式进行调制，信道编码主要采用卷积码。每个 GSM 载频的带宽为 200 kHz，在时间上以 4.615 ms(更准确地说是 60/13 ms)为一帧，每一帧又顺序划分为 8 个时隙。时隙是 GSM 无线接口上资源的最小单位。

GSM 数字移动通信系统的架构见图 2.1，它主要由交换子系统 SSS、基站子系统 BSS、操作维护子系统 OMS 和移动台 MS 构成。

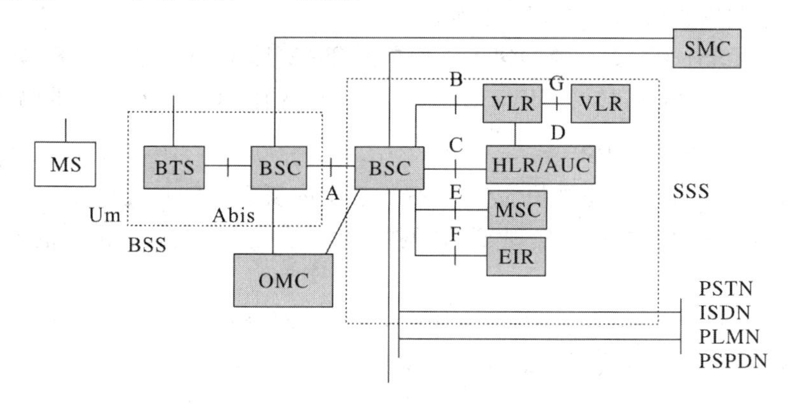

图 2.1　GSM 网络系统的架构

1. 交换子系统 SSS

交换子系统由移动交换中心 MSC、归属位置寄存器 HLR、拜访位置寄存器 VLR、设备识别寄存器 EIR、鉴权中心 AUC 和短消息中心 SMC 等功能实体构成。SSS 主要完成交换功能以及用户数据管理、移动性管理、安全性管理所需的数据库功能。

(1) MSC。MSC 是 GSM 系统的核心，它完成最基本的交换功能，即完成移动用户和其他网络用户之间的通信连接；完成移动用户寻呼接入、信道分配、呼叫接续、话务量控制、计费、基站管理等功能；提供面向系统其他功能实体的接口、到其他网络的接口以及与其他 MSC 互连的接口。

(2) HLR。HLR 是 GSM 通信系统的中央数据库，存放与用户有关的所有信息，包括用户的漫游权限、基本业务、补充业务及当前位置信息等，从而为 MSC 提供建立呼叫所需的路由信息。一个 HLR 可以覆盖几个 MSC 服务区甚至整个移动网络。

(3) VLR。VLR 存储了进入其覆盖区的所有用户的信息，为已经登记的移动用户提供建立呼叫接续的条件。VLR 是一个动态数据库，需要与有关的归属位置寄存器 HLR 进行大量的数据交换以保证数据的有效性。当用户离开该 VLR 的控制区域，则重新在另一个 VLR 登记，原 VLR 将删除临时记录的该移动用户的数据。在物理上，MSC 和 VLR 通常合为一体。

(4) AUC。AUC 是一个受到严格保护的数据库，存储用户的鉴权信息和加密参数。在物理实体上，AUC 和 HLR 共存。

(5) EIR。EIR 存储与移动台设备有关的参数，可以对移动设备进行识别、监视和闭锁等，防止未经许可的移动设备使用网络。

2. 基站子系统 BSS

基站子系统 BSS 是交换子系统 SSS 和移动台 MS 之间的桥梁，主要完成无线信道管理和无线收发功能。BSS 主要包括基站控制器 BSC 和基站收发信台 BTS 两部分。

(1) BSC。BSC 位于 MSC 与 BTS 之间，具有对一个或多个 BTS 进行控制和管理的功能，主要完成无线信道的分配、BTS 和 MS 发射功率的控制以及越区信道切换等功能。BSC 也是一个小交换机，它把局部网络汇集后通过 A 接口与 MSC 相连。

(2) BTS。BTS 是基站子系统的无线收发设备，由 BSC 控制，主要负责无线传输功能，完成无线与有线的转换、无线分集、无线信道加密、跳频等功能。BTS 通过 Abis 接口与 BSC 相连，通过空中接口 Um 与 MS 相连。

此外，BSS 系统还包括码变换和速率适配单元 TRAU。TRAU 通常位于 BSC 和 MSC 之间，主要完成 16 kb/s 的 RPE－LTP 编码和 64 kb/s 的 A 律 PCM 编码之间的码型变换。

3. 操作维护子系统 OMS

OMS 是 GSM 系统的操作维护部分，GSM 系统的所有功能单元都可以通过各自的网络连接到 OMS，通过 OMS 可以实现 GSM 网络各功能单元的监视、状态报告和故障诊断等功能。

OMS 分为两部分：OMC－S(操作维护中心-系统部分)和 OMC－R(操作维护中心-无线部分)。OMC－S 用于 SSS 系统的操作和维护；OMC－R 用于 BSS 系统的操作和维护。

4. 移动台 MS

移动台 MS 是 GSM 系统的用户设备，可以是车载台、便携台和手持机。它由移动终端和用户识别卡 SIM 两部分组成。移动终端主要完成语音信号处理和无线收发等功能。

SIM 卡存储了认证用户身份所需的所有信息以及与安全保密有关的重要信息，以防非法用户入侵，移动终端只有插入了 SIM 卡后才能接入 GSM 网络。

2.1.2　DCS1800 技术

在我国最早使用的是 GSM900，随着移动通信用户数量和业务规模的迅速发展，原有的 GSM900 网络频段资源明显不足，为更好地满足用户增长的需求，我国逐步引入了 DCS1800(digital cellular system at 1800 MHz)，并且采用以 GSM900 网络为依托，DCS1800 网络为补充的组网方式，构成 GSM900/DCS1800 双频网，以缓和话务密集区无线信道日趋紧张的状况。

DCS1800 系统遵循 GSM 标准，除频段和射频技术外，其网络结构、语音编码、调制技术、信令规程等绝大部分都与 GSM 完全相同。DCS1800 系统的基站通过 Abis 接口与 GSM 的基站控制器 BSC 相连，并进一步通过 A 接口与 GSM 交换机相连。只要用户使用的是双频手机，就可在 GSM900/DCS1800 两者之间自由切换，自动选择最佳信道进行通话；即使在通话中，手机也可在两个网络之间自动切换。

2.1.3　GSM 基站的关键射频性能指标

1. 发射机的性能

1）基站最大输出功率

在正常条件下，基站的最大输出功率应保持在额定输出功率±2 dB 的范围内；在极端条件下，基站的最大输出功率应保持在额定输出功率±2.5 dB 的范围内。

GSM 规范对 GSM900 的宏基站定义了八类功率，微基站定义了三类功率；对 DCS1800 的宏基站定义了四类功率，微基站定义了三类功率。GSM 基站发射功率及等级见表 2.1。

表 2.1　GSM 基站发射功率及等级

GSM900		DCS1800	
宏　基　站			
发射功率等级	最大输出功率/W	发射功率等级	最大输出功率/W
1	320～640	1	20～40
2	160～320	2	10～20
3	80～160	3	5～10
4	40～80	4	2.5～5
5	20～40		
6	10～20		
7	5～10		
8	2.5～5		

续表

GSM900		DCS1800	
微　基　站			
发射功率等级	最大输出功率/dBm	发射功率等级	最大输出功率/dBm
M1	19～24	M1	27～32
M2	14～19	M2	22～27
M3	9～14	M3	17～22

2）发射杂散

GSM 规范定义了发射杂散的两种测试条件及其应满足的要求，见表 2.2。

表 2.2　GSM 发射杂散的两种测试条件及其要求

频带	频率偏移/MHz	测量带宽/kHz	最大杂散功率/dBm
测试条件 a			
	≥1.8	30	≤－36
	≥6	100	
测试条件 b			
100 kHz～50 MHz		10	1 GHz 以下频段，≤－36； 1 GHz 以上频段，≤－30
50～500 MHz		100	
500 MHz～12.75 GHz	≥2	30	
	≥5	100	
	≥10	300	
	≥20	1000	
	≥50	3000	

3）发射互调

GSM 要求从偏离载频 6 MHz 至相关发射频带边缘的范围内，互调产物的功率不超过－70 dBc 与－36 dBm 中的较大值。

2. 接收机的性能

1）接收机灵敏度

GSM 基站接收机灵敏度的要求如表 2.3 所示。

表 2.3　GSM 基站接收机灵敏度要求

基站类型	参考灵敏度/dBm	误比特率(%)
一般宏基站	－104	0.1
GSM900 微基站 M1	－97	0.1
GSM900 微基站 M2	－92	0.1

续表

基站类型	参考灵敏度/dBm	误比特率(%)
GSM900 微基站 M3	−87	0.1
DCS1800 微基站 M1	−102	0.1
DCS1800 微基站 M2	−97	0.1
DCS1800 微基站 M3	−92	0.1

2）阻塞特性

接收机的阻塞特性分为带内阻塞和带外阻塞。系统的频率划分见表 2.4。

表 2.4　GSM 接收机阻塞要求的带内外频率划分

频　带	频率范围/MHz	
	GSM900	DCS1800
带内	870～925	1690−1805
带外 a	0.1～870	0.1−1690
带外 d	925～12 750	1805−12 750

在用户信号和干扰信号如表 2.5 所示的条件下，基站接收机应满足参考灵敏度的要求。

表 2.5　GSM 接收机的阻塞要求

有　用　信　号		
基站类型	有用信号功率/dBm	参考灵敏度/dBm
一般宏基站	−101	−104
GSM900 微基站 M1	−94	−97
GSM900 微基站 M2	−89	−92
GSM900 微基站 M3	−84	−87
DCS1800 微基站 M1	−99	−102
DCS1800 微基站 M2	−94	−97
DCS1800 微基站 M3	−89	−92
干　扰　信　号		
频率范围	干扰信号功率/dBm GSM900	干扰信号功率/dBm DCS1800
600 kHz $\leqslant \lvert f-f_0 \rvert <$ 800 kHz	−26	−35
800 kHz $\leqslant \lvert f-f_0 \rvert <$ 1.6 MHz	−16	−25
1.6 MHz $\leqslant \lvert f-f_0 \rvert <$ 3 MHz	−16	−25
3 MHz $\leqslant \lvert f-f_0 \rvert$	−13	−25
带外 a	8	0
带外 d	8	0

3）互调特性

在表 2.6 的所示的参数设置下，接收机接收有用信号的抗干扰能力应能满足接收灵敏度的要求。

表 2.6　GSM 接收机的互调要求

有　用　信　号		
基站类型	有用信号功率/dBm	参考灵敏度/dBm
一般宏基站	−101	−104
GSM900 微基站 M1	−94	−97
GSM900 微基站 M2	−89	−92
GSM900 微基站 M3	−84	−87
DCS1800 微基站 M1	−99	−102
DCS1800 微基站 M2	−94	−97
DCS1800 微基站 M3	−89	−92
干　扰　信　号		
干扰信号强度/dBm	频率偏移/MHz	干扰信号类型
−43（GSM900）/−49（DCS1800）	+1.6	调制信号
−43（GSM900）/−49（DCS1800）	+0.8	未调制信号

4）杂散要求

接收机杂散是指在天线口产生或者放大的杂散功率。GSM 规范定义了两种测试条件下，杂散功率应满足的要求，见表 2.7。

表 2.7　GSM 接收机的接收杂散要求

<table>
<tr><th>频带</th><th>频率偏移/MHz</th><th>测量带宽/kHz</th><th>最大杂散功率/dBm</th></tr>
<tr><td colspan="3">测试条件 a</td><td rowspan="12">1 GHz 以下频段，≤−57；
1 GHz 以上频段，≤−47</td></tr>
<tr><td></td><td>≥1.8</td><td>30</td></tr>
<tr><td></td><td>≥6</td><td>100</td></tr>
<tr><td colspan="3">测试条件 b</td></tr>
<tr><td>100 kHz～50 MHz</td><td></td><td>10</td></tr>
<tr><td>50～500 MHz</td><td></td><td>100</td></tr>
<tr><td rowspan="5">500 MHz～12.75 GHz</td><td>≥2</td><td>30</td></tr>
<tr><td>≥5</td><td>100</td></tr>
<tr><td>≥10</td><td>300</td></tr>
<tr><td>≥20</td><td>1000</td></tr>
<tr><td>≥50</td><td>3000</td></tr>
</table>

2.1.4　GPRS 技术

GPRS 是通用分组无线业务(general packet radio service)的英文简称，是 GSM Phase2.1 规范实现的内容之一，能提供比 GSM 网络 9.6 kb/s 更高的数据速率。用户通过 GPRS 可以在移动状态下使用各种分组数据业务，包括收发邮件、进行 Internet 浏览等。GPRS 采用与 GSM 相同的频段、频带宽度、突发结构、无线调制标准、跳频规则和 TDMA 帧结构。因此，在 GSM 系统的基础上构建 GPRS 系统时，GSM 系统中的绝大部分部件都不需要作硬件改动，只需作软件升级。

GPRS 与 GSM 语音系统最根本的区别是：GSM 是一种电路交换系统，而 GPRS 是一种分组交换系统。GPRS 的逻辑结构如图 2.2 所示。

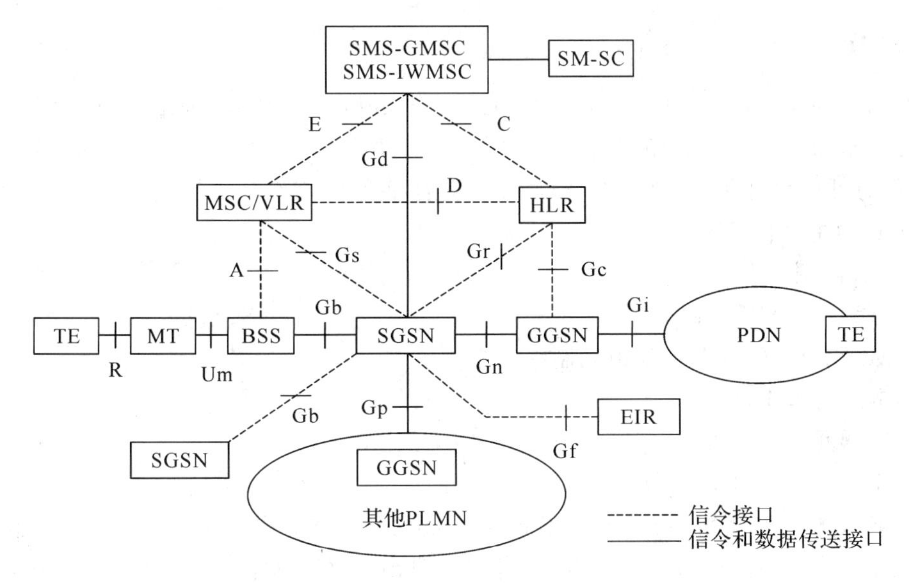

图 2.2　GPRS 的逻辑结构

GPRS 网络的主要实体包括 GPRS 支持节点、本地位置寄存器(HLR)、短消息业务网关移动交换中心(SMS - GMSC)和短消息业务互通移动交换中心(SMS - IWMSC)、移动台(MS)、移动交换中心(MSC)/拜访位置寄存器(VLR)、分组数据网络(PDN)等。

简单地讲，GPRS 是在 GSM 的网络侧增加 SGSN 和 GGSN 两种网络实体和在无线侧的 BSC 中增加 PCU 分组控制单元以及相应的接口而实现的。

SGSN 是为移动台提供业务的节点(即 Gb 接口由 SGSN 支持)。在激活 GPRS 业务时，SGSN 建立起一个移动性管理环境，包含关于这个移动台的移动性和安全性方面的信息。SGSN 的主要作用就是记录移动台的当前位置信息，并且在移动台和 SGSN 之间完成移动分组数据的发送和接收。

GGSN 通过配置一个 PDP 地址被分组数据网接入。它存储属于这个节点的 GPRS 业务用户的路由信息，并根据该信息将 PDU 利用隧道技术发送到 MS 的当前的业务接入点，即 SGSN。GGSN 可以经 Gc 接口从 HLR 查询该移动用户当前的地址信息。GGSN 主要起网关的作用，它可以和多种不同的数据网络连接，如 ISDN 和 LAN 等。另外，GGSN 又被称做“GPRS 路由器”。GGSN 可以把 GSM 网中的 GPRS 分组数据包进行协议转换，从而可以把这些分组数据包传送到远端的 TCP/IP 或 X.25 网络。SGSN 与 GGSN 的功能既可以由一个物理节点全部实现，也可以在不同的物理节点上分别实现。

需要强调的是，GPRS 采用了与 GSM 不同的信道编码方案，定义了 CS-1、CS-2、CS-3 和 CS-4 四种编码方案。在 CS-1 和 CS-2 信道编码方案时，GPRS 的用户数据速率仅为 8 kb/s 和 12 kb/s，原因是 CS-1 和 CS-2 编码方案 RLC(无线链路控制)块中的半速率和 1/3 速率比特用于前向纠错 FEC，因此降低了 C/I 要求(同频道干扰 C/I≥9 dB)。CS-3 和 CS-4 编码方案数据速率分别为 14.4 kb/s 和 20 kb/s，它通过减少和取消纠错比特而换取数据速率的提高，因此 CS-3 和 CS-4 编码方案要求较高的 C/I 值，仅适合能满足较高的 C/I 值的特殊地区或场景使用。如果一个载波的 8 个时隙都分配给一个用户，则下行用户数据速率最高可达到 160 kb/s(无线数据速率为 182.4 kb/s)。

2.1.5 EDGE 技术

EDGE 是英文 enhanced data rate for GSM evolution 的缩写，即增强型数据速率 GSM 演进技术。Ericsson 公司于 1997 年第一次向 ETSI 提出了 EDGE 的概念。同年，ETSI 批准了 EDGE 的可行性研究，这为以后 EDGE 的发展铺平了道路。

EDGE 的主要技术为：

(1) 8PSK 调制方式。

(2) 增强型 AMR 编码方式。

(3) MCS1～MCS9 九种信道调制编码方式。

(4) 链路自适应(LA)。

(5) 递增冗余传输(IR)。

(6) RLC 窗口大小自动调整。

EDGE 技术仍然使用 GSM/GPRS 的载波带宽、时隙结构和网络架构，但由于采用了上述新技术，因此必须对 GSM/GPRS 网络的移动台、收发基站(BTS)和基站控制器(BSC)等网元进行升级改造，核心网可利用原来的 SGSN 和 GGSN 节点，无需新增网络设备。

由于 8PSK 可将 GSM 网络采用的 GMSK 调制技术的符号携带信息比特从 1 扩展到 3，从而使每个符号所包含的信息是原来的 3 倍，即无线数据速率提高了 3 倍。如图 2.3 所示，如果一个载波的 8 个时隙都分配给一个用户，则下行用户数据速率最高可达到 473.6 kb/s(无线数据速率为 553.6 kb/s)。

为了让 EDGE 网络提供更高的系统容量，同时也为了提高话音和视频多媒体业务的服务质量，3GPP 进一步提出了 EDGE 的演进方案。EDGE 演进方案的总体需求是期望在 EDGE 的基础上，将下行接收灵敏度提高 3 dB，峰值速率提高 1 倍，达到接近 1 Mb/s，典型比特率达到 400 kb/s，频谱利用率至少提高 1 倍，同时降低承载面延时，使 RTT 低于 100 ms。

EDGE 演进方案采用了如下主要技术：

(1) 移动台接收分集(MSRD)。

(2) 下行双载波(DCDL)。

(3) 下行更高符号速率(由 EDGE 系统的 271 ksym/s 提高到 325 ksym/s)。

(4) 更高阶调制(QPSK、16QAM 和 32QAM)和 Turbo 编码(REDHOT)。

(5) 上行性能增强(HUGE)。

(6) 改进 ACK/NAK(FANR)。

(7) 减小 TTI(RTTI)。

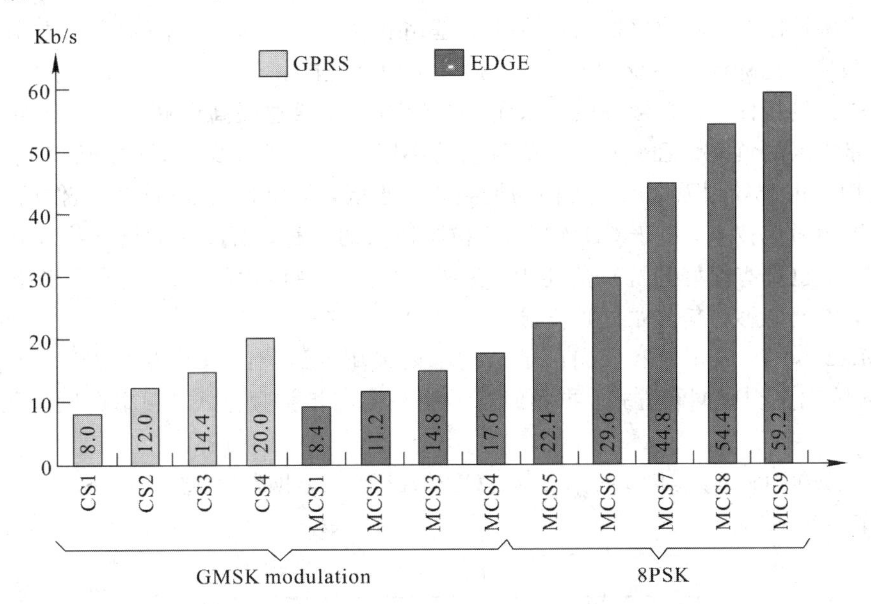

图 2.3　各种编码单时隙对应的用户数据速率

2.2　CDMA 网络的基本原理

2.2.1　CDMA 网络概述

CDMA 蜂窝系统最早由美国高通(Qualcomm)公司开发，采用频分双工(FDD)和码分多址(code-division multiple access，CDMA)的通信方式。IS－95 是 CDMA One 系列标准中最先发布的标准。真正在全球得到广泛应用的第一个 CDMA 标准是 IS－95A，这一标准支持 8K 编码话音服务。随着移动通信对数据业务需求的增长，1998 年 2 月，美国高通公司发布了 IS－95B 标准，可提供对 64 kb/s 数据业务的支持。其后，CDMA2000 成为窄带 CDMA 系统向第三代系统过渡的标准。

码分多址技术是数字移动通信进程领域的一种先进无线扩频通信技术，该技术具有频谱利用率高、语音质量好、保密性强、掉话率低、电磁辐射小、容量大、覆盖广等特点，能够满足市场对移动通信容量和品质的高要求。

为了进一步提高网络的性能，CDMA 通信系统中还采用了如下的关键技术：

(1) 多种分集方式。除了传统的空间分集外，CDMA 通信系统还采用了时间分集方式。由于是宽带传输起到了频率分集的作用，同时在基站和移动台采用了 RAKE 接收机技术，这相当于时间分集的作用。

(2) 话音激活技术和扇区化技术。因为 CDMA 系统的容量直接与所受的干扰有关，采用话音激活和扇区化技术可以减少干扰，使整个系统的容量增大。

(3) 移动台辅助的软切换。通过移动台辅助的软切换可以实现无缝切换，保证了通话的连续性，减少了掉话的可能性。处于切换区域的移动台通过分集接收多个基站的信号，可以降低自身的发射功率，从而减少了对周围基站的干扰，这样有利于提高反向链路的容量和覆盖范围。

(4) 功率控制技术。功率控制技术使得基站和移动台均以适当的功率发射信号，既克服了远近效应，也降低了系统的互干扰，提升了网络性能。

(5) 软容量特性。软容量特性可以在话务量高峰期通过提高误帧率来增加可用的信道数。当相邻小区的负荷一轻一重时，负荷重的小区可以通过减少导频的发射功率，使本小区的边缘用户由于导频强度的不足而切换到相邻小区，从而起到分担负荷的作用。

(6) 扩频通信技术。由于 CDMA 属于扩频通信的一种，所以它的抗干扰性强，能够实现宽带传输，也具有很好的抗衰落能力。另外，在信道中传输的有用信号功率比干扰信号的功率低，因此能够将信号很好地隐藏在噪声中，保密性较好。

CDMA2000 1x 的正向和反向信道结构主要采用的码片的速率为 1.2288 Mb/s，数据调制用 64 阵列正交码调制方式，扩频调制采用平衡四相扩频方式，频率调制采用 OQPSK 方式。

CDMA2000 1x 系统结构见图 2.4。CDMA2000 1x 网络主要由 BTS、BSC 和 PCF、PDSN等节点组成。

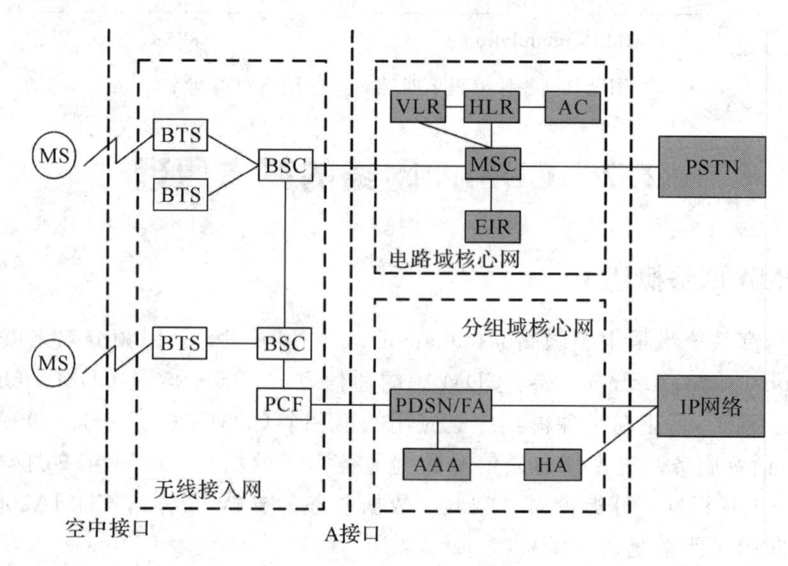

图 2.4 CDMA2000 1x 系统结构图

移动台是为用户提供服务的设备，通过空中接口 Um，给用户提供接入移动网络的物理能力，来实现具体的服务。它由移动设备 ME 和用户识别模块 UIM 两部分组成，ME 完成语音或数据信号在空中的接收和发送；UIM 记录与用户业务有关的数据，用于识别唯一的移动台使用者。

基站子系统 BSS 由基站收发信机(BTS)、基站控制器(BSC)和分组控制功能(PCF)组成。其中，BTS 收发空中接口的无线信号；BSC 对其所管辖的多个 BTS 进行管理，将话音和数据分别转发给 MSC 和 PCF，接收来自 MSC 和 PCF 的话音和数据；PCF 完成与分组数据业务有关的无线资源控制。

CDMA2000 1x 电路域核心网主要承载话音业务，所以其与 IS－95 基本相同。

CDMA2000电路交换部分的标准以 ANSI－41D 为核心，主要完成移动台登记、管理移动台的状态、管理用户业务信息、交换机间的切换、用户接入网络的鉴权和认证、移动台的语音业务的主叫和被叫、各种语音业务的补充业务和传输短消息等功能。

CDMA2000 系统的分组数据网建立在 IP 技术基础上，其作用是为移动用户提供分组数据业务的管理与控制。使用简单 IP 协议时的分组域包括分组控制功能(PCF)、分组数据服务节点(PDSN)和 AAA 服务器。而使用移动 IP 协议时的分组域在简单 IP 基础上，增加归属代理(HA)，负责将分组数据通过隧道技术发送给移动用户，并实现 PDSN 之间的宏移动管理；同时在 PDSN 增加外地代理(FA)，负责提供隧道出口，并将数据解封装后发往移动台。

PDSN 的主要功能包括：建立、维护与终止与移动台的 PPP 连接；为简单 IP 用户指定 IP 地址；为移动 IP 业务提供 FA 的功能；与鉴权、授权、计费 AAA 服务器通信，为移动用户提供不同等级的服务，并将服务信息通知 AAA 服务器；与靠近基站侧的 PCF 共同建立、维护及终止第二层的连接。

HA 的主要功能包括：为移动用户提供分组数据业务的移动性管理和安全认证；对移动台发出的移动 IP 的注册信息进行认证；在外部公共数据网与 FA 之间转发分组数据包；建立、维护和终止与 PDSN 的通信并提供加密服务；从 AAA 服务器获取用户身份信息；为移动用户指定动态的归属 IP 地址。

AAA 服务器是鉴权、授权与计费服务器的简称，也可以叫做 RADIUS 服务器。其主要功能包括：业务提供网络的 AAA 服务器负责在 PDSN 和归属网络之间传递认证和计费信息；归属网络的 AAA 服务器对移动用户进行鉴权、授权与计费；中介网络的 AAA 服务器在归属网络与业务提供网络之间进行消息的传递与转发。

2.2.2　CDMA 基站关键射频性能指标

CDMA800 基站的主要射频性能指标见表 2.8－1 与表 2.8－2。

表 2.8－1　CDMA800 基站发射机的主要射频性能指标

杂散发射		
频率偏置范围	是否适用多载波	杂散发射限值
750 kHz～1.98 MHz	否	－45 dBc/30 kHz
1.98～4 MHz	否	－60 dBc/30 kHz
>4 MHz	是	－36 dBm/1 kHz；9 kHz<f<150 kHz
		－36 dBm/10 kHz；150 kHz<f<30 MHz
		－30 dBm/1 MHz；1 GHz<f<12.5 GHz
4～6.4 MHz	是	－36 dBm/1 kHz；30 MHz<f<1 GHz
6.4～16 MHz	是	－36 dBm/10 kHz；30 MHz<f<2 GHz
>16 MHz	是	－36 dBm/100 kHz；30 MHz<f<3 GHz
附加杂散发射限值		
930～960 MHz、1.71～1.92 GHz、3.4～3.53 GHz		－47dBm/100 kHz
885～915 MHz、806～821 MHz		－67 dBm/100 kHz

表 2.8－2　CDMA800 基站接收机的主要射频性能指标

指　标		限　值
接收机灵敏度		－117 dBm
接收机动态范围		－117 dBm/1.23 MHz～－65 dBm/1.23 MHz
单频抗扰度		
频　段	CW 信号功率相对于接入模拟终端输出功率/CW 信号频率	取　值
870～880 MHz 除外	50 dB/f_1＋750 kHz 和 f_2－750 kHz 50 dB/f_1＋900 kHz 和 f_2－900 kHz	接入终端模拟器输出功率≤3 dB，PER＜1.5％（f_1 和 f_2 分别为被测反向信道的最低和最高频率）
870～880 MHz	50 dB/f_1＋750 kHz 和 f_2－750 kHz 50 dB/f_1＋1.11 MHz 和 f_2－1.11 MHz	
互　调　抑　制		
870～880 MHz 除外	72 dB/f_2＋900 kHz 和 f_1＋1700 kHz＋i×1.25 MHz 72 dB/f_2－900 kHz 和 f_1－1700 kHz－i×1.25 MHz	接入终端模拟器输出功率≤3 dB，PER＜1.5％（f_1 和 f_2 分别为被测反向信道的最低和最高频率；i＝0、1、…、n－1，其中 n 为相邻载波数）
870～880 MHz	72 dB/f_2＋1100 kHz 和 f_1＋1910 kHz＋i×1.25 MHz 72 dB/f_2－1100 kHz 和 f_1－1910 kHz－i×1.25 MHz	
接　收　杂　散		
在接收频段内	在 RF 输入口处以 30 kHz 的分辨带宽测量时应小于－80 dBm	
在发射频段内	在 RF 输入口处以 30 kHz 的分辨带宽测量时应小于－60 dBm	
在其他频段内	在 RF 输入口处以 30 kHz 的分辨带宽测量时应小于－47 dBm	

CDMA2000 基站的主要射频性能指标见表 2.9－1 与表 2.9－2。

表 2.9－1　CDMA2000 基站发射机的主要射频性能指标

杂　散　发　射		
频率偏置范围 Δf	适用多载波	杂散发射限值
885 kHz～1.25 MHz	否	－45 dBc/30 kHz
1.25～1.98 MHz	否	－45 dBc/30 kHz 或－9 dBm/30 kHz
1.25～1.45 MHz	是	－13 dBm/30 kHz
1.45～2.25 MHz	是	－[13＋17×(Δf－1.45 MHz)] dBm/30 kHz
1.98～2.25 MHz	否	－13 dBm/30 kHz
2.25～4 MHz	是	－45 dBc/1 MHz

续表

杂　散　发　射		
频率偏置范围 Δf	适用多载波	杂散发射限值
>4 MHz	是	−36 dBm/1 kHz；9 kHz$<f<$150 kHz
		−36 dBm/10 kHz；150 kHz$<f<$30 MHz
		−36 dBm/1 MHz；30 MHz$<f<$1 GHz
4～16 MHz	是	−30 dBm/30 kHz；1 GHz$<f<$12.5 GHz
16～19.2 MHz	是	−30 dBm/300 kHz；1 GHz$<f<$12.5 GHz
>16 MHz	是	−30 dBm/1 MHz；1 GHz$<f<$12.5 GHz
附加杂散发射限值		
876～915 MHz(与 GSM900)	否	−98 dBm/100 kHz(仅限共站址) −61 dBm/100 kHz(不共站址)
921～960 MHz(与 GSM900)	是	−57 dBm/100 kHz
1710～1785 MHz(与 DCS1800)	否	−98 dBm/100 kHz(仅限共站址) −61 dBm/100 kHz(不共站址)
1805～1880 MHz(与 DCS1800)	是	−47 dBm/100 kHz
1900～1920 MHz、2010～2025 MHz (与 UTRA TDD)	否	−86 dBm/1 MHz(仅限共站址)
	是	−52 dBm/1 MHz
1920～1980 MHz	否	−86 dBm/1 MHz

表 2.9-2　CDMA2000 基站接收机主要射频性能指标

指　　标	限　　值
接收机灵敏度	−117 dBm
接收机动态范围	−117 dBm/1.23 MHz～−65 dBm/1.23 MHz
单 频 抗 扰 度	
CW 信号功率相对于接入模拟终端 输出功率/CW 信号频率	取值
80 dB/f_1+1.25 MHz 和 f_2−1.25 MHz	接入终端模拟器输出功率≤3 dB，PER<1.5% (f_1 和 f_2 为被测反向信道的最低和最高频率)
互　调　抑　制	
70 dB/f_2+1.25 MHz 和 f_1+2.05 MHz+i×1.25 MHz	接入终端模拟器输出功率≤3 dB，PER<1.5% (f_1 和 f_2 为被测反向信道的最低和最高频率； i=0、1、…、n−1，其中 n 为相邻载波数)
72 dB/f_2−1.25 MHz 和 f_1−2.05 MHz−i×1.25 MHz	
邻 道 选 择 性	
−53 dBm/f±2.5 MHz	接入终端模拟器输出功率≤3 dB、PER<1.5%

续表

指　　标	限　　值
阻　塞　特　性	
以 1 MHz 间隔从 1900～2000 MHz 范围内增高，跳过距载波 5 MHz 内的频率，功率高于有用信号 75 dB 的单频输入信号	接入终端模拟器输出功率≤3 dB、PER<1.5%
以 1 MHz 间隔从 1～1899 MHz 和 2001～12 750 MHz范围内增高，功率高于有用信号 100 dB 的单频输入信号	接入终端模拟器输出功率≤3 dB、PER<1.5%
接　收　杂　散	
在接收频段内	在 RF 输入口处以 30 kHz 的分辨带宽测量时应小于－80 dBm
在发射频段内	在 RF 输入口处以 30 kHz 的分辨带宽测量时应小于－60 dBm
30 MHz～1 GHz	在 RF 输入口处以 100 kHz 的分辨带宽测量时应小于－57 dBm
1～12.75 GHz（不含收发最高载频上下各 4 MHz的频段）	在 RF 输入口处以 1 MHz 的分辨带宽测量时应小于－47 dBm

2.2.3 EV－DO 技术

EV－DO 是英文 evolution-data optimized 或者 evolution-data only 的缩写，其全称为 CDMA 200 1x EV－DO。EV－DO 是为了提供非对称的高速分组数据业务而设计的。在中国，EV－DO 空中接口标准经历了 Release 0 和 Release A 两个版本，对应的 TIA/EIA 标准分别是 IS－856－0 和 IS－856－A。

IS－856－0 于 2000 年 10 月发布，它支持的前向单用户峰值速率为 2.4576 Mb/s，反向单用户峰值速率为 153.6 kb/s，适合提供基于文件下载、网页浏览和电子邮件等非对称的分组数据业务。

随着多媒体数据业务的发展，各种新的业务形式不断出现，对系统带宽和 QoS 保证等方面的要求也不断提高。2004 年 3 月，3GPP2 发布了 EV－DO Release A 版本，并被 TIA/EIA 接纳为 IS－856－A。IS－856－A 支持的单用户反向峰值速率为 1.8 Mb/s，前向峰值速率进一步提高到 3.1 Mb/s。IS－856－A 中采用了多用户分组和更小的分组封装，提供实时业务所需要的快速接入、快速寻呼及低延迟传送特性，以满足不同业务的不同 QoS 要求。同时，IS－856－A 引入了多天线发射分集技术，有效地改善了高速分组数据在恶劣的无线环境中的可靠性传送问题。

为了在不影响现有网络话音通信的前提下支持高速数据业务，EV－DO 采用了将语音信道和数据信道分离的方法。EV－DO 与现有 IS－95 和 CDMA2000 1x 网络兼容，从而很好地保护了 IS－95 及 CDMA2000 1x 运营商的原有投资。其中，EV－DO 的码片速率、功率需求、信道带宽与 IS－95 及 CDMA2000 1x 相同；EV－DO 可沿用现有网络规划及射频部件，基站可与 IS－95 或 CDMA2000 1x 合一，成本低廉。但 EV－DO 的功率控制与软切换的方式与 IS－95 及 CDMA2000 1x 不同，其核心思想是通过动态控制数据速率而非功率，使每个用户以可能得到的最高速率通信。

前向链路使用可变时隙的方式时分复用。在 EV－DO 中，接入点总以最高功率发送数据，使处于有利位置的用户得到非常高的速率。前向信道上，EV－DO 采用虚拟软切换机制，移动台在同一时刻只接收来自同一接入点的数据。根据实时的 DRC(动态速率控制)信息，基站可快速地相互切换。同时，基站测量业务信道载干比，并在 DRC 信道向移动台指示最佳接入点；移动台不断测量导频强度，并不断要求一个与当前信道条件相符合的数据速率。接入点按当时移动台所能支持的最大速率进行编码。当用户需求改变或信道条件改变时，基站动态地确定数据速率。

在反向上，EV－DO 用与 IS－95 及 CDMA2000 1x 相同的软切换技术，移动台发送的信息被多个接入点接收。另外，EV－DO 支持高速分组数据突发。EV－DO 采用 Turbo 编码技术，反向具有连续的导频，使解调性能得到改善。此外，EV－DO 采用增强的无线链路协议(RLP)与 TCP 协议共同减少误帧率。

CDMA2000 1x EV－DO 的网络架构见图 2.5。EV－DO 标准中定义的网络结构对原有的 1x 网络改变不大，在接口上增加了 A12 和 A13 两个接口，这两个接口都是从 AN 中新增加的 SC/MM(会话控制/移动性管理)模块中发出的，分别与 AN AAA 和其他 AN 连接，用于 EV－DO 终端的鉴权认证和切换。因此要从 1x 网络升级到 EV－DO，只需在原来的 BSC 中增加 SC/MM 模块即可。公开的 A13 接口比较重要，它可以支持 AT 在不同设备厂家之间的切换和漫游。如果没有 A13 接口，那么在 AT 从一个 AN 切换到另一个 AN 时，将需要重新进行协商、登记(即重新建立 session)，这不仅会使 AT 的响应速度变慢，还会增加系统的负荷。

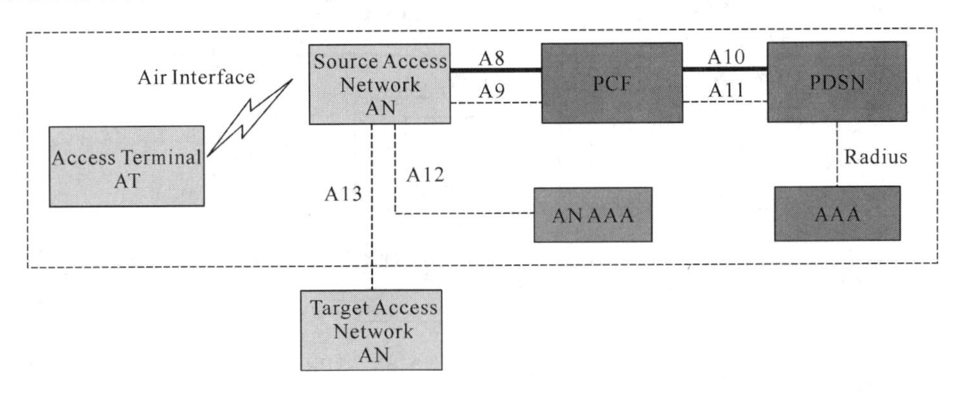

图 2.5　CDMA2000 1x EV－DO 系统结构图

2.3 WCDMA 网络的基本原理

2.3.1 WCDMA 网络概述

WCDMA 系统是 IMT－2000 家族中的一员，它采用宽带直扩码分多址（DS－CDMA）技术，频道带宽为 5 MHz，码片速率为 3.84 Mchip/s，双工方式为频分双工（FDD），支持异步基站。WCDMA 网络的设计遵循了网络承载和业务应用相分离、承载和控制相分离、控制和用户平面相分离的原则，使得整个网络结构清晰，实体功能独立，便于实现模块化。

网络架构由核心网（CN）、UMTS 陆地无线接入网（UTRAN）和用户终端设备（UE）组成，如图 2.6 所示。CN 与 UTRAN 的接口定义为 Iu 接口，UTRAN 与 UE 的接口定义为 Uu 接口。

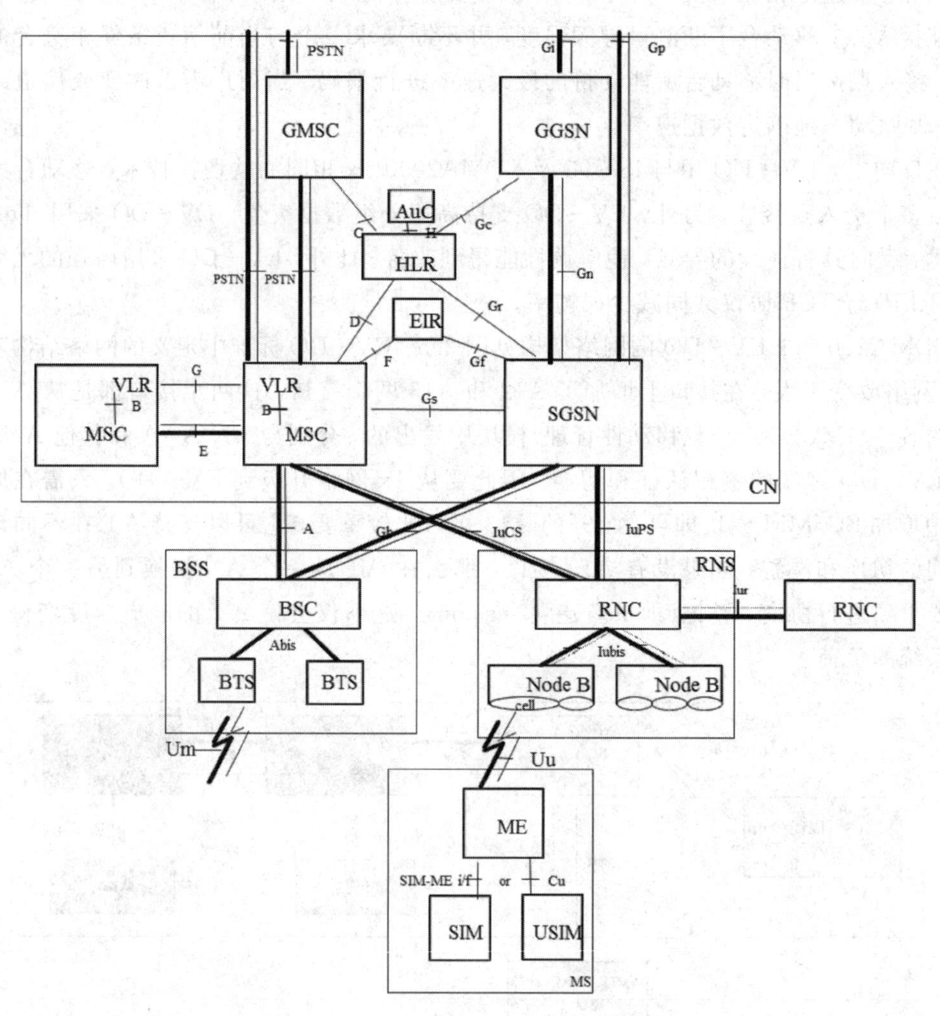

图 2.6 WCDMA 系统结构（含 GSM/GPRS 网络）

WCDMA 核心网包括电路交换（CS）域和分组交换（PS）域，分别处理电路交换业务和分组交换业务。在混合组网时，WCDMA 核心网的 CS 域是指 GSM 的核心网，PS 域是指

GPRS 的支持节点，各网元功能与 GSM/GPRS 中相同。

UTRAN 包括许多通过 Iu 接口连接到 CN 的 RNS(radio network subsystem)。一个 RNS 包括一个 RNC(radio network controller)和一个或多个 Node B。RNC 执行系统信息广播与系统接入控制功能、切换和 RNC 迁移等移动性管理功能、宏分集合并功率控制无线承载分配等无线资源管理和控制功能。Node B 是 WCDMA 系统的基站，通过 Iub 接口与 RNC 互连，完成 Uu 接口物理层协议的处理。其主要功能是扩频调制信道编码及解扩解调信道解码，还包括基带信号和射频信号的相互转换等。Node B 包括一个或多个小区。

UE 通过 Uu 接口与网络设备进行数据交互，为用户提供电路域和分组域内的各种业务功能。UE 包括 ME 和 USIM 两部分。

2.3.2　WCDMA 基站的关键射频性能指标

1. 发射机性能

1) 基站最大输出功率

在正常条件下，Node B 的最大输出功率应保持在额定输出功率±2 dB 范围内；在极端条件下，Node B 的最大输出功率应保持在额定输出功率±2.5 dB 范围内。

2) 发射频谱

占用带宽是指以指定的信道频率为中心，包含了总发射功率 99%的带宽。在基带速率为 3.84 Mchip/s 条件下，占用带宽要求小于 5 MHz。

邻道泄漏比(ACLR)是指发射功率与其落在邻道功率的比值。其最低要求是：相邻的第一邻道 ACLR 不小于 40 dB；第二邻道 ACLR 不小于 45 dB。

频谱辐射模板体现了射频输出信号的频谱包络要求，模板要求见表 2.10。

表 2.10　WCDMA 基站频谱辐射模板

载波频率偏移 Δf/MHz（测量滤波器−3 dB 点）	载波频率偏移 f_{offset}/MHz（测量滤波器中心频率）	波段Ⅰ、Ⅱ、Ⅲ的最小要求/dBm	Band Ⅱ 的特殊要求/dBm	测量带宽
基站最大发射功率 $P\geqslant 43$ dBm 时				
$2.5\leqslant\Delta f<2.7$	$2.515\leqslant f_{offset}<2.715$	−14	−15	30 kHz
$2.7\leqslant\Delta f<3.5$	$2.715\leqslant f_{offset}<3.515$	$-14-15\times\left(\frac{f_{offset}}{1\ \mathrm{MHz}}-2.715\right)$	−15	30 kHz
保证 f_{offset} 连续	$3.515\leqslant f_{offset}<4.0$	−26	—	30 kHz
$3.5\leqslant\Delta f$	$4.0\leqslant f_{offset}$	−13	—	1 MHz
基站最大发射功率 P 在 43 dBm 与 39 dBm 之间时				
$2.5\leqslant\Delta f<2.7$	$2.515\leqslant f_{offset}<2.715$	−14	−15	30 kHz
$2.7\leqslant\Delta f<3.5$	$2.715\leqslant f_{offset}<3.515$	$-14-15\times\left(\frac{f_{offset}}{1\ \mathrm{MHz}}-2.715\right)$	−15	30 kHz
保证 f_{offset} 连续	$3.515\leqslant f_{offset}<4.0$	−26	—	30 kHz
$3.5\leqslant\Delta f<7.5$	$4.0\leqslant f_{offset}<8.0$	−13	—	1 MHz
$7.5\leqslant\Delta f$	$8.0\leqslant f_{offset}$	$P-56$	—	1 MHz

续表

载波频率偏移 Δf/MHz（测量滤波器−3 dB点）	载波频率偏移 f_{offset}/MHz（测量滤波器中心频率）	波段Ⅰ、Ⅱ、Ⅲ的最小要求/dBm	Band Ⅱ的特殊要求/dBm	测量带宽
基站最大发射功率 P 在 39 dBm 与 31 dBm 之间时				
$2.5 \leqslant \Delta f < 2.7$	$2.515 \leqslant f_{offset} < 2.715$	$P-53$	−15	30 kHz
$2.7 \leqslant \Delta f < 3.5$	$2.715 \leqslant f_{offset} < 3.515$	$P-53-15\times\left(\frac{f_{offset}}{1\ \text{MHz}}-2.715\right)$	−15	30 kHz
保证 f_{offset} 连续	$3.515 \leqslant f_{offset} < 4.0$	$P-65$	—	30 kHz
$3.5 \leqslant \Delta f < 7.5$	$4.0 \leqslant f_{offset} < 8.0$	$P-52$	—	1 MHz
$7.5 \leqslant \Delta f$	$8.0 \leqslant f_{offset}$	$P-56$	—	1 MHz
基站最大发射功率 $P \leqslant 26$ dBm 时				
$2.5 \leqslant \Delta f < 2.7$	$2.515 \leqslant f_{offset} < 2.715$	−22	—	30 kHz
$2.7 \leqslant \Delta f < 3.5$	$2.715 \leqslant f_{offset} < 3.515$	$-22-15\times\left(\frac{f_{offset}}{1\ \text{MHz}}-2.715\right)$	—	30 kHz
保证 f_{offset} 连续	$3.515 \leqslant f_{offset} < 4.0$	−34	—	30 kHz
$3.5 \leqslant \Delta f < 7.5$	$4.0 \leqslant f_{offset} < 8.0$	−21	—	1 MHz
$7.5 \leqslant \Delta f$	$8.0 \leqslant f_{offset}$	−25	—	1 MHz

3）发射杂散

3GPP 主要规定了基站的 A 类杂散辐射限制和 B 类杂散辐射限制，见表 2.11。

表 2.11　WCDMA 基站的 A 类杂散辐射限制和 B 杂散类辐射限制

频带		最大允许电平	测量带宽
A类杂散辐射限制			
9～150 kHz		−13 dBm	1 kHz
150 kHz～30 MHz			10 kHz
30 MHz～1 GHz			100 kHz
1～12.75 GHz			1 MHz
B类杂散辐射限制（针对核心频段）			
波段Ⅰ	波段Ⅱ		
9～150 kHz	9～150 kHz	−36 dBm	1 kHz
150 kHz～30 MHz	150 kHz～30 MHz		10 kHz
30 MHz～1 GHz	30 MHz～1 GHz		100 kHz
1 GHz～Max(F_{c1}−60 MHz，2100 MHz)	1 GHz～Max(F_{c1}−60 MHz，1920 MHz)	−30 dBm	1 MHz

续表

频　　带		最大允许电平	测量带宽
B类杂散辐射限制(针对核心频段)			
波段Ⅰ	波段Ⅱ		
Max(F_{c1}−60 MHz, 2100 MHz)～Max(F_{c1}−50 MHz, 2100 MHz)	Max(F_{c1}−60 MHz, 1920 MHz)～Max(F_{c1}−50 MHz, 1920 MHz)	−25 dBm	1 MHz
Max(F_{c1}−50 MHz, 2100 MHz)～Max(F_{c2}+50 MHz, 2180 MHz)	Max(F_{c1}−50 MHz, 1920 MHz)～Max(F_{c2}+50 MHz, 2000 MHz)	−15 dBm	1 MHz
Max(F_{c2}+50 MHz, 2180 MHz)～Max(F_{c2}+60 MHz, 2180 MHz)	Max(F_{c2}+50 MHz, 2000 MHz)～Max(F_{c2}+60 MHz, 2000 MHz)	−25 dBm	1 MHz
Max(F_{c2}+60 MHz, 2180 MHz)～12.5 GHz	Max(F_{c2}+60 MHz, 2000 MHz)～12.5 GHz	−30 dBm	1 MHz

另外，考虑到对其他系统可能造成的干扰，3GPP 还规定了在其他系统频段内的杂散要求，见表 2.12。

表 2.12　WCDMA 规定的在其他系统频段内的杂散要求

共存或共站系统	频段/MHz	最大值/dBm		测量带宽/kHz	备注
		共存	共站		
GSM 900	876～915	−61	−98	100	
	921～960	−57	—	100	
DCS 1800	1710～1785	−61	−98	100	
	1805～1880	−47	—	100	
UTRA TDD	1920～1980	−52	−86	1000	
	2110～2170	−52	−86	1000	
其他邻频段	2100～2105	−30−3.4×(f−2100 MHz)	—	1000	波段Ⅰ
	2175～2180	−30−3.4×(2180 MHz−f)	—	1000	
	1920～1925	−30−3.4×(f−1920 MHz)	—	1000	波段Ⅱ
	1995～2000	−30−3.4×(2000 MHz−f)	—	1000	波段Ⅲ
	1795～1800	−30−3.4×(f−1795 MHz)	—	1000	
	1885～1890	−30−3.4×(1890 MHz−f)	—	1000	

4) 发射互调

当一个比有用信号小 30 dB(频率偏移分别是±5 MHz、±10 MHz 和±15 MHz)的互调信号产生的发射机互调产物的功率不超过规定的杂散发射要求。

2. 接收机性能

1）接收机灵敏度

数字通信系统的接收机参考灵敏度是指在一定误码率要求下接收机需要输入的信号的最小功率。对于12.2 kb/s的AMR语音业务，接收机灵敏度要求如表2.13所示。

表2.13 WCDMA接收机灵敏度要求

业务信道速率	参考灵敏度	误比特率
12.2 kb/s	−121 dBm	≤0.1%

2）接收机动态范围

按照3GPP的要求，当接收机动态范围如表2.14所示时，系统能够正常工作。

表2.14 WCDMA接收机动态范围要求

业务信道速率	误比特率	有用信号功率	干扰信号功率
12.2 kb/s	≤0.1%	−91 dBm	−73 dBm/3.84 MHz

3）邻道选择性

邻道选择性(ACS)反映了基站接收滤波器对相邻频道的干扰信号的抑制能力。WCDMA接收机邻道选择要求如表2.15所示。

表2.15 WCDMA接收机邻道选择要求

业务信道速率	误比特率	有用信号功率	干扰信号功率	频率间隔
12.2 kb/s	≤0.1%	−115 dBm	−52 dBm	5 MHz

4）阻塞特性

3GPP对3G频段和其他系统共存时提出了阻塞要求，见表2.16。

表2.16 WCDMA接收机阻塞要求

<table>
<tr><th>频段</th><th>干扰信号的
中心频率/MHz</th><th>干扰信号
强度/dBm</th><th>有用信号
强度/dBm</th><th>干扰信号最小
频率偏移/MHz</th><th>干扰信号类型</th></tr>
<tr><td rowspan="2">Ⅰ</td><td>1920～1980
1900～1920
1980～2000</td><td>−40</td><td>−115</td><td>10</td><td>WCDMA信号</td></tr>
<tr><td>1～1900
2000～12 750</td><td>−15</td><td>−115</td><td></td><td>CW信号</td></tr>
<tr><td rowspan="2">Ⅱ</td><td>1850～1910
1830～1850
1910～1930</td><td>−40</td><td>−115</td><td>10</td><td>WCDMA信号</td></tr>
<tr><td>1～1830
1930～12 750</td><td>−15</td><td>−115</td><td></td><td>CW信号</td></tr>
</table>

续表

频段	干扰信号的中心频率/MHz	干扰信号强度/dBm	有用信号强度/dBm	干扰信号最小频率偏移/MHz	干扰信号类型
Ⅲ	1710～1785 1690～1710 1785～1805	－40	－115	10	WCDMA 信号
	1～1690 1805～12 750	－15	－115		CW 信号
Ⅱ	1850～1910	－47	－115	2.7	GMSK 信号
Ⅲ	1710～1785	－47	－115	2.8	GMSK 信号
GSM900	921～960	＋16	－115		CW 信号
DCS1800	1805～1880	＋16	－115		CW 信号
UTRA	2110～2170	＋16	－115	—	CW 信号

5）互调特性

3GPP 要求的互调抑制能力是－48 dBm，即当有用信号电平在－115 dBm，干扰如表 2.17所示时，BER 不超过 0.1%。

表 2.17　WCDMA 接收机互调要求

频段	干扰信号强度/dBm	频率偏移/MHz	干扰信号类型
Ⅰ、Ⅱ、Ⅲ	－48	10	CW 信号
	－48	20	WCDMA 信号
Ⅱ、Ⅲ	－47	3.5	CW 信号
	－47	3.9	GMSK 调制

6）杂散要求

接收机杂散是指在天线口产生或者放大的杂散功率。3GPP 对接收机杂散要求如表 2.18所示。

表 2.18　WCDMA 接收机杂散要求

频段/MHz	最大值/dBm	测量带宽/kHz
30～1000	－57	100
1000～12 750	－47	1000
1900～1980、2010～2025	－78	3840
1850～1910	－78	3840
1710－1785	－78	3840

2.3.3 HSPA技术

为了能够与CDMA2000 1x EV-DO抗衡，WCDMA在R5规范中引入了HSDPA(high speed downlink packet access)，在R6规范中引入了HSUPA(high speed uplink packet access)。HSDPA和HSUPA合称为HSPA(high speed packet access)。

WCDMA R5版本高速数据业务增强方案充分参考了CDMA2000 1x EV-DO的设计思想与经验，新增了一条高速共享信道(HS-DSCH)，同时采用了一些更高效的自适应链路层技术。高速共享信道使得传输功率、PN码等资源可以统一利用，并根据用户实际情况动态分配，从而提高了资源的利用率。自适应链路层技术(如快速链路调整技术、结合软合并的快速混合重传(HARQ)技术、集中调度技术等)根据当前信道的状况对传输参数进行调整，从而尽可能地提高系统的吞吐率。HSDPA还采用了高阶调制(16QAM)和固定扩频码等技术，使HSDPA在下行链路上能够实现高达14.4 Mb/s的速率。

与HSDPA相比，HSUPA不支持自适应调制，因为它不支持任何高阶调制。HSUPA最显著的特征是在上行增加了新的传输信道E-DCH。E-DCH传输信道支持基于Node B的快速调度、具有增量冗余的快速物理层HARQ机制和可选的2 ms的传输时间间隔(transmission time interval，TTI)。与HSDPA不同的是，HSUPA不是共享信道，而是专用信道，即每个UE都具有它自己与Node B相连的专用E-DCH传输信道，该通路与其他用户的DCH和E-DCH都是相互独立的。基站中更高效的上行链路调度以及更快捷的重传控制成就了HSUPA的优越性能，HSUPA在上行链路中能够实现高达5.76 Mb/s的速度。

2.3.4 HSPA+技术

WCDMA演进到R5版本的HSDPA和R6版本的HSUPA并没有结束，3GPP组织又在R7、R8和R9版本中引入了HSPA+标准。

HSPA+(也被称为HSPA evolution)是HSPA技术的进一步演进，能够使频谱效率进一步提高，其目标是在相同带宽内达到与LTE相近的频谱利用效率。HSPA+是对现有的WCDMA系统的平滑演进，主要是通过引入一些新的技术，对基于CDMA多址方式的HSDPA和HSUPA进行改进。HSPA+和现有的WCDMA有较强的兼容性，其网络部署的带宽同样为5 MHz，采用的频段也是与现有WCDMA相同的频段，但在5 MHz带宽下要达到和LTE相仿的性能。

具体而言，HSPA+在R7、R8、R9版本阶段分别引入的主要关键技术见表2.19。

在3GPP R5协议版本中定义的HSDPA技术引入了新的下行共享信道HS-DSCH及相关的物理层处理过程，在满足一定无线质量的环境中，该信道可以使用16QAM的高阶调制方式，从而使小区的峰值速率达到14.4 Mb/s。为了进一步提高小区下行峰值速率，提升系统的频谱效率，在3GPP R7协议版本中新定义了HS-PDSCH信道，使用64QAM调制方式的技术。64QAM采用了6个连续符号的表征方式，相对于16QAM调制的4个连续符号，其调制效率提高了50%，从而使得理论上单用户峰值速率达到21.6 Mb/s。

表 2.19 HSPA+分段引入的主要关键技术

版　本	Release 7 版本	Release 8 版本	Release 9 版本
主要关键技术	下行 64QAM 上行 16QAM 下行 MIMO CPC 下行层二增强 下行增强 cell - FACH 下行增强 F - DPCH 扁平化架构	下行 64QAM+MIMO dual - cell HSDPA CS over HSPA 上行层二增强 上行增强 cell - FACH	dual - cell HSUPA dual - band HSDPA DC - HSDPA+MIMO 2 ms TTI 上行范围改进 TxAA 回退模式
目标	上下行峰值速率提高到 11.5/21(28)Mb/s	上下行峰值速率分别提高到 11.5/42Mb/s	上下行峰值速率分别提高到 23/84Mb/s
发布时间	2007 年 9 月	2008 年 12 月	2011 年 3 月

64QAM 的引入可有效提升小区的吞吐率，但对使用场景有所限制，只有在信号质量较好的情况下才有一定增益，一般在信号质量较好的场景优先使用，如微小区和室内分布系统。高阶调制只在 SNR 好的条件下，才能获得比低阶调制更高的频率效率，在 SNR 差的环境下，强行采用高阶调制反而会降低频谱效率。

层二增强包括 HSPA+(R7)阶段主要针对下行的层二增强和 HSPA+(R8)阶段针对上行的层二增强。层二增强属于软特性，主要通过软件实现，无需更换硬件。

层二增强(下行)是和 64QAM 调制技术、MIMO、增强 Cell - FACH 相关联的，随着 64QAM 调制技术、MIMO 技术的使用，空口速率得到很大提高。64QAM 和 2×2 MIMO 分别可以使下行峰值速率达到 21 Mb/s 和 28 Mb/s，但前提是必须支持层二增强，保证下行链路层支持更高数据速率，具体包括：RLC 支持可变大小的 PDU 模式和引入增强的 MAC - hs 实体。

CPC(连续性分组连接，continuous packet connectivity)意为分组用户的“永远在线”。CPC 通过改进 R5、R6 版本的 HSPA 功能，使得有连续连接需求的分组用户能够避免频繁的重建而由此带来的开销和时延(从无数据传输的非激活状态到激活状态的迁移时延小于 50 ms)，以达到提高 cell - DCH 态(使用 HS - DSCH/E - DCH 信道)分组用户数量、提高 VoIP 用户容量和提高系统效率的目的。为了实现 CPC 的目标，主要从空口物理层进行改进，最终选择以下 4 项技术：DTX/DRX(UE)、新的上行 DPCCH 时隙格式、减少 CQI 报告和 HS - SCCH - less 操作。对于网络设备，实现 CPC 只需通过软件升级即可，无需硬件升级，但需要终端支持此功能。

在 R7 版本之前，UE 处于 cell - FACH 状态下传输数据时，承载数据的逻辑信道 BCCH、CCCH、DCCH 或者 DTCH 一般映射到传输信道 FACH，传输速率通常低于 32 kb/s。为提高用户在 cell - FACH 状态下的传输速率，HSPA+引入了增强 cell - FACH 技术，UE 在 cell - FACH、cell - PCH 和 URA - PCH 状态时能够同时接收 HSDPA 信道的数据传输，也就是将 HS - DSCH 作为一个公共信道使用，可以用来承载 BCCH、PCCH 和 CCCH 的信息。

增强的 cell－FACH 技术的传输速率可以达到甚至超过 1 Mb/s。对于小文件下载而言，如进行 Web 页面浏览，UE 可以直接在 cell－FACH 状态下接收，而不用切换到 cell－DCH 状态，避免了从 cell－FACH 状态迁移到 cell－DCH 状态的小区更新过程，减小了状态转换时延。

F－DPCH 是 R6 版本协议为了提高下行信道化码利用率、作为下行伴随 DPCCH 的替代而引入的，可以在每个时隙为 10 个 UE 传输上行功控命令。但由于软切换的存在，每个 UE 可能需要接收来自多个小区的 F－DPCH 的信号。因此网络中平均每条 F－DPCH 服务的 UE 数就会减小。

在 R7 版本的协议中，CPC 的研究进展使得更多用户同时保持在 cell－DCH 状态成为可能。但是，F－DPCH 接纳的用户数相当有限，由此带来的大用户量情况下 F－DPCH 的资源消耗就是一个必须解决的关键问题。在保证系统性能的前提下，R7 版本的 F－DPCH 的增强确定在放宽时间偏移限制上，即允许激活集中的多条 F－DPCH 使用不同的时间偏移，由网络侧进行配置。增强的 F－DPCH 使得更多用户同时保持在 cell－DCH 状态。

DC(dual－cell)就是把两个载波捆绑，实现两倍于单载波速率的技术；HSPA＋是通过 64QAM、层二增强传输等技术，实现更高的调制方式，达到单载波 21 Mb/s 的下行速率的技术。DC－HSPA 就是双载波的 HSPA，可实现 28.8 Mb/s 的理论下行速率；DC－HSPA＋可实现 42 Mb/s 的下行速率。

DC 是 3GPP R8 版本的功能之一，R8 版本协议规定了 HSDPA 可以捆绑两个相邻的信道共 10 MHz 来提供业务(以前的版本限制 HSDPA 的信道带宽为 5 MHz)，下行有两个 HSDPA 服务小区——主服务小区和辅服务小区，上行仍然是一个小区。在 R9 版本中，DC 将允许与 MIMO 组合，并允许捆绑两个非相邻的信道提供业务。

2.4　TD－SCDMA 网络的基本原理

2.4.1　TD－SCDMA 网络概述

1998 年 6 月 30 日，经国家有关主管部门批准，大唐电信代表中国向国际电信联盟提交了中国第三代移动通信标准 TD－SCDMA。2000 年 5 月，TD－SCDMA 被国际电信联盟接纳并成为 3G 的三大主流标准之一。

TD－SCDMA 具有如下的技术特色：

(1) 采用 TDD 双工方式，便于频谱划分，并能更好地满足未来移动多媒体业务非对称特性的发展趋势和需求。

(2) 利用 DS－CDMA 技术，采用 TDMA 和 CDMA 混合多址方式，有利于无线资源的合理分配和高效利用。

(3) 以 1.28 Mchip/s 的低 chip 速率传输，使设备复杂度和成本较低。

(4) 采用联合检测、智能天线、上行同步、接力切换等先进技术，抗干扰能力强，掉话率低。

(5) 适合软件无线电的应用。

TD－SCDMA 的网络结构和 UMTS(WCDMA)的网络结构是一样的，各网元的基本功能也大致相同，其基本网络结构如图 2.7 所示。

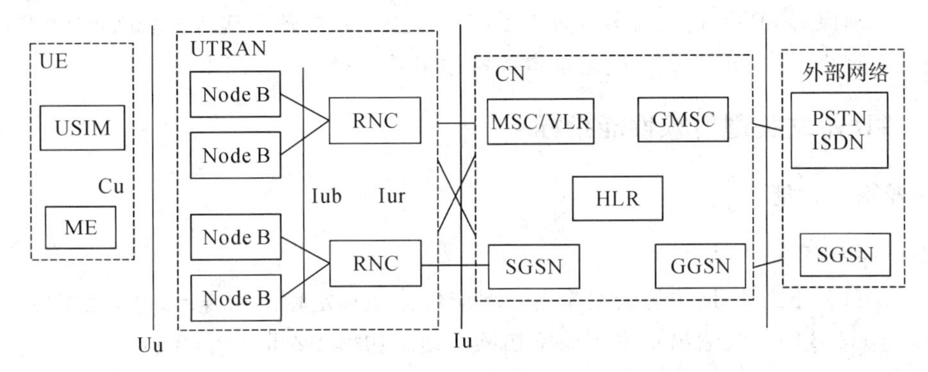

图 2.7　TD－SCDMA 的网络结构

Uu 接口是 UTRAN 与用户设备的接口，也称无线接口或者空中接口，其主要功能是建立、重配置和释放各种 3G 无线承载业务。不同的空中接口协议使用各自的无线传输技术，Uu 接口是 TD－SCDMA 系统区别于其他 3G 系统的关键。

TD－SCDMA 系统的无线帧结构见图 2.8。

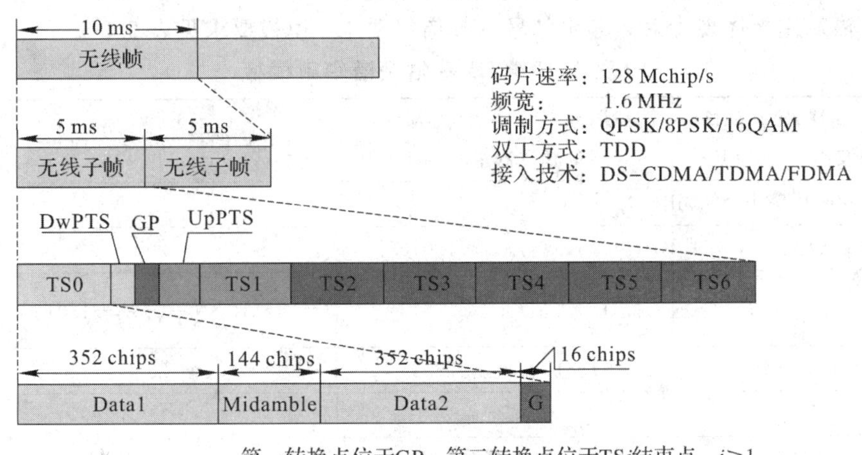

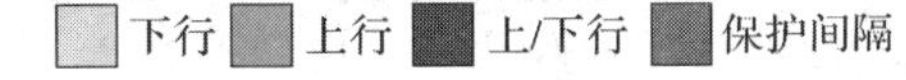

图 2.8　TD－SCDMA 系统的无线帧结构

TD－SCDMA 的 5 ms 无线子帧的每帧有两个上/下行转换点，第一个转换点位于特殊时隙 GP，第二个转换点位于常规时隙间。TS0 为下行时隙，TS1 为上行时隙，三个特殊时隙分别为 DwPTS、GP 和 UpPTS，其余时隙可根据用户需要进行灵活的 UL/DL 配置。

DwPTS 用于下行同步和小区初搜。该时隙由 96 个 chips 组成——前 32 个 chips 用于保护；后 64 个 chips 用于导频序列。该时隙时长为 75 μs，32 个不同的 SYNC－DL 码，用于区分不同的基站。DwPTS 为全向或扇区传输，不进行波束赋形。

UpPTS 用于建立上行初始同步和随机接入，以及越区切换时邻近小区的测量。该时隙由 160 个 chips 组成——前 128 个 chips 用于 SYNC－UL；后 32 个 chips 用于保护。SYNC－UL 有 256 种不同的码，可分为 32 个码组，以对应 32 个 SYNC－DL 码，每组有 8 个不同的 SYNC－UL 码，即每一个基站对应于 8 个确定的 SYNC－UL 码。BTSC 从终端上行信号中获得初始波束赋形参数。

GP 保护时隙用于下行到上行转换的保护。该时隙共 96 个 chips，时长为 75 μs。在小区搜索时，确保 DwPTS 可靠接收，防止干扰 UL 工作；在随机接入时，确保 UpPTS 可以提前发射，防止干扰 DL 工作；确定基本的基站覆盖半径为 11.25 km。

2.4.2 TD 基站关键射频性能指标

1. 发射机性能

1）基站最大输出功率

在正常条件下，Node B 的最大输出功率应保持在额定输出功率±2 dB 范围内；在极端条件下，Node B 的最大输出功率应保持在额定输出功率±2.5 dB 范围内。

2）发射频谱

发射机射频输出频谱包括占用带宽、带外辐射和杂散发射等指标。

占用带宽是指以指定的信道频率为中心，包含了总发射功率 99%的带宽。在基带速率为 1.28 Mchip/s 条件下，占用带宽要求小于 1.6 MHz。

带外辐射限制是由频谱辐射模板和邻道泄漏功率比(ACLR)来规定的。

频谱辐射模板体现了射频输出信号的频谱络要求，模板要求见表 2.20。

表 2.20 TD 基站频谱辐射模板

载波频率偏移，Δf/MHz（测量滤波器－3 dB 点）	载波频率偏移 f_{offset}/MHz（测量滤波器中心频率）	允许的最大电平/dBm	测量带宽
基站最大发射功率 $P\geqslant 34$ dBm 时			
$0.8\leqslant\Delta f<1.0$	$0.815\leqslant f_{offset}<1.015$	-20	30 kHz
$1.0\leqslant\Delta f<1.8$	$1.015\leqslant f_{offset}<1.815$	$-20-10\times\left(\frac{f_{offset}}{1\ \text{MHz}}-1.015\right)$	30 kHz
保证 f_{offset} 连续	$1.815\leqslant f_{offset}<2.3$	-28	30 kHz
$1.8\leqslant\Delta f$	$2.3\leqslant f_{offset}$	-13	1 MHz
基站最大发射功率 P 在 34 dBm 与 26 dBm 之间时			
$0.8\leqslant\Delta f<1.0$	$0.815\leqslant f_{offset}<1.015$	P－54	30 kHz
$1.0\leqslant\Delta f<1.8$	$1.015\leqslant f_{offset}<1.815$	$P-54-10\times\left(\frac{f_{offset}}{1\ \text{MHz}}-1.015\right)$	30 kHz
保证 f_{offset} 连续	$1.815\leqslant f_{offset}<2.3$	P－62	30 kHz
$1.8\leqslant\Delta f$	$2.3\leqslant f_{offset}$	P－47	1 MHz
基站最大发射功率 $P\leqslant 26$ dBm 时			
$0.8\leqslant\Delta f<1.0$	$0.815\leqslant f_{offset}<1.015$	-28	30 kHz
$1.0\leqslant\Delta f<1.8$	$1.015\leqslant f_{offset}<1.815$	$-28-10\times\left(\frac{f_{offset}}{1\ \text{MHz}}-1.015\right)$	30 kHz
保证 f_{offset} 连续	$1.815\leqslant f_{offset}<2.3$	-36	30 kHz
$1.8\leqslant\Delta f$	$2.3\leqslant f_{offset}$	-21	1 MHz

3GPP 主要规定了基站的 A 类杂散辐射限制和 B 类杂散辐射限制，见表 2.21。

表 2.21　TD 基站的 A 类杂散辐射限制和 B 类杂散辐射限制

频　　带	最大允许电平	测量带宽
A 类杂散辐射限制		
9～150 kHz	−13 dBm	1 kHz
150 kHz～30 MHz		10 kHz
30 MHz～1 GHz		100 kHz
1～12.75 GHz		1 MHz
B 类杂散辐射限制(针对核心频段)		
9～150 kHz	−36 dBm	1 kHz
150 kHz～30 MHz		10 kHz
30 MHz～1 GHz		100 kHz
1 GHz～Fc1−19.2 MHz 或 F1−10 MHz	−30 dBm	1 MHz
Fc1−19.2 MHz 或 F1−10 MHz～ Fc1−16 MHz 或 F1−10 MHz	−25 dBm	1 MHz
Fc1−16 MHz 或 F1−10 MHz～ Fc2+16 MHz 或 Fu+10 MHz	−15 dBm	1 MHz
Fc2+16 MHz 或 Fu+10 MHz～Fc2+19.2 MHz 或 Fu+10 MHz	−25 dBm	1 MHz
Fc2+19.2 MHz 或 Fu+10 MHz～12.5 GHz	−30 dBm	1 MHz

另外，考虑到对其他系统可能造成的干扰，3GPP 还规定了在其他系统频段内的杂散要求，见表 2.22。

表 2.22　TD 规定的在其他系统频段内的杂散要求

共存或共站系统	频段/MHz	最大值/dBm		测量带宽 kHz
		共存	共站	
GSM 900	876～915	−61	−98	100
DSC 1800	1710～1785	−57	−98	100
UTRA FDD	1920～1980	−61	−80	100
	2110～2170	−47	−52	100
WLAN	2.4～2.4835 GHz	−43	−30	3840

3) 发射互调

当一个比有用信号小 30 dB(频率偏移分别是±1.6 MHz、±3.2 MHz 和±4.8 MHz)的互调信号产生的发射机互调产物的功率不超过规定的杂散发射要求。

2. 接收机性能

1) 接收机灵敏度

数字通信系统的接收机参考灵敏度是指在一定误码率要求下接收机需要输入的信号最小功率。对于 12.2 kb/s 的 AMR 语音业务，接收机灵敏度要求如表 2.23 表示。

表 2.23　TD 基站接收机灵敏度要求

业务信道速率	参考灵敏度	误比特率
12.2 kb/s	−110 dBm	≤0.1%

2）接收机动态范围

按照 3GPP 的要求，当接收机动态范围符合表 2.24 的要求时，系统能正常工作。

表 2.24　TD 基站接收机动态范围要求

业务信道速率	误比特率	有用信号功率	干扰信号功率
12.2 kb/s	≤0.1%	−80 dBm	−76 dBm/1.28 MHz

3）邻道选择性

邻道选择性(ACS)反映了基站接收滤波器对相邻频道的干扰信号的抑制能力。TD 基站关于邻道选择性的要求如表 2.25 所示。

表 2.25　TD 基站接收机邻道选择要求

业务信道速率	误比特率	有用信号功率	干扰信号功率	频率间隔
12.2 kb/s	≤0.1%	−104 dBm	−55 dBm	1.6 MHz

4）阻塞特性

3GPP 对 3G 频段和其他系统共存时提出了阻塞要求，见表 2.26。

表 2.26　TD 基站接收机阻塞特性要求

干扰信号的中心频率/MHz	干扰信号强度/dBm	有用信号强度/dBm	干扰信号最小频率偏移/MHz	干扰信号类型
工作频率为 1900～1920 MHz、2010～2025 MHz 时				
1900～1920、2010～2025	−40	−104	3.2	一个码道的 CDMA 信号
1880～1900、1990～2010 2025～2045	−40	−104	3.2	一个码道的 CDMA 信号
1920～1980	−40	−104	3.2	一个码道的 CDMA 信号
1～1880、1980～1990 2045～12 750	−15	−104	—	CW 信号
工作频率为 1850～1910 MHz、1930～1990 MHz 时				
1850～1990	−40	−104	3.2	一个码道的 CDMA 信号
1830～1850、1990～2010	−40	−104	3.2	一个码道的 CDMA 信号
1～1830、2010～12 750	−15	−104	—	CW 信号
工作频率为 1910～1930 MHz 时				
1910～1930	−40	−104	3.2	一个码道的 CDMA 信号
1890～1910、1930～1950	−40	−104	3.2	一个码道的 CDMA 信号
1～1890、1950～12 750	−15	−104	—	CW 信号

5）互调特性

3GPP 要求的互调抑制能力是－48 dBm，即当有用信号电平在－104 dBm，干扰如表 2.27 所示时，BER 不超过 0.1%。

表 2.27　TD 基站接收机互调特性要求

干扰信号强度/dBm	频率偏移/MHz	干扰信号类型
－48	3.2	CW 信号
－48	6.4	一个码道的 TD－CDMA 信号

6）杂散要求

接收机杂散是指在天线口产生或者放大的杂散功率。3GPP 对接收机杂散要求如表 2.28所示。

表 2.28　TD 基站接收机杂散特性要求

频段/GHz	最大值/dBm	测量带宽/kHz
0.030～1	－57	100
1～1.9 和 1.98～2.01	－47	1000
1.9～1.98 和 2.01～2.025	－83	1280
2.025～12.75	－47	1000

2.4.3　TD－HSPA 技术

TD－SCDMA 单载波提供高速业务的能力相对不足，面对 WCDMA 和 cdma2000 都采用了增强技术以提高下行数据速率的挑战，TD－SCDMA 在 R5 版本中也采用了 HSDPA 技术。TD－HSDPA 所采用的增强技术主要有共享信道、高阶调制 16QAM、自适应调制编码、混合自动重传和快速小区选择等，使单载波数据传输速率提高到 2.8 Mb/s。

中国通信标准化协会(CCSA)还提出了针对 TD－SCDMA 系统的多载波 HSDPA 技术，将多载波捆绑以提高 TD－SCDMA 系统中单用户峰值速率。即多个载波上的信道资源可以为同一个用户服务，该用户可以同时接收本小区多个载波发送的信息。因此，如果采用 N 个载波同时为一个用户发送数据，理论上该用户可以获得原来 N 倍的数据速率。例如，3 载波的 HSDPA(5 MHz 带宽)的理论峰值速率可以达到 8.4 Mb/s；6 载波的 HSDPA (10 MHz 带宽)的理论峰值速率则可以达到 16.8 Mb/s。

在 WCDMA 的 3GPP R6 版本中已经有了 HSUPA，而 TD 的 HSUPA 在 3GPP R7 版本中引入。从 TD－SCDMA 的数据传输角度来分析，TD－HSDPA 和 TD－HSUPA 采用的关键技术基本相同，只是在实现细节上各有特点。TD－HSUPA 采用了自适应调制编码、NodeB 快速调度、高阶调制、5 ms TTI 和 HARQ 等关键技术，为上行性能的提升提供保证。

由于自适应调制编码和高阶调制方式的使用，TD－HSUPA 系统的峰值速率在 4∶2 的上下行时隙配比下可达到 2.24 Mb/s，其吞吐率与仅使用 QPSK 调制相比可提高接近一倍；NodeB 快速调度、HARQ 和 5 ms TTI 的使用使系统平均时延降低将近三分之一。这些性能的提升可通过大部分软件升级和少量的硬件改造来获得。

在 TD－HSUPA 技术中，单载波最多使用 4 个上行时隙的全部资源，不同的上下行时隙配比下，TD－HSUPA 的上行峰值速率也不同，具体如下：

（1）上下行时隙配比为 1∶5，上行峰值速率为 560 kb/s(16QAM)。

（2）上下行时隙配比为 2∶4，上行峰值速率为 1.12 Mb/s(16QAM)。

（3）上下行时隙配比为 3∶3，上行峰值速率为 1.68 Mb/s(16QAM)。

（4）上下行时隙配比为 4∶2，上行峰值速率为 2.24 Mb/s(16QAM)。

2.5 LTE 网络的基本原理

2.5.1 LTE 的性能目标与网络架构

LTE(long term evolution)是新一代宽带无线移动通信技术。LTE 项目的启动一是为了应对其他无线通信标准的竞争，特别是 WiMAX 技术；二是迅速发展的移动互联网业务的需要。与 3G 系统采用的 CDMA 技术不同，LTE 以 OFDM(正交频分多址)和 MIMO (多输入多输出天线)技术为基础，频谱效率是 3G 增强技术的 2～3 倍。LTE 包括 FDD 和 TDD 两种制式。LTE 的增强技术(LTE－Advanced)是国际电联认可的第四代移动通信标准。

3GPP LTE 项目的主要性能目标包括以下内容：

（1）在 20 MHz 频谱带宽条件下，能够提供下行 100 Mb/s、上行 50 Mb/s 的峰值速率。

（2）改善小区边缘用户的性能。

（3）提高小区容量。

（4）降低系统延迟，用户平面内部单向传输时延低于 5 ms；控制平面从睡眠状态到激活状态迁移时间低于 50 ms；从驻留状态到激活状态的迁移时间小于 100 ms。

（5）支持 100 km 半径的小区覆盖。

（6）能够为 350 km/h 高速移动用户提供＞100 kb/s 的接入服务。

（7）支持成对或非成对频谱，并可灵活配置 1.25 MHz 到 20 MHz 的多种带宽。

整个 LTE 系统由演进型分组核心网(evolved packet core，EPC)、演进型基站(eNodeB)和用户终端设备(UE)三部分组成。其中，EPC 负责核心网部分，EPC 控制处理部分称为 MME，数据承载部分称为 SAE Gateway (S－GW)；eNode B 负责接入网部分，也称E－UTRAN。

LTE 系统架构如图 2.9 所示，eNode B 与 EPC 通过 S1 接口连接；eNode B 之间通过 X2 接口连接；eNode B 与 UE 之间通过 Uu 接口连接。与 UMTS 相比，由于 NodeB 和 RNC 融合为网元 eNodeB，所以 LTE 少了 Iub 接口。X2 接口类似于 Iur 接口，S1 接口类似于 Iu 接口，但都有较大简化。相应地，其核心网和接入网的功能划分也有所变化，如图

2.10所示。

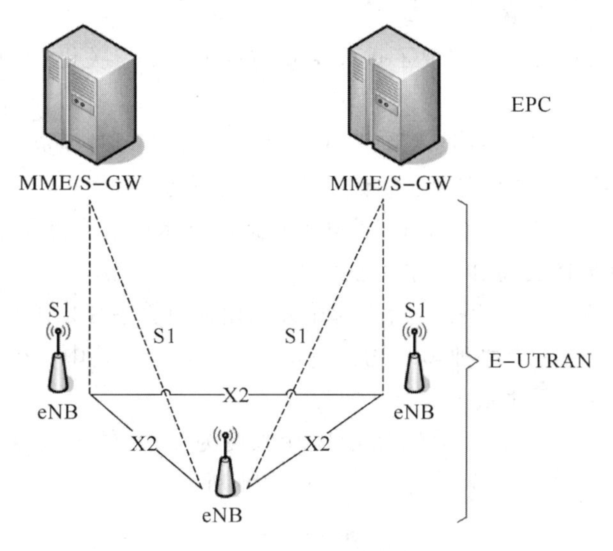

图 2.9　LTE 网络架构

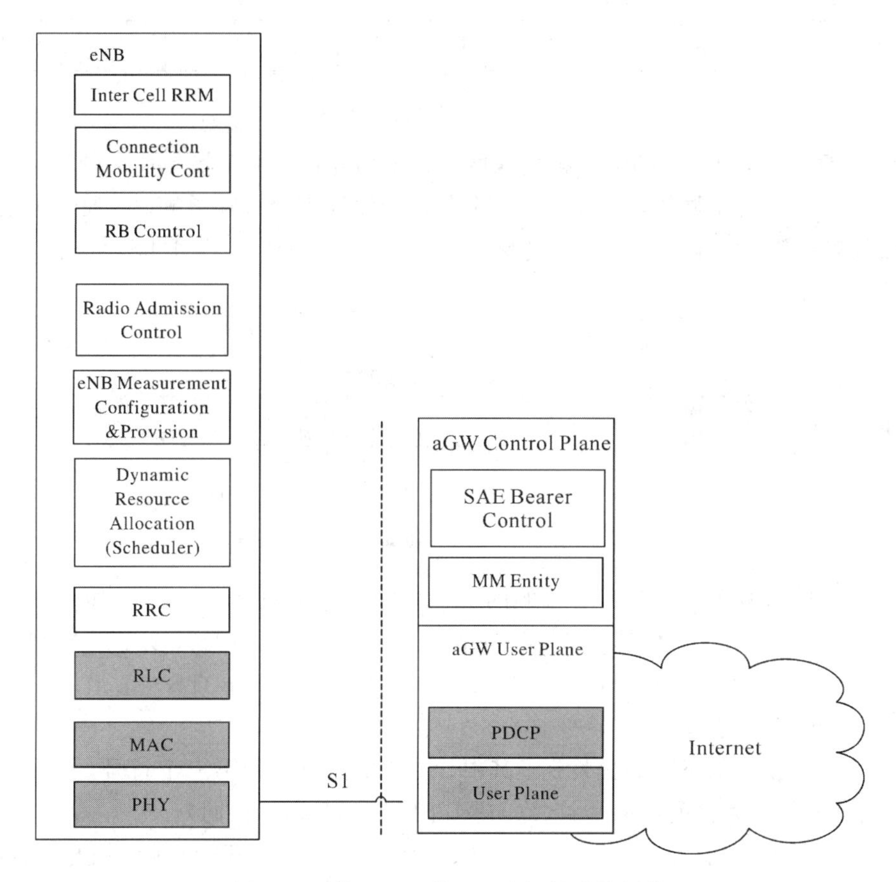

图 2.10　核心网和接入网之间的功能划分

2.5.2 LTE 物理层技术与空中接口

TD-LTE 物理层在技术上实现了重大革新与性能增强。关键的技术创新主要体现在以下几方面：

(1) 以 OFDMA 为基本多址技术和 TDD 为双工技术实现时频资源的灵活配置。

(2) 通过采用 MIMO 技术实现了频谱效率的大幅度提升。

(3) 通过采用 AMC、功率控制、HARQ 等自适应技术以及多种传输模式的配置进一步提高了对不同应用环境的支持和传输性能优化。

(4) 通过采用灵活的上下行控制信道为充分优化资源管理提供了可能。

LTE 在空中接口上支持两种帧结构：Type1 和 Type2。其中 Type1 用于 FDD 模式；Type2 用于 TDD 模式。两种无线帧长度均为 10 ms。

在 FDD 模式下，10 ms 的无线帧分为 10 个长度为 1 ms 的子帧(subframe)，每个子帧由两个长度为 0.5 ms 的时隙(slot)组成，如图 2.11 所示。

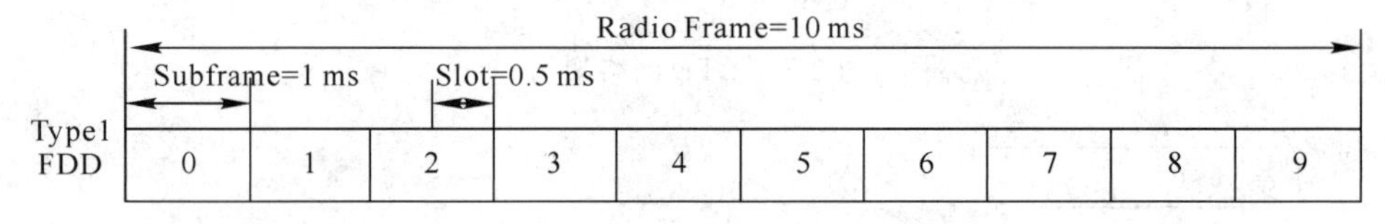

图 2.11 帧结构类型 1

在 TDD 模式下，10 ms 的无线帧包含两个长度为 5 ms 的半帧(half frame)，每个半帧由 5 个长度为 1 ms 的子帧组成，其中有 4 个普通子帧和 1 个特殊子帧。普通子帧包含两个 0.5 ms 的常规时隙，特殊子帧由 3 个特殊时隙(UpPTS、GP 和 DwPTS)组成，如图 2.12 所示。

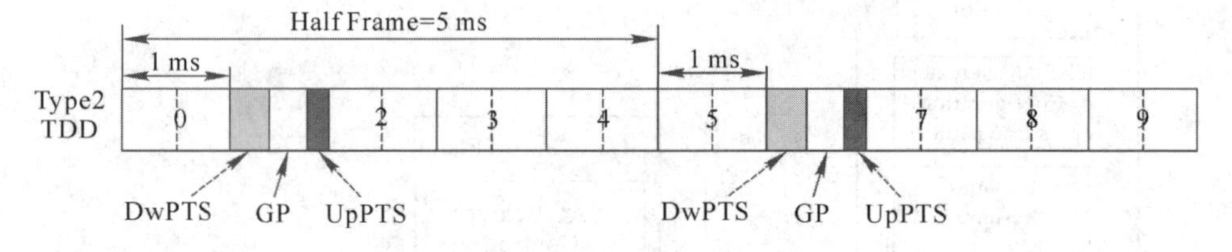

图 2.12 帧结构类型 2

在 Type2 TDD 帧结构中，特殊子帧的三个特殊时隙总长度为 1 ms，如图 2.13 所示。DwPTS 的长度为 3～12 个 OFDM 符号，UpPTS 的长度为 1～2 个 OFDM 符号，相应的 GP 长度为 1～10 个 OFDM 符号(70～700 μs/10～100 km)。UpPTS 中，最后一个符号用于发送上行 sounding 导频。

DwPTS 用于正常的下行数据发送。其中，主同步信道位于第三个符号，同时，该时隙中下行控制信道的最大长度为两个符号(与 MBSFN subframe 相同)。

除了 TDD 固有的特性之外(上下行转换、GP 等)，Type2 TDD 帧结构与 Type1 FDD 帧结构的主要区别在于同步信号的设计，如图 2.14 所示。LTE 同步信号的周期是 5 ms，分为主同步信号(PSS)和辅同步信号(SSS)。LTE TDD 和 FDD 帧结构中，同步信号的位置/相对位置不同。在 Type2 TDD 中，PSS 位于 DwPTS 的第三个符号，SSS 位于 5 ms 第一个子帧的最后一个符号；在 Type1 FDD 中，主同步信号和辅同步信号位于 5 ms 第一个子帧内前一个时隙的最后两个符号。

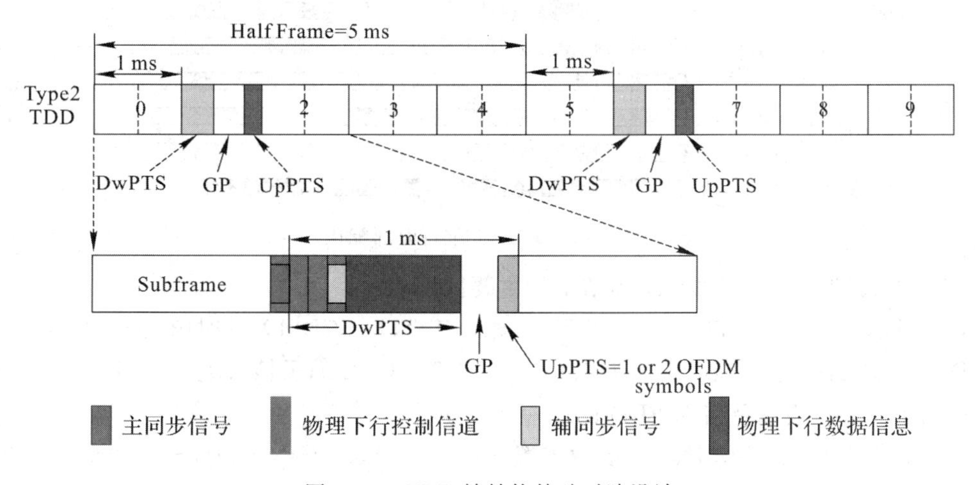

图 2.13 TDD 帧结构特殊时隙设计

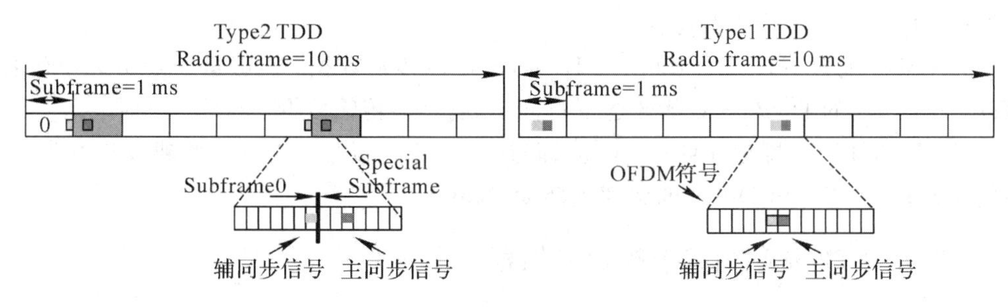

图 2.14 TDD 帧结构同步信号设计

利用主、辅同步信号相对位置的不同，终端可以在小区搜索的初始阶段识别系统是 TDD 还是 FDD。

FDD 依靠频率区分上下行，其单方向的资源在时间上是连续的；TDD 依靠时间来区分上下行，所以其单方向的资源在时间上是不连续的，时间资源在两个方向上进行了分配，如图 2.15 所示。

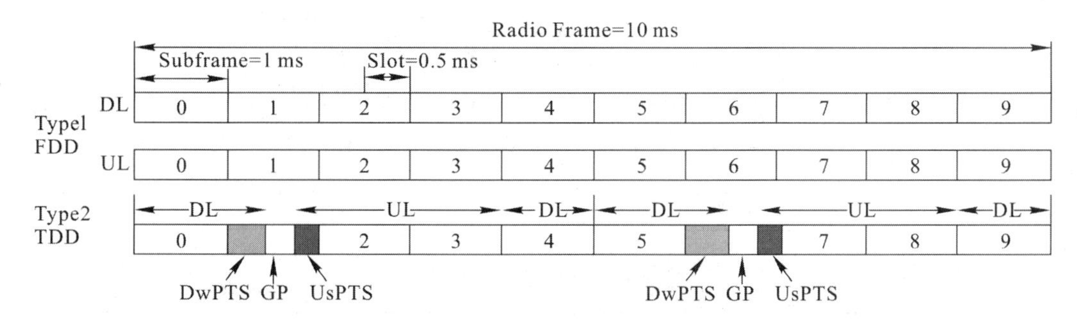

图 2.15 TDD 帧结构上下行配比

LTE TDD 中支持 5 ms 和 10 ms 的上下行子帧切换周期，7 种不同的上、下行时间配比包括从将大部分资源分配给下行的“9∶1”到上行占用资源较多的“2∶3”，具体配置见图 2.16。在实际使用时，网络可以根据业务量的特性灵活地选择配置。

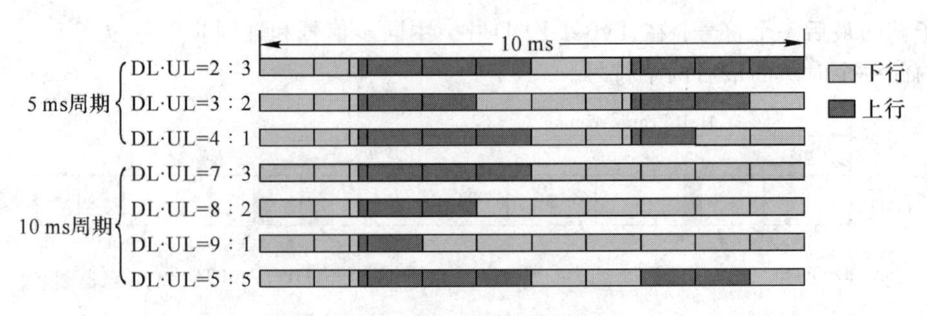

图 2.16　TDD 上下行时间配比

TD－LTE 和 TD－SCDMA 帧结构的主要区别有：

(1) 时隙长度不同。TD－LTE 的子帧(相当于 TD－SCDMA 的时隙概念)长度为1 ms，而 TD－SCDMA 常规时隙的长度为 0.675 μs。TD－LTE 的子帧长度和 FDD LTE 保持一致，有利于产品实现以及借助 FDD 的产业链。

(2) TD－LTE 的特殊时隙有多种配置方式，DwPTS，GP，UpPTS 可以改变长度，以适应覆盖、容量、干扰等不同场景的需要；而 TD－SCDMA 的特殊时隙配置是固定的，DwPTS、GP、UpPTS 长度不可变。

(3) 在某些配置下，TD－LTE 的 DwPTS 可以传输数据，能够进一步增大小区容量；而 TD－SCDMA 的 DwPTS 只能传送下行同步码，不能传输数据。

(4) TD－LTE 的调度周期为 1 ms，即每 1 ms 都可以指示终端接收或发送数据，保证更短的时延；而 TD－SCDMA 的调度周期为 5 ms。

2.5.3　TD－LTE 基站关键射频性能指标

1. 发射机性能

1）基站辐射模板

基站 5 MHz/10 MHz/15 MHz/20 MHz 信道带宽频谱辐射模板见表 2.29。

表 2.29　TD－LTE 基站频谱辐射模板

载波频率偏移 Δf/MHz (测量滤波器－3 dB 点)	载波频率偏移 f_{offset}/MHz (测量滤波器中心频率)	允许的最大电平/dBm	测量带宽
$0 \leqslant \Delta f < 5$	$0.05\ \text{MHz} \leqslant f_{\text{offset}} < 5.05\ \text{MHz}$	$-7-\frac{7}{5}\left(\frac{f_{\text{offset}}}{1\ \text{MHz}}-0.05\right)$	100 kHz
$5 \leqslant \Delta f < 10$	$5.05 \leqslant f_{\text{offset}} < 10.05$	－14	100 kHz
$10 \leqslant \Delta f < \Delta f_{\max}$	$10.05 \leqslant f_{\text{offset}} < f_{\text{offset}-\max}$	－13(A 类要求) －15(B 类要求)	1 MHz

2）邻道选择性

LTE 基站定义了基本 ACLR 要求和与 UTRA 共存的 ACLR 要求，见表 2.30。其中，ACLR 要求适用于－13 dBm/1 MHz(A 类要求)或－15 dBm/1 MHz(B 类要求)要求中的较宽松者。

表 2.30　TD-LTE 基站邻道选择性要求

<table>
<tr><th>信道带宽
/MHz</th><th>邻信道中心频率偏移</th><th>邻信道载波类型</th><th>邻信道滤波器类型及带宽</th><th>ACLR
要求/dB</th></tr>
<tr><td rowspan="4">5
10
15
20</td><td>$BW_{Channel}$</td><td rowspan="2">相同带宽的
E-UTRA 载波</td><td>矩形滤波器 BW_{Config}</td><td>45</td></tr>
<tr><td>$2\times BW_{Channel}$</td><td>矩形滤波器 BW_{Config}</td><td>45</td></tr>
<tr><td>$BW_{Channel}/2+0.8$ MHz</td><td>TD-SCDMA</td><td>RRC 滤波器(1.28 Chip/s)</td><td>45</td></tr>
<tr><td>$BW_{Channel}/2+2.4$ MHz</td><td>TD-SCDMA</td><td>RRC 滤波器(1.28 Chip/s)</td><td>45</td></tr>
</table>

3）杂散发射

TD-LTE 定义了基站的 A 类杂散辐射限制和 B 类杂散辐射限制，见表 2.31。

表 2.31　TD-LTE 基站杂散发射要求

<table>
<tr><th>频带</th><th>A 类杂散辐射限制</th><th>B 类杂散辐射限制</th><th>测量带宽</th></tr>
<tr><td>9～150 kHz</td><td rowspan="4">-13 dBm</td><td rowspan="2">-36 dBm</td><td>1 kHz</td></tr>
<tr><td>150 kHz～30 MHz</td><td>10 kHz</td></tr>
<tr><td>30 MHz～1 GHz</td><td rowspan="2">-30 dBm</td><td>100 kHz</td></tr>
<tr><td>1～12.75 GHz</td><td>1 MHz</td></tr>
</table>

4）发射互调

当基站工作在所支持的最大频道带宽和最大输出功率时，在如表 2.32 所示的干扰配置下，发射机所产生的互调产物的功率不应该超过非期望辐射的限值。

表 2.32　TD-LTE 基站发射互调要求

参　　数	取　　值
有用信号	基站所支持的最大信道带宽 $BW_{Channel}$
干扰信号类型	5 MHz 带宽的 E-UTRA 信号
干扰信号电平	平均功率低于有用信号 30dB
干扰信号中心频率到有用信号载波中心频率的频率偏移	$-BW_{Channel}/2-12.5$ MHz、$-BW_{Channel}/2-7.5$ MHz、$-BW_{Channel}/2-2.5$ MHz、$BW_{Channel}/2+2.5$ MHz、$BW_{Channel}/2+7.5$ MHz、$BW_{Channel}/2+12.5$ MHz

2. 接收机性能

基站接收机指标要求是基于单天线接收制定的。当基站采用多天线接收分集时，该指标要求针对每一根天线单独适用。

1）接收机灵敏度

基站参考灵敏度的最低要求见表 2.33，基站的吞吐量不应低于其理论峰值的 95%。

表 2.33　TD-LTE 基站接收机灵敏度要求

E-UTRA 信道带宽/MHz	5	10	15	20
参考测量信道	FRC A1-3	FRC A1-3	FRC A1-3	FRC A1-3
参考灵敏度 P_{Refsens}/dBm	−101.5	−101.5	−101.5	−101.5

2）接收机动态范围

接收机动态范围指标用来评估当接收信道内存在一个高斯白噪声的干扰信号时，接收机接收有用信号的能力。TD-LTE 基站的接收动态范围见表 2.34，基站的吞吐量不应低于其理论峰值的 95%。

表 2.34　TD-LTE 基站接收机动态范围要求

信道带宽/MHz	干扰测量信道	有用信号平均功率/dBm	干扰信号平均功率/dBm	干扰信号类型
5	FRC A2-3	−70.2	−82.5	AWGN
10	FRC A2-3	−70.2	−79.5	AWGN
15	FRC A2-3	−70.2	−77.5	AWGN
20	FRC A2-3	−70.2	−76.4	AWGN

3）信道内选择性

对于 TD-LTE 基站，当接收一个用户的有用信号时，在同一载波带宽内其他 RB 上的用户发射信号会对本用户接收造成干扰，这就要求设备在存在带内干扰的时候能够解调期望用户的信号。信道内选择性用来评估当存在一个强干扰信号时，接收机在所分配的 RB 上接收有用信号的能力。信道内选择性的要求见表 2.35，基站的吞吐量不应低于其理论峰值的 95%。

表 2.35　TD-LTE 基站接收机信道内选择性要求

信道带宽/MHz	干扰测量信道	有用信号平均功率/dBm	干扰信号平均功率/dBm	干扰信号类型
5	FRC A1-2	−100	−81	5 MHz E-UTRA 信号，10 个 RB
10	FRC A1-3	−98.5	−77	10 MHz E-UTRA 信号，25 个 RB
15	FRC A1-3	−98.5	77	15 MHz E-UTRA 信号，25 个 RB
20	FRC A21-3	−98.5	−77	20 MHz E-UTRA 信号，25 个 RB

注：对于 15 MHz 和 20 MHz 的带宽，有用信号和干扰信号分别放置在邻近 F_c 的两边。

4）邻道选择性

邻道选择性的要求见表2.36，基站的吞吐量不应低于其理论峰值的95%。

表2.36 TD-LTE基站接收机邻道选择性要求

信道带宽/MHz	有用信号平均功率/dBm	干扰信号平均功率/dBm	干扰RB中心频率到有用信号频率边缘的频偏/MHz	干扰信号类型
5、10、15、20	$P_{\text{Refsens}}+6$ dB	−52	2.5	5 MHz E-UTRA信号

5）窄带阻塞

根据TD-LTE系统的特点，邻道信号也有可能是一个RB的干扰信号，故引入了窄带阻塞的要求。窄带阻塞是指当相邻信道上存在窄带干扰信号时，在本信道频率上接收有用信号的能力。窄带阻塞的要求见表2.37，基站的吞吐量不应低于其理论峰值的95%。

表2.37 TD-LTE基站接收机窄带阻塞要求

信道带宽/MHz	有用信号平均功率/dBm	干扰信号平均功率/dBm	干扰RB中心频率到有用信号频率边缘的频偏/MHz	干扰信号类型
5、10、15、20	$P_{\text{Resens}}+6$ dB	−49	$340+m\times180$，m=0、1、2、3、4、9、14、19、24	5 MHz E-UTRA信号

6）阻塞特性

阻塞特性的要求见表2.38，基站的吞吐量不应低于其理论峰值的95%。

表2.38 TD-LTE基站接收机阻塞要求

干扰信号中心频率/MHz	有用信号平均功率/dBm	干扰信号平均功率/dBm	干扰信号中心频率到有用信号频率边缘的频偏/MHz	干扰信号类型
$(F_{UL_{\text{low}}}-2)\sim(F_{UL_{\text{high}}}+20)$	$R_{\text{Refsens}}+6$ dB	−43	7.5（信道带宽为5 MHz、10 MHz、15 MHz、20 MHz）	5 MHz E-UTRA信号
$1-(F_{UL_{\text{low}}}-20)$ $(F_{UL_{\text{high}}}+20)\sim12\ 750$	$R_{\text{Refsens}}+6$ dB	−15		CW信号

7）杂散辐射

杂散辐射的要求见表2.39。

表2.39 TD-LTE基站接收机杂散辐射要求

频段范围	最大值/dBm	测量带宽/kHz
30 MHz～1 GHz	−57	100
1～12.75 GHz	−47	1000

8）接收机互调

由于TD-LTE终端上行发射存在宽带发射和窄带发射两种情况，故规定了宽带和窄带两种性能要求，见下表，基站的吞吐量不应低于其理论峰值的95%。

表 2.40　TD-LTE 基站接收机互调要求

信道带宽/MHz	有用信号平均功率/dBm	干扰信号平均功率/dBm	干扰信号中心频率到有用信号频率边缘的频偏/MHz	干扰信号类型
宽带互调性能要求				
5	$P_{\text{Refsens}}+6$ dB	−52	7.5	CW信号
			17.5	5 MHz E-UTRA信号
10			7.5	CW信号
			17.7	5 MHz E-UTRA信号
15			7.5	CW信号
			18	5 MHz E-UTRA信号
20			7.5	CW信号
			18.2	5 MHz E-UTRA信号
窄带互调性能要求				
5	$P_{\text{Refsens}}+6$ dB	−52	360	CW信号
			1060	5 MHz E-UTRA信号，一个RB
10			415	CW信号
			1420	5 MHz E-UTRA信号，一个RB
15			380	CW信号
			1600	5 MHz E-UTRA信号，一个RB
20			345	CW信号
			1780	5 MHz E-UTRA信号，一个RB

2.6　WLAN网络的基本原理

2.6.1　802.11协议簇

无线局域网WLAN(wireless local area network)利用无线通信技术在一定的局部范围内建立的网络，是计算机网络与无线通信技术相结合的产物，它以无线多址信道作为传输媒介，提供传统有线局域网LAN(local area network)的功能，能够使用户真正实现随时、随地、随意的宽带网络接入。

WLAN 起初是作为有线局域网络的延伸而存在的，各团体、企事业单位广泛地采用了 WLAN 技术来构建其办公网络，用户通过 CSMA/CA 方式共享带宽。随着应用的进一步发展，WLAN 正逐渐从传统意义上的局域网技术发展成为公共无线局域网，成为国际互联网宽带接入手段。WLAN 具有易安装、易扩展、易治理、易维护、高移动性、保密性强、抗干扰等特点。

WLAN 是基于 IEEE 802.11 系列标准建立的，802.11 协议的发展经历了以下几个主要阶段。

1. IEEE 802.11

1990 年，IEEE 802 标准化委员会成立了 IEEE 802.11 WLAN 标准工作组。IEEE 802.11 是在 1997 年 6 月由大量的局域网以及计算机专家审定通过的标准，该标准定义了物理层和媒体访问控制(MAC)规范。物理层定义了数据传输的信号特征和调制，以及两个 RF 传输方法和一个红外线传输方法。两个 RF 传输标准分别采用跳频扩频技术和直接序列扩频技术，工作频段相同，为 2.4～2.4835 GHz。IEEE 802.11 是 IEEE 最初制定的一个无线局域网标准，速率最高只能达到 2 Mb/s。由于它在速率和传输距离上都不能满足发展的需要，所以 IEEE 802.11 标准被 IEEE 802.11b 所取代。

2. IEEE 802.11b

1999 年 9 月，IEEE 802.11b 被正式批准成为新一代无线局域网标准。该标准规定 WLAN 工作频段为 2.4～2.4835 GHz，数据传输速率达到 11 Mb/s，传输距离控制在 50～100 米。该标准是对 IEEE 802.11 的一个补充，采用补偿编码键控调制方式，拥有点对点模式和基本模式两种运作模式，在数据传输速率方面可以根据实际情况在 11 Mb/s、5.5 Mb/s、2 Mb/s、1 Mb/s 的不同速率间自动切换，它改变了 WLAN 的设计状况，扩大了 WLAN 的应用领域。

3. IEEE 802.11a

1999 年，IEEE 802.11a 标准制定完成。该标准规定 WLAN 工作频段为 5.15～5.825 GHz，数据传输速率达到 54 Mb/s/72 Mb/s(Turbo)，传输距离控制在 10～100 米。该标准也是 IEEE 802.11 的一个补充，扩充了标准的物理层。它采用正交频分复用(OFDM)的独特扩频技术和 QFSK 调制方式，可提供 25 Mb/s 的无线 ATM 接口和 10 Mb/s 的以太网无线帧结构接口；支持多种业务如话音、数据和图像等；一个扇区可以接入多个用户，每个用户可带多个用户终端。

IEEE 802.11a 标准是 IEEE 802.11b 的后续标准，其设计初衷是取代 IEEE 802.11b 标准。然而，IEEE 802.116 工作于 2.4 GHz 频带是不需要执照的，而 IEEEE 802.11a 工作于 5.15～8.825 GHz 频带是需要执照的；另外，5.15～8.25 6 Hz 频段的电磁波遭受的路径损耗更多。因此，IEEEE 802.11a 并没有得到普及。

4. IEEE 802.11g

IEEE 802.11g 是为了解决 IEEE 802.11a 与 IEEE 802.11b 的产品因为频段与物理层调制方式不同而无法互通的问题于 2003 年提出的。IEEE 802.11g 既适应传统的 IEEE 802.11b 标准，在 2.4 GHz 频率下提供每秒 11 Mb/s 的传输速率，也符合 IEEE 802.11a 标准，在 5 GHz 频率下提供 54 Mb/s 的传输速率。IEEE 802.11g 中规定的调制方式包括 IEEE 802.11a 中采用的 OFDM 与 IEEE 802.11b 中采用的 CCK。

5. IEEE 802.11n

IEEE 802.11n 于 2009 年 9 月 11 日获得 IEEE 标准委员会正式批准。IEEE 802.11n 专注于在 WLAN 中实现数据高吞吐量，将无线局域网的传输速率从 IEEE 802.11a 和 IEEE 802.11g 的 54 Mb/s 增加至 108 Mb/s 以上，最高速率可达 320 Mb/s 甚至 600 Mb/s 以上。IEEE 802.11n 采用了多种新技术，其中包括 MIMO、20/40 MHz 信道带宽和双频带(2.4 GHz 和 5 GHz)，以便形成很高的速率，同时又能与之前的 IEEE 802.11a、IEEE 802.11b 和 IEEE 802.11g 设备兼容通信。

6. IEEE 802.11ac/ad

IEEE 802.11ac 是 IEEE 802.11n 的继承者，工作于 5 GHz 频段。它采用并扩展了源自 IEEE 802.11n 的空中接口，包括更宽的 RF 带宽(提升至 160 MHz)、更多的 MIMO 空间流(增加到 8)、多用户的 MIMO，以及更高阶的调制(达到 256QAM)。理论上，IEEE 802.11ac能够提供至少 1 Gb/s 带宽进行多站式无线局域网通信，或是至少 500 Mb/s 的单一连接传输带宽。此外，IEEE 802.11ac 还将向后兼容 IEEE 802.11 全系列现有和即将发布的所有标准和规范，包括即将发布的 IEEE 802.11s 无线网状架构以及 IEEE 802.11u 等。安全性方面，它将完全遵循 IEEE 802.11i 安全标准的所有内容，使得无线连接能够在安全性方面达到企业级用户的需求。

IEEE 802.11ad 的出现针对的是多路高清视频和无损音频超过 1 Gb/s 的码率的要求，它将被用于实现家庭内部无线高清音视频信号的传输，为家庭多媒体应用带来更完备的高清视频解决方案。从无线传输最为重要的频段使用上分析，由于应用难度的增大，6 GHz 以下的频段都不能满足要求，因此高频载波 60 GHz 频谱成为了 IEEE 802.11ad 的工作频段。IEEE 802.11ad 通过对 MIMO 技术的支持，在实现多路传输的基础上，将使单一信道传输速率超过 1 GHz。

另外，IEEE 802.11 工作组还对 WLAN 标准进行了补充和完善，其中：

(1) IEEE 802.11c 修订了 IEEE 802.1D 的媒体接入控制层桥接标准，加入了 IEEE 802.1D 与 IEEE 802.11 无线设备相关的桥接标准，成为了 IEEE 802.1D－2004 的一部分。

(2) IEEE 802.11d 在 PHY 层加入了必要的需求和定义，使其设备能根据各国家的无线电规定进行调整，从而能在不适合 IEEE 802.11 既有标准的国家和地区中使用。

(3) IEEE 802.11e 标准对 WLAN MAC 层协议进行改进，以支持多媒体传输时的服务质量保证。

(4) IEEE 802.11f 定义访问节点之间的通讯，支持 IEEE 802.11 的接入点互操作协议(IAPP)。

(5) IEEE 802.11h 在 IEEE 802.11a 的基础上增加了动态频率选择和发送功率控制。

(6) IEEE 802.11i 是对安全和鉴权方面的补充。

2.6.2 WLAN 网络架构

在家用型的 WLAN 网络中，一般不考虑网络架构，只需要使用胖 AP 就可以解决家庭通信的问题；而在企业级的 WLAN 中，需要考虑网络如何部署，常用的为瘦 AP＋AC 网络架构。

在 AC＋AP 组网方式中，每个 AP 都通过有线方式连接到 AC(无线接入控制器)，允许存在个别 AP 通过无线链路桥接到另一个与有线网络相连的 AP。这种组网方式的 Wi-Fi 网络结构清晰，网管网维灵活简便，网络安全较易保障，AP 可以零配置。而要满足电信级运营要求的 WLAN 网络应该具有如图 2.17 的网络架构，增加认证和计费等服务器，以便于更好地进行维护、管理、运营网络。

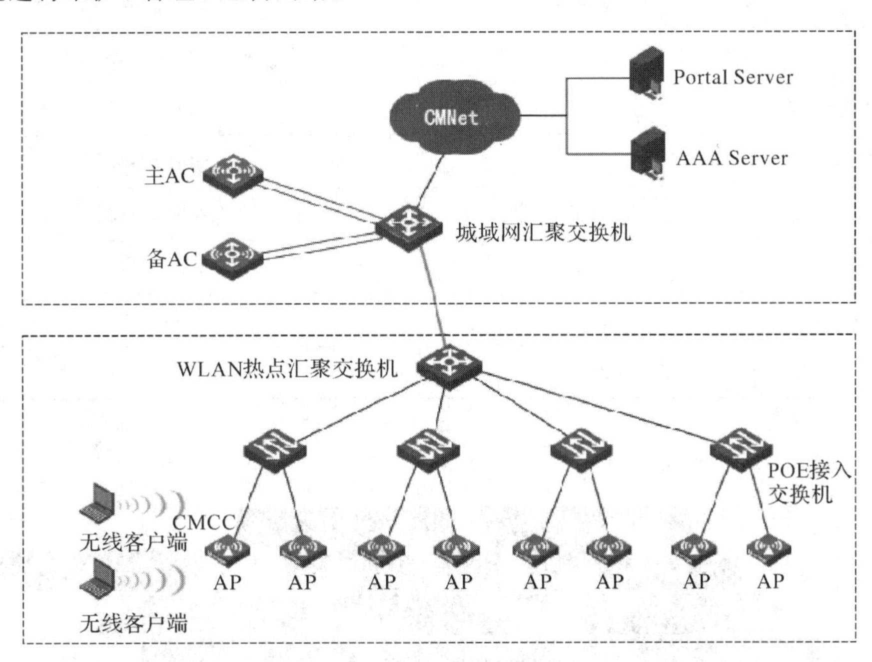

图 2.17　运营级的 WLAN 网络架构

2.6.3　WLAN 的频率划分

对于一些需要做 WLAN 连续覆盖的区域，必须进行 AP 工作频点规划。

IEEE 802.11b/g/n 可以在 2.4 GHz 频段上使用，IEEE 802.11b 的信道带宽为 22 MHz，而 IEEE 802.11g/n 的信道带宽为 20 MHz。在 2.4 GHz(2.4～2.4835 GHz)频段上的信道划分见表 2.41 和图 2.18。信道 1 在频谱上和信道 2、3、4、5 都有交叠的地方，为了最大限度地利用频段资源，可以使用(1，6，11)，(2，7，12)和(3，8，13)等互相不干扰的信道组来进行无线连续覆盖。我国开放了 1～13 信道，所以一般情况下，都使用(1，6，11)这个非重叠信道组。

表 2.41　2.4 GHz WLAN 频道划分

信道号	中心频率/MHz	(信道低端/高端频率)/MHz
1	2412	2401/2423
2	2417	2406/2428
3	2422	2411/2433

续表

信道号	中心频率/MHz	(信道低端/高端频率)/MHz
4	2427	2416/2438
5	2432	2421/2443
6	2437	2426/2448
7	2442	2431/2453
8	2447	2436/2458
9	2452	2441/2463
10	2457	2446/2468
11	2462	2451/2473
12	2467	2456/2478
13	2472	2461/2483
14	2477	2466/2488

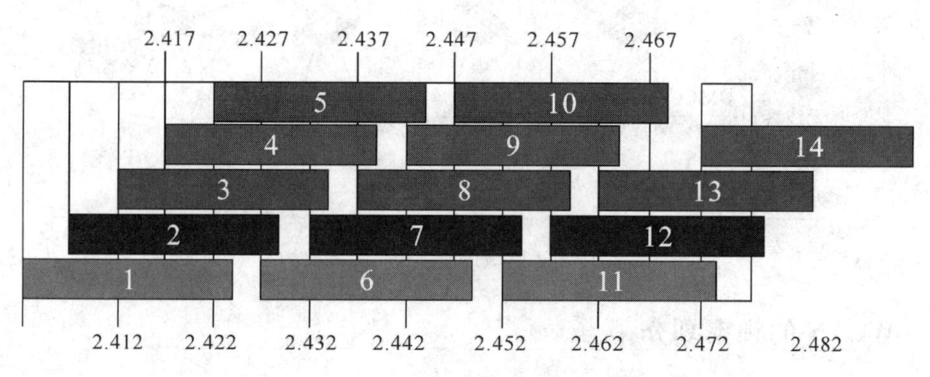

图 2.18　2.4 GHz WLAN 频道交叠关系

IEEE 802.11a/n 可以在 5.8 GHz 频段上使用，信道带宽为 20 MHz。我国 5.8 GHz (5.725～5.850 GHz)频段上的信道划分见表 2.42。以 5 MHz 为间隔统一编信道号，可用号数为 5，信道号为 149、153、157、161 和 165。

表 2.42　5.8 GHz WLAN 频道划分

信道号	中心频率/MHz	(信道低端/高端频率)/MHz
149	5745	5735/5755
153	5765	5755/5775
157	5785	5775/5795
161	5805	5795/5815
165	5825	5815/5835

2.6.4　AP 关键射频性能指标

1. 发射机特性

1）发射功率

各种 AP 的发射功率见表 2.43。

表 2.43　各种 AP 的发射功率

设备	使用场景	功率要求
所有 AP	室内放装	EIRP 应能够达到 20 dBm
	室内分布系统	AP 输出接口处的最大输出功率应能够达到 27 dBm
	室外覆盖	AP 输出口功率应能够达到 27 dBm
IEEE 802.11n 2.4 GHz 设备	室内分布和室外覆盖	天线接口处的最大输出功率应能够达到 27 dBm
	室内放装	天线接口处的最大输出功率应能够达到 20 dBm
IEEE 802.11n 5.8 GHz 设备	室外覆盖	天线接口处的最大输出功率应能够达到 27 dBm
	室内放装	天线接口处的最大输出功率应能够达到 20 dBm

2）占用带宽

各类 AP 的发射占用带宽见表 2.44。

表 2.44　各类 AP 的发射占用带宽

AP 类型	单信道占用带宽/MHz	99%功率占用带宽/MHz
IEEE 802.11b	22	18
IEEE 802.11a/g	20	16.6
IEEE 802.11n	20(HT20) 40(HT40)	17.9 36.8

3）杂散发射

对于工作于 2.4 GHz 频段内的 AP 设备，其杂散发射功率电平限值的要求见表 2.45。

表 2.45　2.4 GHz 频段 AP 设备的杂散发射要求

参考带宽内的杂散发射功率电平限值	
30～1000 MHz	≤－36 dBm/100 kHz
2.4～2.4835 GHz	载波边缘 25 MHz 以外：≤－46 dBm/100 kHz
3.4～3.53 GHz	≤－40 dBm/1 MHz
5.725～5.85 GHz	≤－40 dBm/1 MHz
1～12.75 GHz	≤－30 dBm/1 MHz

续表

参考带宽内的杂散发射功率电平限值		
特殊频段	基本型要求	增强型要求
885～909 MHz/930～954 MHz	≤－67 dBm/100 kHz	≤－77 dBm/100 kHz
1710～1735 MHz/1805－1830 MHz	≤－61 dBm/100 kHz	≤－71 dBm/100 kHz
1880～1920 MHz	≤－61 dBm/100 kHz	≤－71 dBm/100 kHz
2010～2025 MHz	≤－61 dBm/100 kHz	≤－71 dBm/100 kHz
2320－2370 MHz	室内分布型： ≤－46 dBm/100 kHz	室内分布型： ≤－51 dBm/100 kHz
	室内放装型、室外型： ≤－56 dBm/100 kHz	室内放装型、室外型： ≤－61 dBm/100 kHz
2570－2620 MHz	≤－61 dBm/100 kHz	≤－71 dBm/100 kHz

对于工作于 5.8 GHz 频段内的 AP 设备，其杂散发射功率电平限值的要求见表 2.46。

表 2.46　5.8 GHz 频段 AP 设备的杂散发射要求

参考带宽内的杂散发射功率电平限值		
30～1000 MHz	≤－36 dBm/100 kHz	
2.4～2.4835 GHz	≤－40 dBm/100 kHz	
3.4～3.53 GHz	≤－40 dBm/1 MHz	
5.725～5.85 GHz	载波边缘 25 MHz 以外：≤－46 dBm/100 kHz	
1～4 GHz	≤－30 dBm/1 MHz	
特殊频段	基本型要求	增强型要求
885～909 MHz/930～954 MHz	≤－67 dBm/100 kHz	≤－77 dBm/100 kHz
1710～1735 MHz/1805～1830 MHz	≤－61 dBm/100 kHz	≤－71 dBm/100 kHz
1880～1920 MHz	≤－61 dBm/100 kHz	≤－71 dBm/100 kHz
2010～2025 MHz	≤－61 dBm/100 kHz	≤－71 dBm/100 kHz
2320～2370 MHz	室内分布型： ≤－51 dBm/100 kHz	室内分布型： ≤－51 dBm/100 kHz
	室内放装型、室外型： ≤－61 dBm/100 kHz	室内放装型、室外型： ≤－61 dBm/100 kHz
2570～2620 MHz	≤－61 dBm/100 kHz	≤－71 dBm/100 kHz

4）频谱模板

对于 DSSS、CCK 工作方式，2.4 GHz 频段发射频谱模板应满足表 2.47 所示的要求。

表 2.47　2.4 GHz 频段 DSSS、CCK 工作方式的 AP 发射频谱模板

频 率 范 围	相对电平	备注
f_c-22 MHz$<f<f_c-11$ MHz 和 f_c+11 MHz$<f<f_c+22$ MHz	<-30 dB	测量条件 RBW：100 kHz VBW：100 kHz
f_c-55 MHz$<f<f_c-22$ MHz 和 f_c+22 MHz$<f<f_c+55$ MHz	<-50 dB	

对于 OFDM、DSSS－OFDM 工作方式，2.4 GHz/5 GHz 频段发射频谱模板应满足表 2.48 所示的要求。

表 2.48　2.4 GHz/5 GHz 频段 OFDM、DSSS－OFDM 工作方式 AP 的发射频谱模板

相对信道中心频率的频偏/MHz	相对电平/dBr	备　注
9	0	测量条件 RBW：100 kHz VBW：30 kHz
11	−20	
20	−28	
30	−40	

对于工作于 2.4 GHz/5 GHz 频段的 IEEE 802.11n AP，HT20 和 HT40 模式下的发射频谱模板见表 2.49。

表 2.49　IEEE 802.11n AP 在 HT20 和 HT40 模式下的发射频谱模板

相对信道中心频率的频偏 MHz		相对电平/dBr	备　注
HT20	HT40		测量条件 RBW：100 kHz VBW：30 kHz
9	19	0	
11	21	−20	
20	40	−28	
30	60	−45	

2. 接收机特性

1）接收灵敏度

AP 对于各种速率下接收机的灵敏度指标见表 2.50。

表 2.50 AP 的接收灵敏度要求

数据速率	小功率 AP 接收灵敏度		大功率 AP(500 mW)接收灵敏度	
	基本型要求	增强型要求	基本型要求	增强型要求
IEEE 802.11b 数据速率/(Mb/s)	接收机门限电平/dBm，FER<8%(PSDU=1 kb/s)			
11	−85	−87	−89	−91
5.5	−88	−90	−91	−93
2	−89	−91	−93	−95
1	−91	−93	−96	−97
IEEE 802.11a/g 数据速率/(Mb/s)	接收机门限电平/dBm，FER<10%(PSDU=1000 b/s)			
6	−89	−91	−92	−94
9	−88	−90	−91	−93
12	−85	−87	−88	−90
18	−83	−85	−86	−88
24	−80	−82	−83	−85
36	−76	−78	−79	−81
48	−71	−73	−74	−76
54	−70	−72	−73	−75
IEEE 802.11n HT20 调制编码方式	接收机门限电平/dBm，FER<10%(PSDU=1 kb/s)			
0/8	−83	−85	−86	−88
1/9	−80	−82	−83	−85
2/10	−78	−80	−81	−83
3/11	−75	−77	−78	−80
4/12	−71	−73	−74	−76
5/13	−67	−69	−70	−72
6/14	−66	−68	−69	−71
7/15	−65	−67	−68	−70
IEEE 802.11n HT40 调制编码方式	接收机门限电平/dBm，FER<10%(PSDU=1 kb/s)			
0/8	−80	−82	−83	−85
1/9	−77	−79	−80	−82
2/10	−75	−77	−78	−80
3/11	−72	−74	−75	−77
4/12	−68	−70	−71	−73
5/13	−64	−66	−67	−69
6/14	−63	−65	−66	−68
7/15	−62	−64	−65	−67

2）接收机最大接收电平

对于CCK调制方式，当PSDU长度为1k字节、接收机最高输入电平为－10 dBm时，接收机的FER应不大于8％。

对于OFDM和DSSS－OFDM调制方式，当PSDU长度为1k字节、接收机最高输入电平为－20 dBm时，接收机的FER应不大于10％。

3）接收机邻道抑制比

对于DSSS类型的IEEE 802.11b设备，中心频率间隔25 MHz以上的两个相邻信道，当PSDU长度为1k字节、接收机门限电平恶化6 dB时，满足FER≤8％时的抑制比为：基本型应不低于35 dB；增强型应不低于38 dB。

对于OFDM、DSSS－OFDM调制方式，中心频率间隔25 MHz以上的两个相邻信道，当PSDU长度为1k字节、接收机门限电平恶化不超过3 dB时，满足FER≤10％时的邻道抑制比见表2.51。

表2.51　采用OFDM、DSSS－OFDM调制方式的AP的邻道选择要求

设备	数据速率/(Mb/s)	邻道抑制比/dB			
		基本型要求		增强型要求	
		2.4 GHz	5.8 GHz	2.4 GHz	5.8 GHz
IEEE 802.11g 设备	6	31	26	34	29
	9	30	25	33	28
	12	28	23	31	26
	18	26	21	29	24
	24	23	18	26	21
	36	19	14	22	17
	48	15	10	18	13
	54	14	9	17	12
IEEE 802.11h 设备	0/8	26	21	29	24
	1/9	23	18	26	21
	2/10	21	16	24	19
	3/11	18	13	21	16
	4/12	14	9	17	12
	5/13	10	5	13	8
	6/14	9	4	12	7
	7/15	8	3	11	6

4) 接收机阻塞

对于工作于2.4 GHz频段内的AP设备，若采用DSSS类型的IEEE 802.11b设备，中心频率在带内任意信道上，PSDU长度为1k字节，当存在如表2.52所示的阻塞干扰信号时，接收机门限电平恶化不超过6 dB，FER≤8%。

对于OFDM、DSSS-OFDM调制，中心频率在带内任意信道上，PSDU长度为1k字节，当存在如表2.52所示的阻塞干扰信号时，接收机门限电平恶化不超过3 dB，FER≤10%。

表2.52　2.4 GHz频段AP的阻塞要求

<table>
<tr><td></td><td>带内次邻道(载波在25 MHz以外，相同的WLAN信号)</td><td>2320～2370 MHz，CW波</td><td>885～909 MHz/
930～954 MHz、
1710～1735 MHz/
1805～1830 MHz、
1880～1920 MHz、
2010～2025 MHz
2570～2620 MHz，CW波</td></tr>
<tr><td rowspan="2">基本型</td><td rowspan="2">−50 dBm</td><td>室分合路型：−50 dBm</td><td rowspan="2">−20 dBm</td></tr>
<tr><td>室内放装型、室外型：−40 dBm</td></tr>
<tr><td rowspan="2">增强型</td><td rowspan="2">−40 dBm</td><td>室分合路型：−40 dBm</td><td rowspan="2">−10 dBm</td></tr>
<tr><td>室内放装型、室外型：−30 dBm</td></tr>
</table>

对于工作于5.8 GHz频段内的AP设备。采用OFDM、DSSS-OFDM调制，中心频率在带内任意信道上，PSDU长度为1k字节，当存在如下表所示的阻塞干扰信号时，接收机门限电平恶化不超过3 dB，FER≤10%。

表2.53　5.8 GHz频段AP的阻塞要求

	带内次邻道(载波在25 MHz以外，相同的WLAN信号)	2320～2370 MHz，CW波	885～909 MHz/ 930～954 MHz、 1710～1735 MHz/ 1805～1830 MHz、 1880～1920 MHz、 2010～2025 MHz 2570～2620 MHz，CW波
基本型	−50 dBm	室内放装型、室外型：−40 dBm	−20 dBm
增强型	−40 dBm	室内放装型、室外型：−30 dBm	−10 dBm

2.7　LTE-A网络的基本原理

LTE-A是3GPP为了满足ITU IMT-A(4G)的需求而推出的LTE后续演进技术标

准。将 LTE 升级到 4G 不需要改变 LTE 标准的核心，只需在 LTE R8 版本基础上进行扩充、增强和完善。3GPP 从 2008 年 4 月正式开始 LTE－A 标准的研究和制定，最大可支持 100 MHz 的系统带宽，下行峰值速率超过 1 Gb/s，上行峰值速率达到 500 Mb/s。

为了满足 3GPP 为 LTE－A 制定的技术需求，TD－LTE－A 引入了上下行增强MIMO(enhanced UL/DL MIMO)、协作多点传输(coordinated multi－point transmission，CoMP)、中继(relay)、载波聚合(carrier aggregation，CA)、分层网干扰协调增强(enhanced inter－cell interference coordination，eICIC)等关键技术。

上、下行增强 MIMO 技术扩展了天线端口数量并同时支持多用户发送和接收，可充分利用空间资源，提高 LTE－A 系统的上下行容量；协作多点传输技术通过基站、扇区的相互协作，有效抑制小区间干扰，可提高系统的频谱利用率；中继技术通过无线回传有效解决覆盖和容量问题，摆脱了对有线回传链路的依赖，部署灵活方便；载波聚合技术可提供更好的用户体验，有效解决密集网络部署场景下的干扰问题；分层网干扰协调增强技术可重点解决异构网络下控制信道的干扰协调问题，保证网络覆盖的同时有效满足业务的 QoS 需求。

TD－LTE－A 系统引入上述增强技术，可显著提高无线通信系统的峰值数据速率、峰值谱效率、小区平均谱效率以及小区边界用户性能，有效改善小区边缘覆盖和平衡 DL/UL 业务性能，提供更大的带宽和 VoIP 容量。

TD－LTE－A 增强功能可通过对 TD－LTE 的硬件与软件平滑升级来实现，充分保持 TD－LTE－A 对 TD－LTE 的后向兼容性。

思考题

1. 目前中国三大移动通信运营商拥有的 2G、3G 和 LTE 网络各是什么技术制式？

2. 相对于基本的 GSM 网络架构，GPRS 网络增加了哪些主要网元？说明它们各自的主要功用。

3. EDGE 主要采用了哪些技术来提高数据速率？

4. 为什么在 CDMA 系统中，信道中传输的有用信号功率可以比干扰信号的功率低？

5. TD－SCDMA 的主要技术特色有哪些？

6. LTE 的主要性能目标有哪些？

7. LTE FDD 帧结构和 TDD 帧结构的主要区别是什么？

8. TD－LTE 与 TD－SCDMA 的帧结构有什么主要区别？

9. 如何理解在 LTE 系统的接收机中存在信道内选择性问题？

10. 什么是 LTE 系统中的窄带阻塞？

11. 什么是 LTE 系统中的窄带互调和宽带互调？

12. 简述 802.11 系列标准的技术演进过程。

13. TD－LTE－A 主要引入了哪些新技术来提高网络性能？

第3章　信号室内覆盖的基本原理

3.1　信号室内覆盖技术简介

在移动通信发展的早期，移动通信信号对建筑物内部的覆盖主要是通过室外宏蜂窝基站发出的无线电波穿透墙体来实现的。但是随着人类社会的进一步发展，城市土地资源日趋紧张，建筑物越盖越高，单体越修越大，楼群越建越密集，加之城市地下空间的开发利用，造成了巨大的穿透损耗，使得通过室外基站覆盖室内的方式变得越来越不可能，因为这不仅仅是信号衰减严重的问题，而且还会引起建筑物高层信号的严重干扰。同时由于人们对电磁辐射的担忧，也使得城市宏蜂窝基站站址资源的获取变得越来越困难。

与此相反的是，随着移动通信的迅猛发展，特别是移动数据业务的快速发展，室内移动通信业务量占比越来越大，移动通信室内信号的优劣关乎着移动通信用户的体验，进而会影响到移动通信用户的发展。

为解决以上问题，目前最有效的方法就是建设移动通信信号室内覆盖系统，从而达到消除室内覆盖盲区，抑制干扰，为室内的移动通信用户提供稳定、可靠的信号，使用户在室内也能享受高质量的个人通信服务的目的。

室内覆盖系统是指通过室内天馈线分布系统将移动通信的无线信号较均匀地分布于建筑物室内，用于改善建筑物室内无线网络覆盖和网络质量的系统。室内覆盖系统主要针对重点楼宇、各种场馆、隧道、地铁等多种公共场所，是吸收室内话务的有效方式，也是提高无线网络质量和网络优化的主要手段之一。

室内覆盖系统的覆盖方式相对于利用室外基站对室内进行覆盖的方式具有更多优点，具体比较见表3.1。

表3.1　室内覆盖方式与室外基站覆盖方式的比较

覆盖方式	优点	缺点
室内覆盖系统	信号均匀稳定； 有效吸收室内业务； 对室外网络影响小； 可实现多系统共用	工程实施相对复杂
室外基站穿透覆盖	投资小	对于大型、密集建筑物覆盖效果差； 增加室外基站密度和干扰； 站址优选和获取困难

一个好的室内覆盖系统应满足以下几个要点：

(1) 以最少的设备满足设计要求；
(2) 不会因增加室内覆盖系统而影响整个网络的性能；
(3) 兼容所有移动通信体制，且增加新的系统简单方便；
(4) 使用寿命长，具有远程监控能力，维护管理方便；
(5) 综合性价比较高。

3.2 室内信号分布系统的组成

室内覆盖系统主要包括信号源和分布系统两大部分，见图3.1。信号源为分布系统提供无线信号，有宏蜂窝基站、微蜂窝基站、直放站、BBU+RRU等基本类型。分布系统通常包括室内天线、射频同轴电缆、功分器和耦合器等无源器件以及干线放大器等有源设备，主要作用是将信号尽可能平均地分配到每一个分散安装在建筑物各个区域的低功率天线上。包含有源设备的分布系统称为有源分布系统，只含无源器件的分布系统称为无源分布系统。

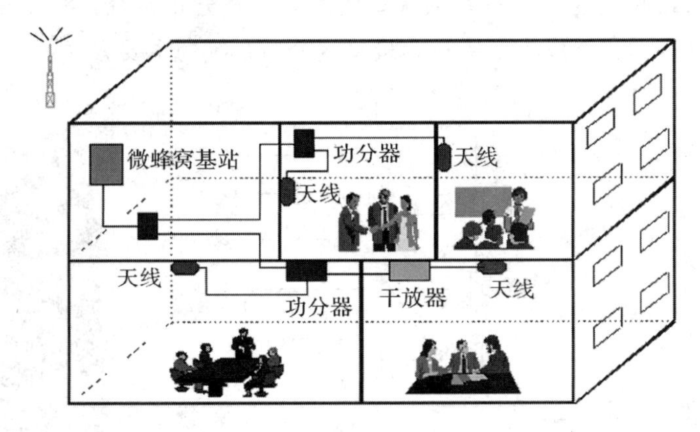

图3.1 室内覆盖系统的组成

3.3 信 号 源

在2G时代，室内分布系统的信号源主要有宏蜂窝基站、微蜂窝基站和直放站三种。在实际的建设中，微蜂窝基站和直放站做室内分布系统信号源更为常见，只有在容量需求特别大且具备机房条件的场景，才用宏蜂窝基站做室内分布系统的信号源，如大型机场、火车站等。

在3G时代，室内分布系统的信号源主要有BBU+RRU架构的分布式基站和直放站两种。技术的发展使得在3G时代新型的BBU+RRU架构的分布式基站很快替代了传统的宏蜂窝基站，新型基站设备体积小，部署灵活，因此更多地采用BBU+RRU的方式作为室内分布系统的信号源。只有在某些容量需求不高的场景，才采用直放站做信号源，如100～200米长的公路隧道等。

在LTE和4G的网络中，除了有BBU+RRU架构的分布式基站和直放站外，还增加了像家庭基站等解决热点深度覆盖的基站类型。下面我们分别对几种基站类型进行简要的介绍。

1. 宏蜂窝基站

宏蜂窝基站作为信号源，具有容量大、功率大、覆盖范围广、信号质量好、容易实现无源分布、网络优化简单等优点，是室内分布系统最好的接入方式。但宏蜂窝基站的成本较为昂贵，安装不便，对机房条件要求高，需要的配套设施多，并且建设周期长。

2. 微蜂窝基站

微蜂窝基站本身容量小，功率也小，只适用于较小面积的室内覆盖，若要实现较大区域的覆盖，就必须增加干线功率放大器(功率放大器的串入将迫使基站底噪抬升，会影响网络性能)。与宏蜂窝基站相比，微蜂窝基站具有成本较低、对环境要求不高、施工方便等优点，所以微蜂窝基站作为信号源在2G时代使用较为广泛。

3. 直放站

直放站利用施主天线空间耦合或利用耦合器件直接耦合存在富余容量的基站信号，再利用直放站设备对接收到的信号进行放大，从而为信号分布系统提供信号源(见图3.2)。直放站以其灵活简易的特点成为解决小容量室内分布系统的主要方式。

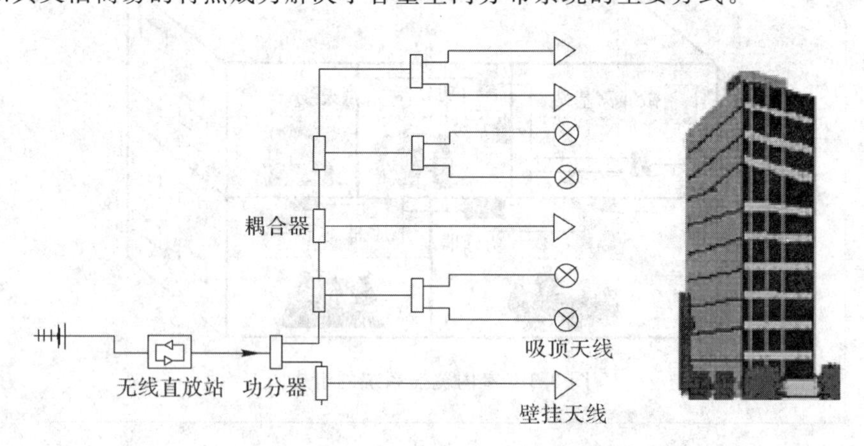

图3.2　直放站做信号源的室内分布系统

直放站不需要基站设备和传输设备，安装简便灵活，设备型号丰富多样，在2G时代解决深度覆盖和延伸覆盖方面扮演着重要的角色。尽管直放站作为有源放大设备，它的串入将使施主基站的底噪抬升，影响网络性能(相关直放站的分析详见第7章)，但在3G时代，直放站依然是解决小容量室内覆盖系统的主要方式。

4. BBU＋RRU分布式基站

BBU＋RRU分布式基站是相对于传统的集中式宏基站而言的，它把传统基站的基带部分和射频部分从物理上独立开，中间通过标准的基带射频接口(CPRI/OBSAI)进行连接，传统基站的基带部分和射频部分分别被独立成全新的功能模块BBU(base band unit)和RRU(radio remote unit)，RRU与BBU分别作为基站的射频处理部分和基带处理部分，各自独立安装，分开放置，通过电接口或光接口相连接，形成分布式基站形态。

BBU＋RRU基站是3G时代和后3G时代的主流基站形式，通常BBU放置在机房(见图3.3和图3.4)，而RRU(见图3.5)紧挨着天线放置。BBU＋RRU基站做室内覆盖系统信号源既具有宏蜂窝基站容量大、覆盖范围广、信号质量好、容易实现无源分布、网络优化简单的优点，又具有直放站轻巧、灵活简易的优点，同时多个RRU还能串接，进一步扩展了覆盖范围，因此3G基站BBU+RRU形式一经出现，便成为3G网络室内覆盖信号源的新宠和主宰。

图3.3　室内机架安装的BBU

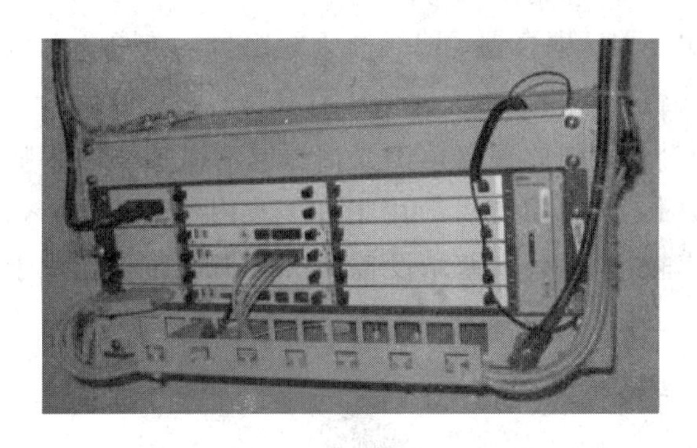

图3.4　室内壁挂安装的BBU

图3.5　RRU

5. 家庭基站

家庭基站(home eNode B)也称毫微微蜂窝基站(Femtocell)，最初叫接入点基站(access point base station)，它是一个小型的蜂窝基站，通过宽带接入(如DSL、有线电缆、光纤)连接到运营商的网络。家庭基站的空中接口使用标准的无线协议与手机或其他移动终端进行通信。标准的无线协议包括GSM、CDMA、WCDMA、EVDO、LTE、WiMAX和其他由3GPP、3GPP2、WiMAX论坛制定的协议标准。使用标准的无线协议可以使手机等移动终端无需任何改动就可以接入家庭基站，并且可以实现从宏蜂窝自由地切入/切出家庭基站。

家庭基站的结构简单，基于IP协议，其发射功率为10～100 mW，可在提供移动通信网络服务的同时提供Wi-Fi功能。家庭基站就是为解决室内覆盖的难题而诞生的，简单地增加一个Femto就可以解决100～250 m^2 的室内覆盖问题。

由于部署的不规则性，家庭基站需要与运营商的核心网之间有一个更有效的接入方式，因此引进了一个家庭基站网关(HNB网关)，大量的HNB通过该网关与GGSN或者MME相连接。在3GPP的Release 9中，规定了一个Iuh链路，用于HNB和HNB网关之间的连接。在 LTE 网络中，该链路通过 S1 接口实现 HNB 与家庭基站的连接。

相对于传统基站，成本低廉使得家庭基站成为极具吸引力的小型建筑物移动通信室内覆盖解决方案。

室内分布系统信源的选取应综合权衡系统容量、频率资源、预期收益、投入成本、预期效果等多方面因素。

3.4 信号分布方式

分布系统按采用的材料可分为射频式、光纤式、泄漏电缆式三种分布方式，应用最多的是射频式分布系统。射频式分布系统将信号源通过耦合器、功分器等无源器件进行分路，经由射频同轴电缆将信号尽可能平均地分配到每一个分散安装在建筑物各个区域的低功率天线上。

1. 射频无源分布方式

射频无源分布方式主要由分/合路器、功分器、耦合器、馈线和天线组成，如图 3.6 所示。无源系统没有有源设备，故障率低，可靠性高，几乎不需要维护且容易扩展。但信号在馈线及各器件中传递时产生的损耗无法得到补偿，因此覆盖范围受信号源输出功率的影响较大。信号源输出功率大(宏蜂窝基站设备)时，无源系统可应用于大型室内覆盖工程，如大型写字楼、商场、会展中心等；信号源功率较小(微蜂窝基站设备)时，无源系统仅应用于小范围的区域覆盖，如小的地下室、超市等。

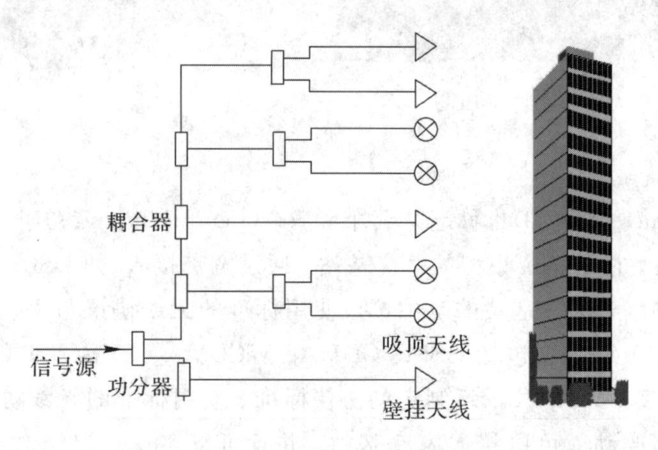

图 3.6　射频无源分布方式

2. 射频有源分布方式

射频有源分布方式主要由干线放大器、功分器、耦合器、馈线和天线组成，在射频无源分布方式的基础上增加了干线放大器，见图 3.7。有源系统中的有源设备可以有效地补偿信号在传输过程中的损耗，从而延伸覆盖范围，并且受信号源输出功率的影响较小，设计与施工简单方便。缺点是增加了有源设备，易引入干扰，可靠性低，需要实时监控和维护。有源系统广泛应用于各种大中型室内覆盖系统工程。

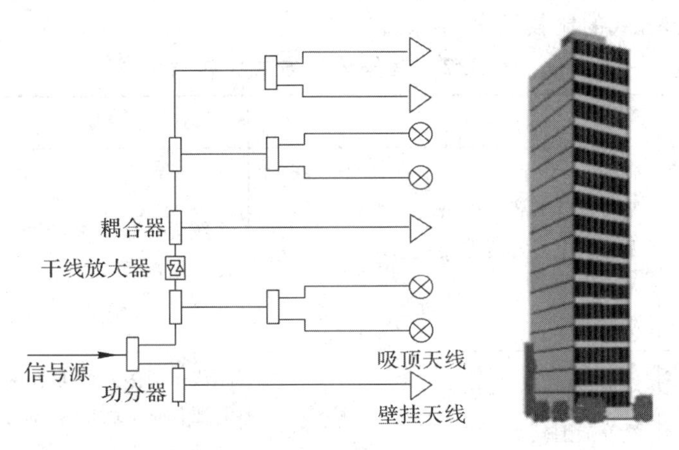

图 3.7　射频有源分布方式

3. 光纤分布方式

光纤分布系统采用光纤作为传输介质，来自信号源的信号先由近端主机转换成光信号并在光纤中传输到远端机，再通过远端机转换成电信号并放大，最后馈入到射频式分布系统将信号功率分配到各个天线。由于光纤损耗小，因此适合长距离传输，该系统广泛应用于大型写字楼、酒店楼群、地下隧道、居民楼等室内覆盖系统的建设，见图 3.8。

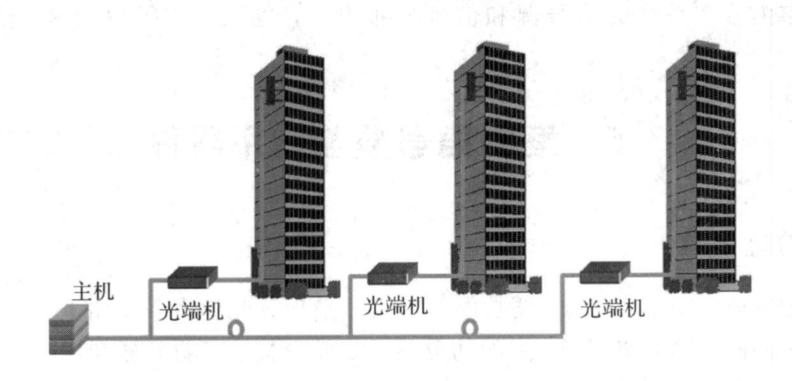

图 3.8　光纤分布方式

4. 泄漏电缆分布方式

泄漏电缆集信号传输、发射与接收等功能于一体，同时具有同轴电缆和天线的双重作用，特别适用于覆盖公路或铁路隧道、城市地铁等无线信号传播受限的区域，见图 3.9。

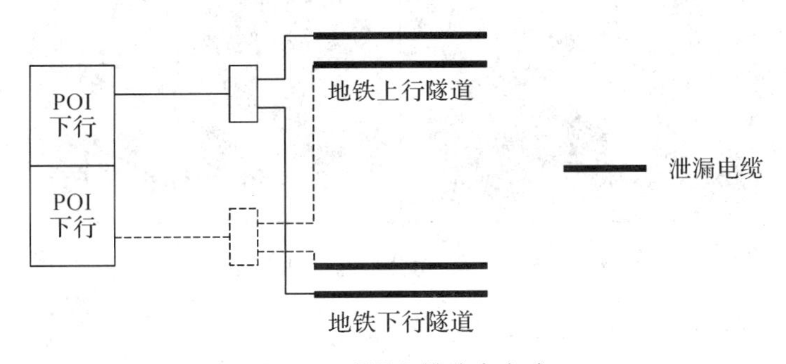

图 3.9　泄漏电缆分布方式

几种信号分布方式的比较见表3.2。

表3.2 信号分布方式比较表

信号分布方式	优　点	缺　点
射频无源分布	成本低； 无源器件，故障率低； 无需供电，安装方便； 无噪声累积； 宽频带	系统设计较为复杂； 传输距离近
射频有源分布	功率充裕，设计简单； 覆盖范围较大	频段窄，多系统兼容困难； 需要供电，故障率高； 有噪声积累；造价高
光纤分布	传输距离远，布线方便； 性能和传输质量好	造价高
泄漏电缆分布	场强分布均匀，可靠性高； 频段宽，多系统兼容性好	造价高； 覆盖半径小

确定了室内分布系统的信号源和信号分布方式，也就完成了室内分布系统的组网方案。

3.5 室内信号覆盖常用器件

3.5.1 功分器

功率分配器简称功分器，其主要功能是将信号平均分配到多条支路上，一般在需要输出功率大致相同的情况下使用。常用的功分器有二功分器、三功分器和四功分器。使用功分器时，若某一输出口信号没有被使用，则必须接匹配负载(即负载电阻)，不应空载。图3.10所示为二功分器和三功分器。

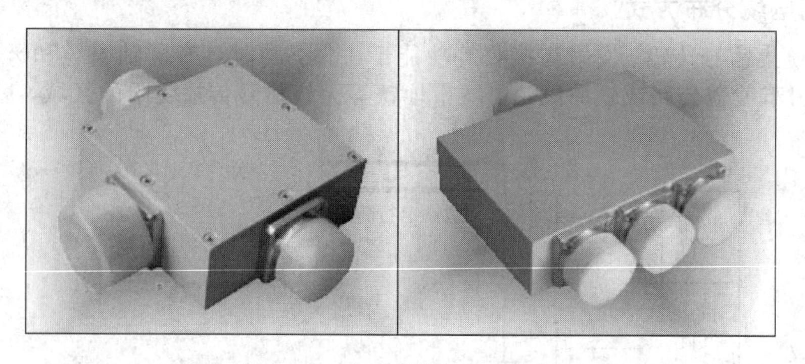

图3.10 二功分器与三功分器

功分器的分配损耗 P_B 为

$$P_B = -10\ \lg\left(\frac{1}{n}\right) \tag{3.1}$$

其中，P_B 的单位为 dB，n 为功分的支路数。

功分器的插入损耗由下式计算得到：

$$功分器的插入损耗=分配损耗+介质损耗 \tag{3.2}$$

介质损耗主要是指导体损耗。功分器均具有有限的电导率，电流流过时必然引起热损耗。图 3.11 所示为功分器在室内分布系统中的应用。

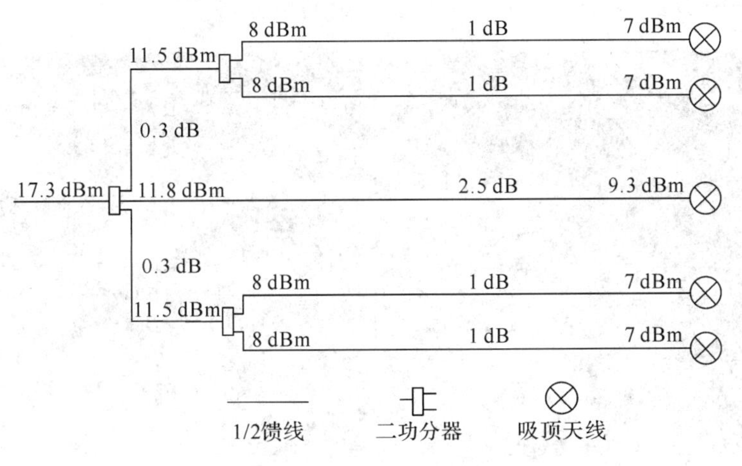

图 3.11　功分器在室内分布系统中的应用

大功率功分器一般采用腔体型结构，支持 800～2500 MHz 频段的宽频功分器的主要技术指标见表 3.3。

表 3.3　800～2500 MHz 宽频功分器的主要技术指标

主要技术参数	要　求
工作频率范围	806～960 MHz，1710～2200 MHz，2400～2500 MHz
最大插入损耗（含分配损耗）	≤3.3 dB(二功分器) ≤5.3 dB(三功分器) ≤6.6 dB(四功分器)
输入电压驻波比	<1.4
功率不平衡度	<0.5 dB
功率容量	≥100 W
互调产物	<−130 dBc(2×10 W)
特性阻抗	50 Ω
接头类型	N 型
工作温度	−25 ℃～+55 ℃

不同频段的功分器的分配损耗一样，介质损耗略有差异，一般小于 0.03 dB，可以忽略不计。

3.5.2 耦合器

耦合器是一种低损耗器件，它接收一个输入信号而输出两个信号。主线输出端为较大的信号，基本上可以看做直通，因此该端也被称为直通端。耦合线输出端(简称耦合端)为较小的信号，输入信号功率与耦合线上输出信号功率之比叫做耦合度，单位用 dB 表示，并用这个耦合度来命名耦合器。图 3.12 所示为两种不同的耦合器，图 3.13 所示为耦合器在室内分布系统中的应用。

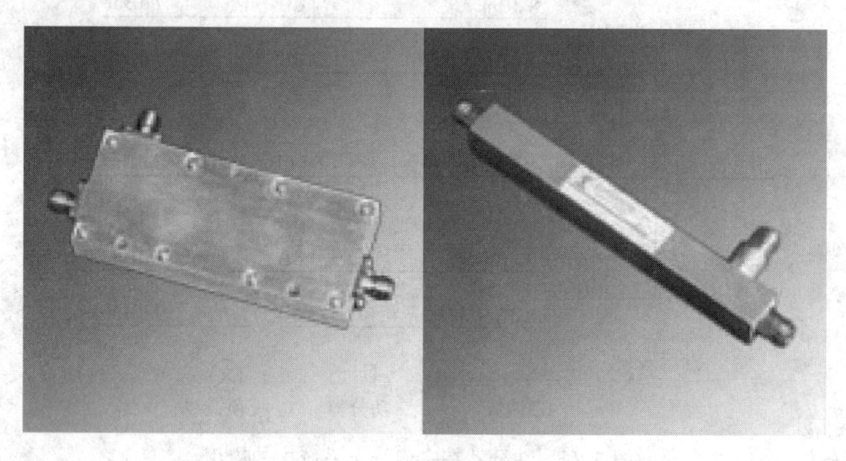

图 3.12 耦合器

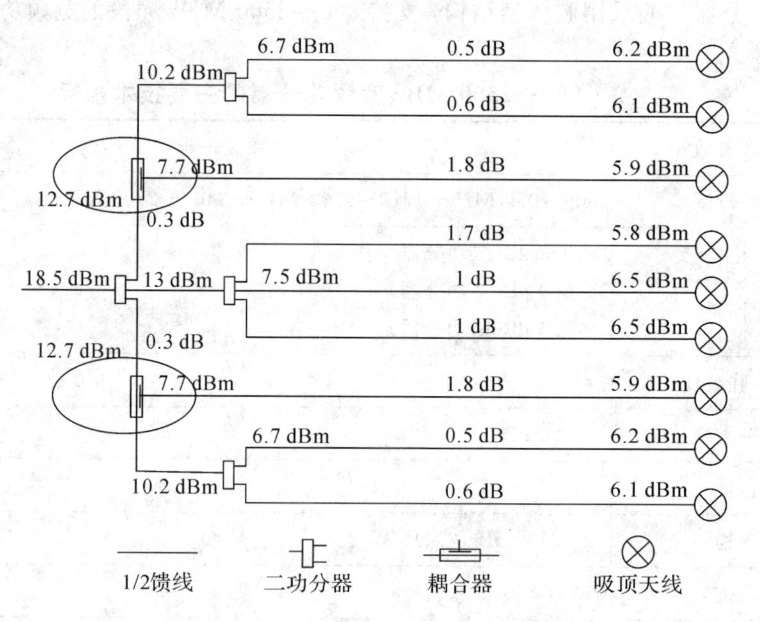

图 3.13 耦合器在室内分布系统中的应用

耦合器的耦合端输出功率由下式计算得到：

$$\text{耦合端输出功率} = \text{输入功率} - \text{耦合度} \tag{3.3}$$

直通端的损耗取决于耦合端的信号电平，即取决于耦合度。耦合器直通端插损值按照下式计算：

$$
\begin{aligned}
\text{直通端插损值} &= \text{耦合损耗} + \text{介质损耗} \\
&= 10\lg[1-10^{(-\text{耦合度}/10)}] + \text{介质损耗值(dB)}
\end{aligned}
\tag{3.4}
$$

例如，一个 10 dB 的定向耦合器，输入功率为 30 dBm(1W)，那么它的输出端输出功率接近于 30 dBm，耦合端的输出功率为 20 dBm。表面上看好像违背了功率守恒的原则，实质上功率是守恒的，引起误解是由于功率瓦与分贝之间的换算有时不清晰。

根据功率分配的需要，可选用不同耦合度的耦合器，如 5 dB、7 dB 、10 dB、15 dB 等。大功率耦合器一般采用腔体型结构，支持 800～2500 MHz 频段的宽频耦合器的主要技术指标见表 3.4。

表 3.4　800～2500 MHz 宽频耦合器的主要技术指标

主要技术参数	要　求							
工作频率范围	806～960 MHz，1710～2200 MHz，2400～2500 MHz							
标称耦合度	5 dB	6 dB	7 dB	10 dB	15 dB	20 dB	25 dB	30 dB
插入损耗（含耦合损耗）(dB)	≤2.0	≤1.8	≤1.4	≤0.8	≤0.4	≤0.2		
耦合度偏差	±0.5 dB		±1.0 dB			±1.5 dB		
方向性	>20 dB							
电压驻波比	≤1.4							
功率容量	≥100 W							
互调产物	<−130 dBc(2×10 W)							
特性阻抗	50 Ω							
接头类型	N-F							
工作温度	−25 ℃～+55 ℃							

耦合器与功分器都属于功率分配器件，其主要差别在于功分器为等功率分配，耦合器为不等功率分配。耦合器与功分器搭配使用，主要是为了达到一个目标：使信号源的发射功率能够尽量平均地分配到系统的各个天线口，也就是尽量使整个分布系统中的每个天线发射功率基本相同。不同频段元器件的介质损耗略有差异，一般小于 0.03 dB，可以忽略不计。

3.5.3　天线

室内分布系统的常用天线主要包括室内全向吸顶天线、室内壁挂天线、八木天线和抛物面天线等。室内分布系统天线的选用，应根据各天线性能，结合不同的室内环境、应用场合和安装位置，以及不同楼体本身的结构，在尽可能不影响楼内装潢美观的前提下选择适当的天线类型。

室内分布系统全频段天线的收发频段范围应满足 800～2500 MHz，其他指标见表 3.5。

表 3.5　800～2500 MHz 宽频室内定向天线的技术指标

主要技术参数	要　求
工作频率范围	806～960 MHz，1700～2200 MHz，2400～2500 MHz；
驻波比	≤1.5
增益(参考范围)	5～10 dBi
功率容量	≥50 W
互调产物	＜－135 dBc(2×10 W)
输入阻抗	50 Ω
输入接口类型	N－F
工作环境	工作温度：－25 ℃～＋55 ℃；工作湿度：5%～95%
尺寸	小于：210 mm×180 mm×44 mm (长×宽×厚)

下面介绍几种常用的天线类型。

1. 全向吸顶天线

全向吸顶天线具有结构轻巧、外形美观、安装方便等优点。室内吸顶天线的增益一般在 2～5 dBi，水平波瓣宽度为 360°，垂直波瓣宽度在 65°左右。图 3.14 所示为某一室内吸顶天线。

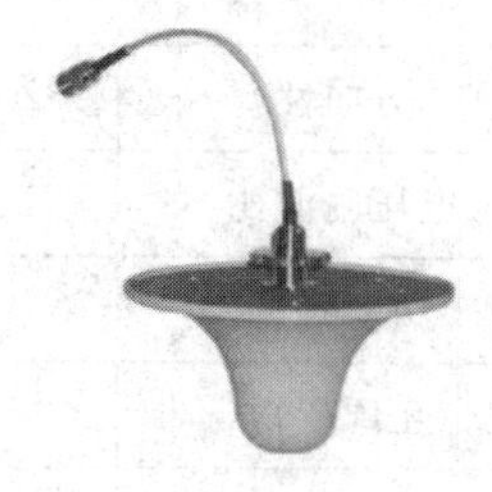

图 3.14　室内吸顶天线

室内吸顶天线主要用于建筑物内各区域的全向无线覆盖，应尽量安装在室内正中间的天花板上，避免安装在窗户、大门等这类信号比较容易泄漏到室外的开口处。

由于吸顶天线通常安装在室内空间的顶部，因此吸顶天线在设计时上部安装了一块反射板，以控制向上辐射的电磁波并使其向下辐射。这样既可以减少吸顶天线对上一楼层的无线干扰，还可以增强下方空间的无线覆盖效果。图 3.15 是吸顶天线的辐射方向图。

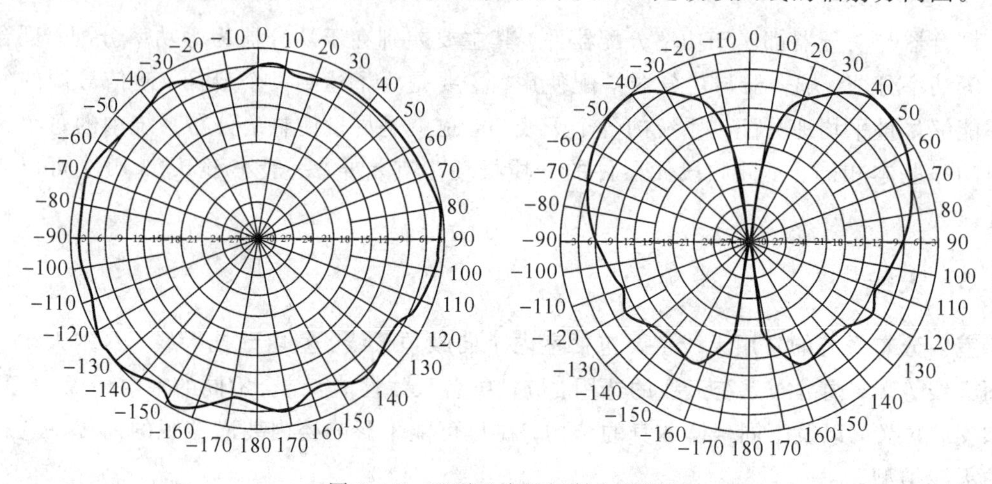

图 3.15　吸顶天线的辐射方向图

2. 室内壁挂天线

室内壁挂天线具有结构轻巧、外形美观、安装方便等优点。壁挂天线是一种定向天线，它的增益比吸顶天线高，一般在 6～10 dBi 之间，天线的水平波瓣宽度有 45°、65°、90°等多种，垂直波瓣宽度在 60°左右。图 3.16 所示为某一壁挂天线。

图 3.16　壁挂天线

室内壁挂天线主要用于对建筑物内特定区域的某一方向进行无线覆盖，如一些狭长的室内空间。安装天线时前方较近区域不能有物体阻挡，且不要正对窗户、大门等信号比较容易泄漏到室外的开口。由于室内壁挂天线在防水、防潮等方面没有做特殊处理，因此切勿将其安装在室外环境中。图 3.17 为壁挂天线的辐射方向图。

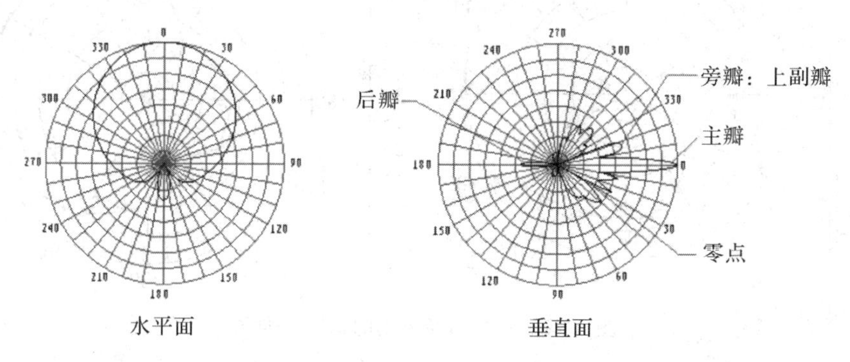

图 3.17　壁挂天线的辐射方向图

3. 八木天线

八木定向天线具有增益较高、结构轻巧、架设方便、价格便宜等优点。八木定向天线的单元数越多，其增益越高，通常采用 6～12 单元的八木定向天线，其增益可达 10～15 dBi。由于方向性较好，八木天线适合做施主天线或电梯井的覆盖。八木天线的最大缺点是频率带宽小，不能做全频天线。图 3.18 所示为某一八木天线。

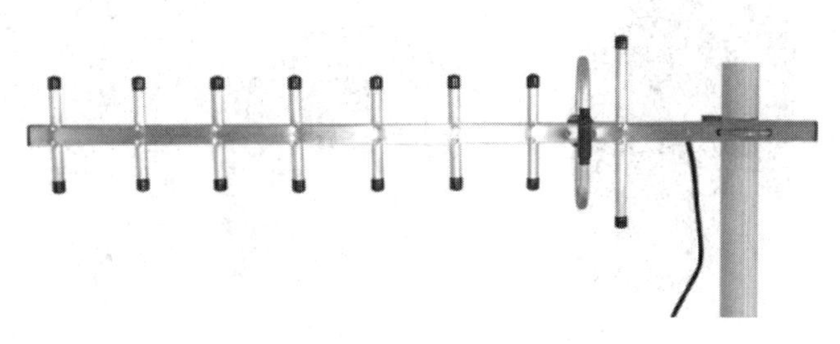

图 3.18　八木天线

4. 对数周期天线

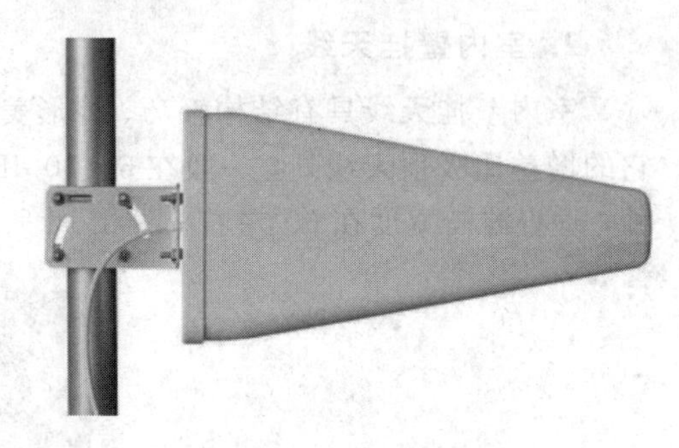

图 3.19　对数周期天线

对数周期天线是定向板状天线的一种，是输入阻抗和方向图都与频率无关的一种宽频带天线，常用于室内分布和电梯信号的覆盖。图 3.19 所示为某一对数周期天线。

对数周期天线的种类很多，其中最普遍的是对数周期偶极天线。偶极子由一均匀双线传输线来馈电，传输线在相邻偶极子之间要调换位置。这种天线有一个特点：凡在 f 频率上具有的特性，在由 $\tau^n f$ 给出的一切频率上将重复出现，其中 n 为整数。这些频率画在对数尺上都是等间隔的，而周期等于 τ 的对数。对数周期天线之称即由此而来。对数周期天线只是周期性地重复辐射图和阻抗特性。但是这样结构的天线，若 τ 不是远小于 1，则它的特性在一个周期内的变化是十分小的，因而基本上是与频率无关的。图 3.20 为对数周期天线的辐射方向图。

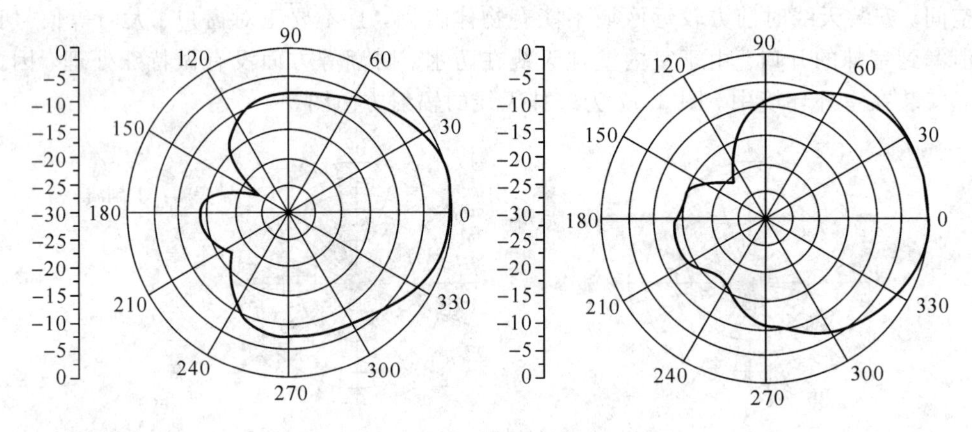

图 3.20　对数周期天线的辐射方向图

5. 抛物面天线

由于抛物面具有良好的聚焦作用，所以抛物面天线方向性好，增益高，对于信号源的选择性很强，适合做施主天线。抛物面天线采用栅状结构，一是为了减轻天线的重量，二是为了减小风的阻力。图 3.21 所示为两种不同的抛物面天线，图 3.22 为抛物面天线的辐射方向图。

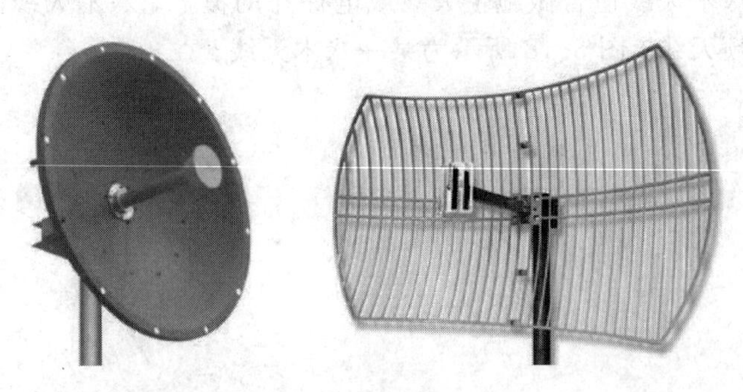

图 3.21　抛物面天线

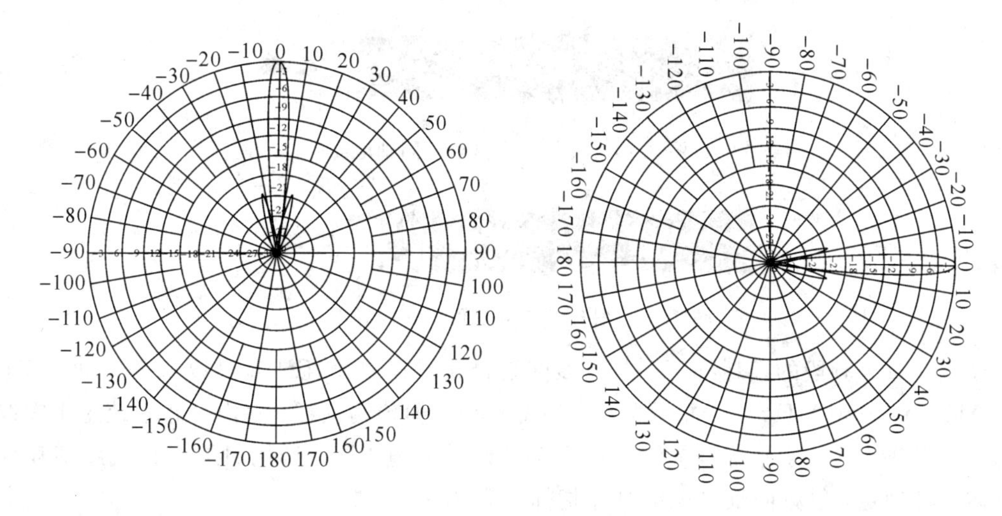

图 3.22　抛物面天线的辐射方向图

6. 双极化吸顶天线

室内双极化天线主要是为了 LTE 系统实现 2×2 MIMO 技术而研发的，如图 3.23 所示。单极化天线是指天线内部振子的排列为一个方向，仅从一个方向接收无线电波信号，也只有一个馈线接头；而双极化天线是指天线内部振子有两个不同方向的排列，有两个馈线接头，从两个不同的极化方向上接收无线电波信号。通常双极化天线的两个内部振子中有一个振子采用水平极化，而另一个振子采用垂直极化，或者一个振子采用＋45°极化，另一个振子采用－45°极化。

图 3.23　双极化吸顶天线

采用双极化全向(吸顶)天线的方式，通过利用极化隔离，在 LTE/LTE－A 和 IEEE 802.11n 系统中可实现双流高速数据，极大地提升用户数据吞吐量。

3.5.4　馈线及接头

1. 射频同轴电缆

射频电缆用作室内分布系统中射频信号的传输，其主要工作频率范围在 100～3000 MHz 之间。

常用的射频电缆有三类：编织外导体射频同轴电缆(见图 3.24)、皱纹铜管外导体射频同轴电缆(见图 3.25)和超柔射频同轴电缆。编织外导体射频同轴电缆有 5D、7D、8D、10D、12D 等几种规格，其特点是比较柔软，可以有较大的弯折度，适合室内的穿插走线；皱纹铜管外导体射频同轴电缆有 1/2″、7/8″等型号，其电缆硬度较大，对信号的衰减小，屏蔽性也比较好，多用于信号源的传输；超柔射频同轴电缆是用于基站内发射机、接收机、无线通信设备之间的连接线(俗称跳线)，超柔射频同轴电缆的弯曲直径与电缆直径之比一般小于 7。

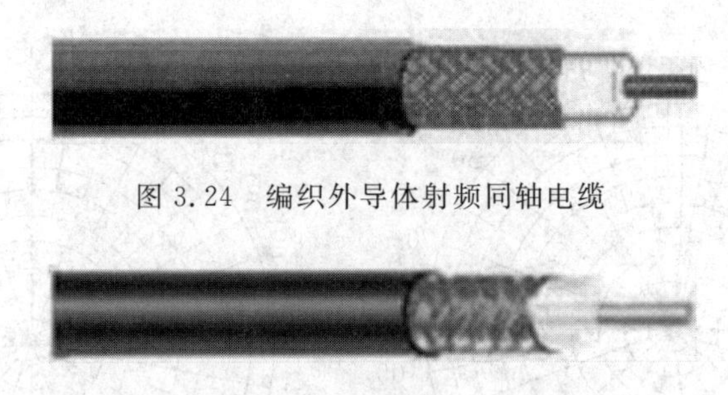

图 3.24 编织外导体射频同轴电缆

图 3.25 皱纹铜管外导体射频同轴电缆

馈线在每个频段的损耗都不一样，多网络合路时馈线衰耗计算可以只考虑 900 MHz、1900 MHz 和 2450 MHz 三个重要频段。为了减小馈缆传输损耗，室内分布系统主干馈线可选用 7/8″同轴电缆，水平部分馈线宜选用 1/2″同轴电缆。具体选用时要根据线路损耗计算的具体条件确定，射频同轴电缆的具体指标见表 3.6。

表 3.6 射频同轴电缆的技术指标

产品类型 馈线结构	7/8″馈线	1/2″馈线	1/2″软馈线	10D 馈线	8D 馈线
内导体外径/mm	9.0±0.1	4.8±0.1	3.6±0.1	3.5±0.05	2.8±0.05
外导体外径/mm	25.0±0.2	13.7±0.1	12.2±0.1	11.0±0.2	8.8±0.2
绝缘套外径/mm	28.0±0.2	16.0±0.1	13.5±0.1	13.0±0.2	10.4±0.2
机械性能					
一次最小弯曲半径/mm	120	70	30	—	—
二次最小弯曲半径/mm	360	210	40	—	—
最大拉伸力/N	1400	1100	700	600	600
电气性能(+20 ℃时)					
特性阻抗	50±1Ω				
最大损耗 (dB/100 m，900 MHz)	3.9	6.9	11.2	11.5	14
最大损耗 (dB/100 m，1900 MHz)	6	11	16	17.7	22.2
最大损耗 (dB/100 m，2450 MHz)	6.9	12.1	20	—	—
互调产物	<−140 dBc	<−140 dBc	<−140 dBc	<−140 dBc	<−140 dBc
工作温度	−25 ℃～+55 ℃，按需采用护套类型				
工作湿度	5%～90%				

2. 泄漏电缆

泄漏同轴电缆其结构与普通的同轴电缆基本一致，只是在外导体上有一系列槽孔(见图3.26)。电磁波在泄漏电缆中纵向传输的同时通过槽孔向外界辐射电磁波，外界的电磁场也可通过槽孔感应到泄漏电缆内部并传送到接收端。

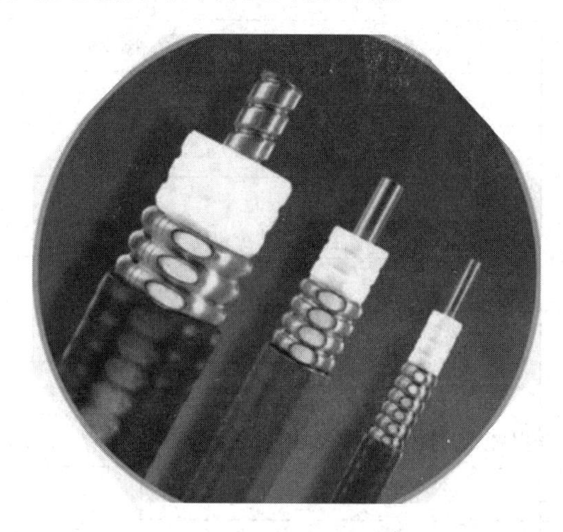

图3.26 泄漏电缆

采用泄漏电缆方式的优点是场强均匀，并可根据设计有效地控制覆盖范围。泄漏电缆较适用于狭长形区域，如地铁、隧道及高楼大厦的电梯。特别是在地铁及隧道里，由于有弯道，加上车厢会阻挡电波传输，只有使用泄漏电缆才能保证传输不会中断。泄漏电缆也可用于对覆盖信号强度的均匀性和可控性要求较高的大楼。

依据电磁场泄漏原理的不同，泄漏电缆可以分为两类：辐射型泄漏电缆和耦合型泄漏电缆。

辐射型泄漏电缆在电缆外导体上预先等间隔开口，开口的间隔约等于1/2个工作频率波长，电磁能量由开口直接辐射，而且信号辐射的方向与电缆轴心垂直，使得耦合损耗在某一频段内保持稳定。这种泄漏电缆适用于800～2200 MHz的频段。

耦合型泄漏电缆的外导体上开的槽孔的间距远小于工作波长，电磁场通过小孔衍射，实现电磁辐射。耦合型泄漏电缆辐射的电磁波是没有方向性的，并随距离的增加而迅速减少。耦合型泄漏电缆更适合宽频谱传送。

耦合损耗是指信号由泄漏电缆离开到外部空间的接收天线之间的损耗，一般是以与电缆间的距离为2 m的损耗为准。耦合损耗受电缆槽孔形式及外界环境对信号的干扰或反射的影响。

在设计泄漏同轴电缆系统时需要考虑的主要因素有泄漏同轴电缆的系统损耗、各种接插件及跳线的插损、环境条件影响所必须考虑的设计裕量、设备的输出功率、中继器的增益以及设备的最低工作电平。其中，泄漏同轴电缆的系统损耗由泄漏同轴电缆本身的传输衰减和耦合损耗两部分组成，对于指定的工作频率，其大小主要由泄漏同轴电缆的规格大小来确定，规格大的泄漏同轴电缆系统的损耗较小，传输距离相对长。

室内分布系统所用的泄漏电缆的主要技术指标见表3.7。

表 3.7　泄漏电缆的主要技术指标

主要技术参数	要　求	
工作频段	806～960 MHz，1710～2200 MHz，2400～2500 MHz	
特性阻抗	50 Ω	
功率容量	0.48 kW	
相对传播速度	0.88	
标称传输衰减(dB/100 m，20 ℃)		
类型 / 频段	7/8″泄漏电缆	1/2″泄漏电缆
900 MHz	5	8.7
1900 MHz	8.2	11.7
2200 MHz	10.1	14.5
耦合损耗(dB 距离电缆 2 m 处测量，50%/95%覆盖率)		
频段	7/8″泄露电缆	1/2″泄露电缆
900 MHz	73/82	70/81
1800 MHz	77/88	77/88
2200 MHz	75/87	73/85

在实际应用中，只要传输衰减能满足操作容限或链路容量的要求，就没必要选择传输衰减最低的泄漏同轴电缆。

泄漏同轴电缆分布系统的设计方法如下：

首先，考虑到移动终端的输出功率相对于固定设备较低，所以一般以移动终端的发射功率来确定泄漏同轴电缆的最大覆盖长度。根据设备的最大输出功率电平(手机为 2 W)和系统要求的最低场强(典型值为－85～－105 dBm)确定出系统所允许的最大衰耗值 L_{max}。

第二，选定泄漏同轴电缆的耦合损耗值 L_c，同时计算出某一规格的泄漏同轴电缆在指定工作频率上的某一长度 l 所对应的传输衰减 αl（α 为该泄漏同轴电缆的衰减常数），从而确定该泄漏同轴电缆的系统损耗值 L_s，单位为 dB，即

$$L_s = \alpha l + L_c \tag{3.5}$$

第三，系统设计时还必须根据工作的环境留出一定的裕量 M，此裕量牵涉的因素一般有以下几点：

(1) 耦合损耗提供的数字为统计测量值，必须考虑其波动性。

(2) 按 50%耦合损耗值设计时，需留出 10 dB 的裕量。

(3) 按 95%耦合损耗值设计时，需留出 5 dB 的裕量。

(4) 跳线及接头的插损必须予以考虑。

(5) 地铁系统车体的屏蔽作用和吸收损耗也要考虑，根据经验其推荐值为 10～15 dB。

第四，确定泄漏同轴电缆的最大覆盖距离，因为系统损耗为

$$L_{max} = L_s + M = \alpha l + L_c + M \tag{3.6}$$

则

$$l=\frac{L_{\max}-L_c-M}{\alpha} \tag{3.7}$$

此 l 值即为泄漏同轴电缆的最大覆盖距离。

例 3.1　移动终端的最大输出功率为 2 W，系统要求的最低场强为－105 dBm，频率为 2 GHz，覆盖率为 95％的耦合损耗为 86 dB，耦合损耗的波动余量为 5 dB。泄漏同轴电缆的衰减常数为 44 dB/km，跳线及接头损耗为 2 dB，地铁系统车体的屏蔽作用和吸收损耗为 10 dB，求泄漏射频同轴电缆的覆盖长度。

解　系统所认可的最大损耗为

$$L_{\max}=33-(-105)=138\ (\text{dB})$$

泄漏电缆的系统损耗和耦合损耗为

$$L_s=\alpha l+L_c=44l+86$$

接头损耗及余量合计为

$$M=5+2+10=17\ (\text{dB})$$

系统的最大覆盖距离为

$$l=\frac{L_{\max}-L_c-M}{\alpha}=\frac{138-86-17}{44}=795\ (\text{m})$$

计算结果说明在以上假设条件下，该种规格的泄漏同轴电缆的最大覆盖距离为 795 m，如果还不能满足覆盖长度的要求，则必须考虑加中继器来延长覆盖距离。

3. 跳线

室内分布系统所用的射频跳线的主要技术指标见表 3.8。

表 3.8　射频跳线技术指标

产品类型	1/2″超柔跳线	3/8″超柔跳线	5D－FB
特性阻抗	50 Ω		
驻波比	＜1.1(0～1 GHz)；＜1.2(1～7.5 GHz)		
插入损耗(m～2500 MHz)/m	＜0.45 dB	＜0.5 dB	＜0.5 dB
互调产物	＜－150 dBc	＜－150 dBc	＜－150 dBc
机械性能			
承受拉力(N)	600	600	600
接头镀层	镀银/三元合金	镀银/三元合金	镀银/三元合金
加工形式	旋接/焊接	旋接/焊接	旋接/焊接

4. 射频电缆接头

接头是指将两个独立的传输媒介连接起来的器件。转接头是将两种不同型号的接头做成一个整体，从而实现接头类型的转换。接头和转接头的制作和连接都应牢固可靠，驻波比要满足系统要求。

常用接头的类型有N型、DIN型等。N型连接头是一种具有螺纹连接结构的中大功率连接头，具有抗震性强、可靠性高、机械和电气性能优良的特点，广泛应用于射频同轴电缆的连接。N型连接头较常用于室内，其截止频率较高，可达10 GHz。图3.27所示为几种不同的N型连接头。

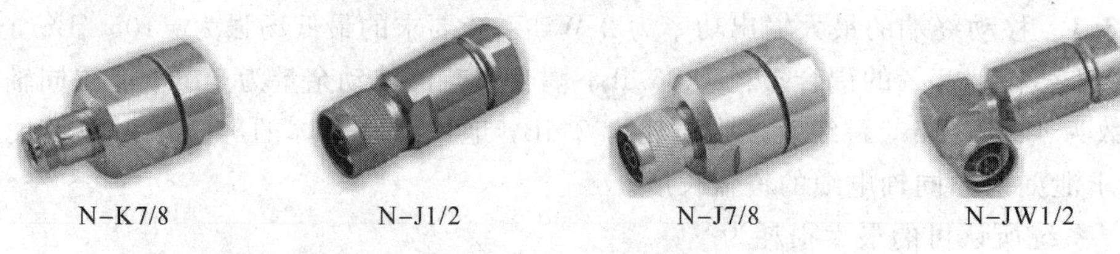

图3.27　N型连接头

DIN型连接头(也称7/16型接头)是一种较大型螺纹连接同轴连接头，具有坚固稳定、低损耗、工作电压高等特点。大部分DIN型连接头都具有防水结构，可应用于室外天馈工程中。图3.28所示为几种不同的DIN型连接头。

图3.28　DIN(7/16)型连接头

接头都有公母(Female/Male)之分，用F或M表示，也有的接头用J或K表示：J代表接头螺纹在内圈，内芯是“针”；K代表接头螺纹在外圈，内芯是“孔”。转接头涉及两种不同的接头类型，“/”两边是所连接的不同的接头类型。

室内分布系统所用射频电缆接头的主要技术指标见表3.9。

表3.9　电缆接头的主要技术指标

主要技术参数	要　求			
工作频率	800～2500 MHz			
特性阻抗	50 Ω			
驻波比	<1.3			
绝缘电阻	≥5 GΩ			
接触电阻	内导体：≤5 mΩ；外导体：≤2.5 mΩ			
接头类型	BNC型	TNC型	N型	DIN(7/16)型
额定工作电压/V	>500	>500	>1400	>2700
屏蔽效率	≥55 dB	≥55 dB	≥120 dB	≥128 dB
抗电电压	1.5 kV	1.5 kV	1.8 kV	4 kV
互调产物	<－140 dBc	<－140 dBc	<－140 dBc	<－140 dBc
机械寿命(插拔次数)	>500			
工作温度	－25 ℃～＋55 ℃			

3.5.5 干线放大器

干线放大器(见图 3.29)主要用于配合其他信号源作线路中继放大或延伸放大，以解决室内分布系统中随着覆盖延伸信号衰减过大而达不到覆盖要求的问题。干线放大器采用双端口全双工设计，内置电源和监控，安装方便，可靠性高，数字与模拟系统兼容。

图 3.29 干线放大器

干线放大器为有源器件，在采用干线放大器的室内分布系统中需要考虑干线放大器的噪声系数对于分布系统下行的灵敏度影响和对于整个分布系统上行的噪声抬高(分析方法同直放站)。因此在室内分布系统设计中应慎用干线放大器，当室内分布系统上的信号强度不足(一般要求在 0 dBm 以下)时，才考虑使用干线放大器(见图 3.30)。

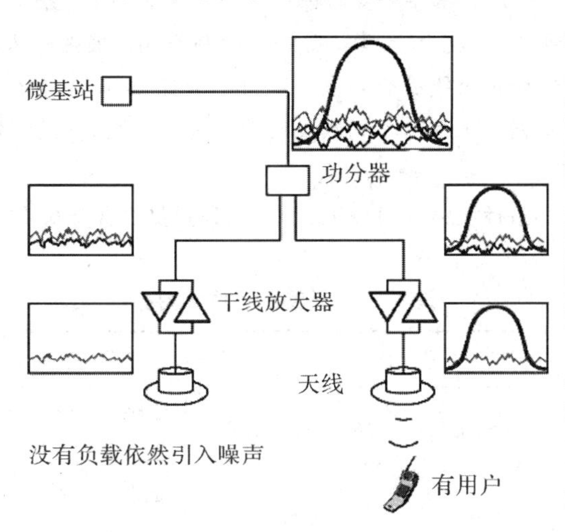

图 3.30 干线放大器引入噪声

3.5.6 其他器件

1. 电桥

电桥常用来将两个无线载频合路后馈入天线或分布系统，电桥外形如图 3.31 所示，其 Load 端接 50 Ω 负载，信号合路后有 3 dB 损耗。在室内分布应用中，有时两个输出端口都要用到，这时就不需要负载，也无 3 dB 损耗。在设计时，我们要特别注意两输入端口的最大隔离度以满足互调的要求。

支持 800～2500 MHz 频段的宽频电桥的主要技术指标见表 3.10。

图 3.31 电桥

表 3.10 电桥的主要技术指标(典型值)

参数	指标
工作频段	800～2500 MHz
插入损耗	＜0.5 dB
隔离度	＞25 dB
互调损耗	－110 dBm
回波损耗	20 dB
接口阻抗	50 Ω
驻波比	≤1.3
功率容量	100 W
接口形式	N 型阴头 N - Female

2. 合路器

合路器是将不同制式或不同频段的无线信号合成一路信号输出，同时实现输入端口之间相互隔离的无源器件(见图 3.32)。合路器的每个支路都有一个高性能的滤波器，具有良好的选频特性，也就是在通带上具有很小的插损，在阻带上具有良好的抑制作用。根据输入信号种类和数量的差异，可以选用不同的合路器。在室内无线综合覆盖系统中，合路器可用于将 WLAN、3G、CDMA800、GSM900、DCS1800、LTE 等两个或多个不同频段的无线通信系统进行合路。图 3.33 所示为合路器在室内分布系统中的应用。

合路器每通道带外抑制的指标(见表 3.11)就是该合路器提供的合路系统间的隔离度，通常这个指标要大于 80 dB。

表 3.11 合路器的技术指标

指标	二合一合路器	三合一合路器
频率范围	通路 1：TD - SCDMA 2010～2025 MHz 通路 2：GSM 885～954 MHz	通路 1：TD - SCDMA 2010～2025 MHz 通路 2：GSM 885～954 MHz 通路 3：DCS 1710～1825 MHz
插入损耗	≤0.6 dB	≤0.6 dB
驻波比	≤1.3	≤1.3
带内波动	≤0.4 dB	≤0.4 dB
三阶互调	≤－120 dBc(＋43 dBm×2)	≤－120 dBc(＋43 dBm×2)
带外抑制	通路 1 带外抑制≥80 dB 通路 2 带外抑制≥80 dB	通路 1 带外抑制≥80 dB 通路 2 带外抑制≥80 dB 通路 3 带外抑制≥80 dB

图 3.32　合路器

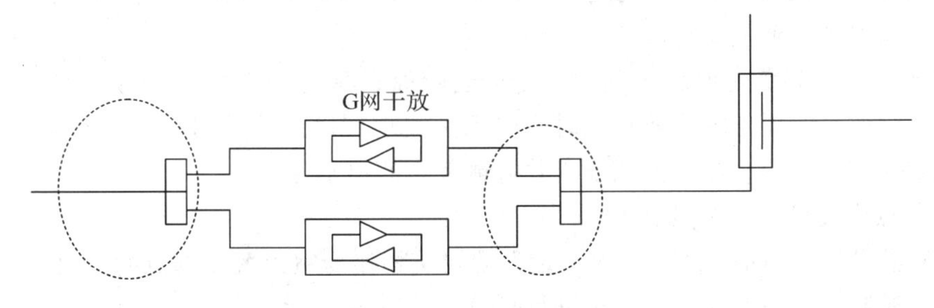

图 3.33　合路器在室内分布系统中的应用

电桥和合路器的主要区别为：电桥一般为同频段合路，采用类似耦合器的原理，不具有带通滤波的功能，因此隔离度低；而合路器通过带通滤波的方式合路，带外抑制性能好，系统间干扰小。

思考题

1. 简述室内分布系统的组成。

2. 宏蜂窝、微蜂窝、直放站、BBU＋RRU 和家庭基站等信源各自的特点是什么？

3. 射频无源、射频有源、光纤和泄漏电缆等分布方式的主要优缺点有哪些？

4. 什么是功分器的分配损耗？如何计算功分器的分配损耗？

5. 什么是耦合器的耦合损耗？如何计算耦合器的耦合损耗？

6. 常用的室内分布天线各有哪些特点？各在什么场景使用？

7. 为什么在现在的室内分布系统建设中要采用全频器件？

8. 为什么在射频同轴电缆要有“一次最小弯曲半径”和“二次最小弯曲半径”这两个技术指标？

9. 影响射频同轴电缆的传播损耗的主要因素有哪些？

10. 什么是泄漏电缆的耦合损耗？

11. 电桥和合路器的主要区别是什么？

第4章 室内覆盖系统工程勘察与设计

4.1 工程选点

室内覆盖工程的建设流程一般包括：工程选点、立项、现场勘测、设计、施工、开通试运营、竣工验收等七个主要阶段。

工程选点是一个室内覆盖工程的开始，运营商通常受限于投资规模和业主配合等问题，使许多要做室内覆盖的物业在短时间内无法实现移动通信信号的室内覆盖。因此精确的工程选点是完成建设任务、实现投资效益最大化的根本保证。

工程选点应遵循如下原则：

(1) 尽量寻找室内信号不好、人流量大的建筑物作为室内覆盖选点的对象。

(2) 选择城区内知名的高层建筑进行覆盖。

(3) 分析宏蜂窝话务情况，划定高话务区域，然后在高话务区域寻找话务热点建筑，利用室内覆盖系统吸收建筑物内的话务，从而缓解宏蜂窝容量方面的压力。

(4) 城市城区人流量大的商场、高档酒店宾馆、三级医院等，不论信号覆盖情况如何，均考虑进行覆盖。

(5) 其他室内用户覆盖投诉较多或潜在用户覆盖投诉较多的场所。

(6) 对候选站点依据投资收益、竞争者态势、业主配合程度等因素进行建设优先级排序。

立项是移动运营商对室内分布系统工程建设项目的内部管控。一般说来，只有通过立项批复的室内分布系统站点，才能进行后续的勘察、设计和建设。

4.2 现场勘测

现场勘察是室内覆盖设计至关重要的环节，勘察的目的是调查、了解所要覆盖的物业周围的环境、信号等现场情况，也需要进行必要的测试，从而确定工程方案、覆盖方式等。该项工作的质量好坏将直接影响到室内覆盖系统的设计质量，因此勘测工作应力求周到，记录详尽，图纸和数据完整，有多视角照片等，以便后续工作的展开，避免复勘。

4.2.1 勘测前的准备

在得到移动通信运营商对某个物业进行室内覆盖分布系统的设计任务后，设计勘测人员应做好如下的勘测前准备工作：

(1) 获得业主的联系电话。

(2) 了解物业的地理位置和基本类型。

(3) 了解物业的覆盖要求，如覆盖范围及覆盖等级等。

(4) 了解物业周围基站的分布情况、位置情况和传输资源。

(5) 制定初步的勘测计划，准备勘测工具。

通常，勘测人员应该携带如下工具：

(1) 测试手机。

(2) 手提电脑(含测试软件)。

(3) 数码相机。

(4) GPS 仪(带指南针)。

(5) 卷尺、红外测距仪。

(6) 模拟测试设备(模拟信号源发射机、吸顶天线、接收机和扫频仪等)。

(7) 勘测记录表。

(8) 地图、劳动防护装备，等等。

4.2.2　勘测内容

在物业勘测过程中，勘测人员主要对物业的建筑和电磁环境两个方面进行勘测。

在建筑勘测方面，必须对如下内容进行认真仔细的勘测(或向业主索取)，必要时对重点部位进行照相记录，以便事后回忆，避免重复去现场。

(1) 获得被勘测物业的精确地理位置(周邻情况、经纬度等)、建筑面积(或长度)、高度及层数、主要功用等总体情况。

(2) 获得建筑平面图和结构图，了解物业的建筑结构、功能分区、人与车进出的主要通道，确认需要覆盖的区域和面积。

(3) 掌握建筑内部环境和装修情况，初步确定天线的覆盖半径和天线的安装位置。若建筑物内部结构特别复杂，设计人员又没有对应的设计经验时，需要采用模拟测试手段来确定天线点位。

(4) 确定天花板的上部结构及能否穿过线缆，进而确定馈线布放路由。

(5) 确定弱电井的位置和数量及走线位置的空余空间。

(6) 确定电梯间的位置和数量，对应电梯的停靠区间，确定电梯间缆线进出口位置。

(7) 确定电梯间的共井情况、停靠区间、通达楼层高度及用途。

(8) 确定机房位置或信源安装位置及电力供应情况。

(9) 获得建筑防雷接地方案、接地网电阻值、接地网位置图、接地点位置图。

所谓电磁环境勘测就是在物业的室内覆盖系统建设前，测试调查物业的网络覆盖状况、性能指标和干扰情况等，发现问题，以便在该物业的室内覆盖系统设计中解决问题或减弱干扰，因此需对物业内部和周边的以下内容进行仔细勘测记录：

(1) 竞争对方网络是否已建室内覆盖系统，支持制式、信源类别和位置、分布系统种类、覆盖区域、覆盖面积、WLAN 频点等。

(2) 测试本方网络覆盖性能，测试路由应尽量选择沿楼宇外边缘(特别是主要出入通道：门厅出入口、车库出入口)或沿楼层中部走廊、楼梯、电梯以及根据大楼实际分割可能的弱信号区。

(3) 识别门厅出入口、车库出入口等出入通道处室外覆盖主服务小区名，为与新建室内覆盖系统小区互配邻小区关系用。

(4) 了解物业动静态人群数量和结构及其区域分布、手机拥有率、三大运营商市场占比、用户业务模型等。

图 4.1 所示为室内电磁环境测试的示意图，在电磁环境测试时必须注意如下事项：

(1) 测试手机距地面 1.5 m 左右。

(2) 对建筑结构非标准楼层每层必测，标准层每 5～8 层间隔测一层，均需给出路测轨迹图。

(3) 所选楼层一定要全部扫频测试，已确信脱网的区域(如电梯停车场等)不用扫频测试。

(4) 在设计文件中给出路测分析结果和测试的记录文件，提供各种参数的统计柱图。

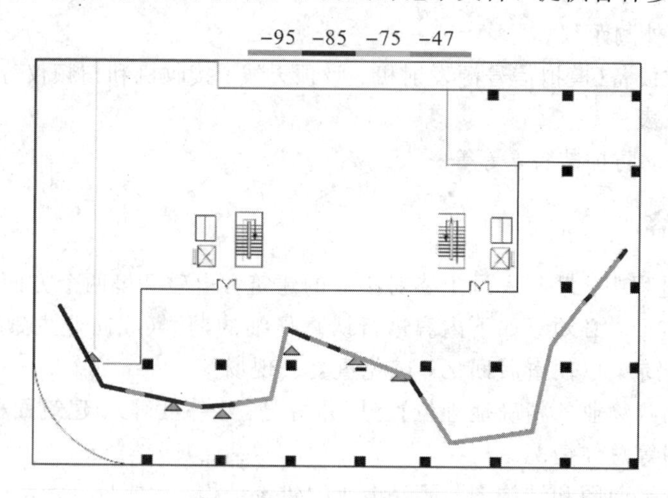

图 4.1　室内电磁环境测试

4.2.3　模拟测试

不同的场景对天线信号的阻挡和衍射是不同的，模拟测试是通过模拟信号源来模拟天线发射场强，虚拟出开通后的效果。可以更好地确定天线的最大覆盖半径及边缘场强，从而确定天线点位及天线间距。图 4.2 所示为模拟信号收发信机。

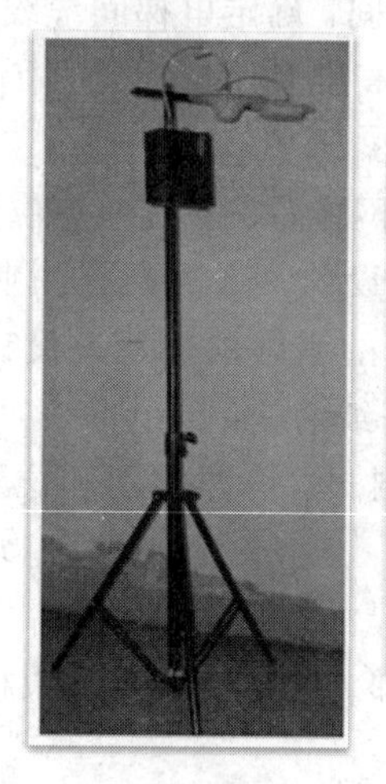

图 4.2　模拟信号收发信机

模拟覆盖测试有定位测试、选位测试和样板测试三种。

(1) 定位测试：模拟发射天线放置在设计位置，调整天线的发射功率，测试多个区域的场强，确定天线的设计功率。

(2) 选位测试：模拟发射天线放置在多个预设位置，测试多个区域的场强，确定天线的点位。

(3) 样板测试：又称"准实测"，选择标准楼层按照设计安装天馈系统，在天馈系统中注入模拟测试信号，进行全层测试。

要对如图4.3所示楼层进行移动通信信号的室内覆盖，如何精确有效地设计天线点位呢？选位测试可以很好地解决这个问题。首先选择天线可能放置的一个位置放置模拟反射装置的天线；然后在该楼层需要信号覆盖的地方测试模拟信号，记录模拟信号的强度；随后将模拟发射装置的天线放到天线可能放置的其他位置，在原来的测试点位上重复测试模拟信号并记录。相关可能的天线点位测试完成后，获得如表4.1所示的测试数据。接下来依据测试数据按表4.1之后的步骤优选天线点位。

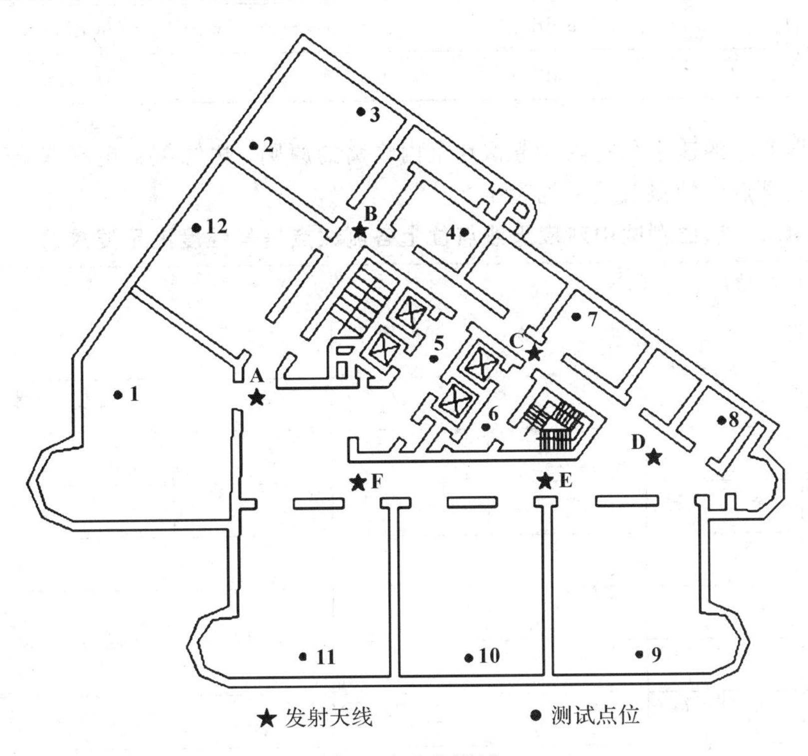

图4.3　选位测试

表4.1　选位测试中对应天线点位上各测试点的信号强度

天线点位 / 测试点位	A	B	C	D	E	F
1	−45 dBm	−73 dBm	—	−83 dBm	−72 dBm	−59 dBm
2	−74 dBm	−44 dBm	−66 dBm	−80 dBm	—	—

续表

天线点位/测试点位	A	B	C	D	E	F
3	−71 dBm	−50 dBm	−77 dBm	−94 dBm	—	—
4	−80 dBm	−61 dBm	−64 dBm	−77 dBm	—	—
5	−60 dBm	−82 dBm	−68 dBm	−86 dBm	−93 dBm	−70 dBm
6	−93 dBm	−95 dBm	−58 dBm	−90 dBm	−73 dBm	−86 dBm
7	−97 dBm	−84 dBm	−42 dBm	−64 dBm	−78 dBm	—
8	—	−93 dBm	−78 dBm	−48 dBm	−62 dBm	−72 dBm
9	−83 dBm	—	−79 dBm	−51 dBm	−55 dBm	−79 dBm
10	−70 dBm	—	−90 dbm	−72 dBm	−57 dBm	−67 dBm
11	−53 dBm	−89 dBm	—	−80 dBm	−74 dBm	−53 dBm
12	−50 dBm	−54 dBm	−77 dBm	—	−88 dBm	−70 dBm

考虑数据业务的速率和室内业务留在室内蜂窝的原则，边缘覆盖电平取−72 dBm，则天线点位与测试点位的覆盖关系见表4.2。

表4.2　选位测试中对应天线点位上各测试点信号强度满足要求的点位

天线点位/测试点位	A	B	C	D	E	F
1	√				√	√
2		√	√			
3	√	√				
4		√	√			
5	√		√			√
6			√			
7			√	√		
8				√	√	√
9				√	√	
10	√			√	√	√
11	√					√
12	√	√				√

根据表4.2分析可知，测试点6只有天线点位C才能覆盖，因此天线点位C必选。这

样测试点 2、4、5、6 和 7 已解决覆盖问题。进一步简化天线点位与测试点位的覆盖关系见表 4.3。

表 4.3　天线点位与测试点位的覆盖关系第一次简化表

测试点位＼天线点位	A	B	C	D	E	F
1	√				√	√
3	√	√				
8				√	√	√
9				√	√	
10	√			√	√	√
11	√					√
12	√	√				√

根据表 4.3 分析可知，测试点 9 只有天线点位 D 或 E 才能覆盖，因此天线点位 D 或 E 必选其一，这样测试点 8、9 和 10 已解决覆盖问题。进一步简化天线点位与测试点位的覆盖关系见表 4.4。

表 4.4　天线点位与测试点位的覆盖关系第二次简化表

测试点位＼天线点位	A	B	C	D	E	F
1	√				√	√
3	√	√				
11	√					√
12	√	√				√

很显然，接下来选天线点位 A，将能解决剩余测试点位 1、3、11 和 12 的全部覆盖问题。因为天线点位 A 和 C 已经确定，考虑测试点位 8、9 和 10 的覆盖电平的大小和均匀性，并结合与天线点位 A 和 C 的空间位置关系，选天线点位 E 优于天线点位 D。

综上分析，确定 A、C 和 E 是本楼层覆盖的最佳天线点位。

4.3　网络设计指标

网络设计指标是移动通信室内信号覆盖工程设计的关键要求，必须予以满足。不同的移动通信技术制式所要求的网络室内覆盖设计指标不尽相同；同一网络制式针对不同的物业类型，所要求的网络室内覆盖设计指标也不尽相同；即便是同一个网络、同类型物业，在不同的建设时期所要求的网络室内覆盖设计指标也不相同，一般后期的指标要求要高于前期。因此本节后续部分描述的各网络室内覆盖的设计指标主要用于说明各网络设计指标所包含的关键内容。在实际的室内覆盖建设项目设计过程中，具体的网络设计指标应该参照移动运营商发布的当期建设指南。

1. GSM 网络室内覆盖设计指标

由于GSM网络主要提供语音和数据业务，不同的区域类型要求提供不同的业务。不同的业务，其室内覆盖设计指标的要求不一样。因此，要确定室内覆盖设计指标，首先要划分不同的业务覆盖区域类型，具体的覆盖类型见表4.5。

表4.5 GSM 网络的覆盖类型

序号	业务类型	区域类型	区域性质
1	高速业务区	一类区域	运营商办公大楼
2			三星级以上的商务酒店
3			人员集中、甲级的办公写字楼
4			经营IT类产品的大型商场
5			大型展馆、机场、会展中心
6			高档住宅小区
7	中速业务区	二类区域	普通酒店、旅馆、办公写字楼
8			娱乐、休闲、餐饮场所
9			大型、客流量大的商场、超市
10			普通住宅小区
11	低速业务区	三类区域	电梯
12			停车场

GSM网络室内覆盖设计指标的建议值见表4.6。

表4.6 GSM 网络室内覆盖设计指标建议值

序号	业务类型	区域类型	接收信号功率	载干比	说明
1	数据/语音	一类区域	≥−80 dBm	≥12 dB	数据业务需求较多
2	数据/语音	二类区域	≥−85 dBm	≥12 dB	少量数据业务需求
3	语音	三类区域	≥−90 dBm	≥12 dB	主要需求为语音电话
4	室外10米处，信号最强的室外小区的信号强度比室内外泄信号强10 dB				

对GSM网络室内覆盖其他相关指标要求的建议如下：

(1) 覆盖区与周围各小区之间有良好的无间断切换。

(2) 通话效果：CS业务的误块率不高于1%；PS业务的误块率不高于10%。

(3) 呼叫建立成功率(各种QOS业务)：通常情况下，要求大于95%。

(4) 业务掉话率：通常情况下，要求小于 1%。

(5) 业务拥塞率：通常情况下，要求小于 2%。

(6) 硬切换成功率：通常情况下，要求大于 95%。

(7) 无线覆盖区内可接通率：95%的位置、99%的时间移动台可接入网络。

(8) 室内天线的发射功率宜在每载波 10～15 dBm；电梯井内天线的发射功率可到每载波 20 dBm。

(9) 在基站接收端位置收到的上行噪声电平小于－120 dBm。

2. CDMA 网络室内覆盖设计指标

以 EV－DO Rev. A 作为目标网，在 3G 覆盖区，实现可视电话 VT 的连续覆盖，即保证反向速率 76.8 kb/s 的连续覆盖。

对于标准层和群楼，目标覆盖区域内 95%以上的位置，其 1X 增强型载波前向接收信号强度 RXpower 应大于－80 dBm，Ec/Io 值应该大于－7 dB(边缘速率大于 153.6 kb/s)。

对于电梯和地下室，目标覆盖区域内 95%以上的位置，其 1X 增强型载波前向接收信号强度 RXpower 应大于－85 dBm，Ec/Io 值应大于－8 dB(边缘速率大于 76.8 kb/s)。

室分系统用户感知相关性能指标如下：

(1) 要求在目标覆盖区内的 95%的位置、99%的时间移动台可接入网络。

(2) 室内外小区和室内各小区之间的切换成功率＞94%。

(3) 室内基站泄漏至室外 10 米处的信号强度应不高于－90 dBm。

(4) 在基站接收端位置收到的上行噪声电平小于－113 dBm/1.25 MHz 。

3. TD－SCDMA 网络室内覆盖设计指标

TD－SCDMA 网络室内分布系统设计总体技术指标要求如下：

(1) 满足国家有关环保要求，电磁辐射值必须满足国家标准《电磁辐射防护规范》的要求，室内天线载波最大发射功率小于 15 dBm(主公共控制物理信道的功率小于 7 dBm)。

(2) 室内分布信号占主导，主公共控制物理信道的电平值比其他小区高 5 dB 以上。

(3) 天线口主公共控制物理信道的功率在 0～5 dBm。考虑到要满足覆盖要求，部分场合可达 7 dBm。

(4) 最小耦合损耗(MCL)要求大于 65 dB。

(5) 上行干扰信号码功率：无源室内分布系统小于－105 dBm；有源室内分布系统小于－98 dBm。

(6) 切换成功率：室内外切换位置要合适，切换成功率应大于 97%；室内无切换或切换成功率大于 99%。

(7) PS 业务吞吐率：Interactive 业务的 PS64k、PS128k、PS384K 的下行吞吐率分别不小于 55 kbps、120 kbps、350 kbps。

(8) 无线信道呼损不高于 2%。

(9) 无线覆盖区内可接通率：要求在无线覆盖区内的 90%的位置，99%的时间移动台可接入网络。

(10) 块差错率目标值：话音为 1%；CS64k 为 0.1%～1%；PS 数据为 5%～10%。

TD－SCDMA 网络的边缘场强要求如下：

(1) 普通建筑物：主公共控制物理信道的电平≥－80 dBm，载干比≥3 dB。

(2) 地下室、电梯等封闭场景：主公共控制物理信道的电平≥－85 dBm，载干比≥0 dB。

(3) 室内信号的外泄要求：在室外 10 米处应满足主公共控制物理信道的电平≤－95 dBm或室内分布外泄的主公共控制物理信道的电平比室外宏站最强主公共控制物理信道的电平低 10 dB。

4. WCDMA 网络室内覆盖设计指标

WCDMA 网络的室内分布系统设计总体技术指标要求如下：

(1) 边缘覆盖电平：导频覆盖边缘场强 Ec≥－85 dBm，Ec/Io≥－10 dB。

(2) 无线覆盖区内可接通率：要求在无线覆盖区内的 95％的位置，99％的时间移动台可接入无线网络。

(3) 天线口的发射功率满足国家微波辐射一级卫生要求。

(4) 呼叫建立成功率：语音≥95％，视频≥90％。

(5) 语音业务拥塞率≤1％；CS 数据业务拥塞率≤1％；PS 数据业务的 interactive 业务，要求在 90％的概率条件下，数据传输时延＜5 s。

5. TD－LTE 网络指标

TD－LTE 网络的室内分布系统技术指标要求如下：

(1) 无线信道呼损不高于 2％。

(2) 无线覆盖区内可接通率：要求在无线覆盖区内 90％的位置，99％的时间移动台可接入网络。

(3) 室内要求满足参考信号接收功率＞－105 dBm 的概率大于 90％。

(4) 要求下行边缘速率大于 2 Mb/s。

(5) 在室内单小区 20MHz 组网并支持 MIMO 的情况下，要求单小区平均吞吐量满足下行 30 Mb/s 和上行 8 Mb/s。

(6) 若实际隔离条件不允许，可以按照单小区 10MHz、双频点异频组网规划，要求单小区平均吞吐量满足下行 15 Mb/s 和上行 4 Mb/s。

(7) 天线口功率不大于 15 dBm。

(8) 边缘速率：对于单小区 20 MHz 带宽，当 10 用户同时接入时，小区边缘用户速率≥250 kb/s(UL)/1Mb/s(DL)。

(9) 数据业务的块差错率≤10％。

6. WLAN 网络室内覆盖设计指标

WLAN 网络的室内覆盖总体技术指标要求如下：

(1) 边缘覆盖电平：无线覆盖边缘场强≥－80 dBm。

(2) 无线覆盖区内可接通率：要求在无线覆盖区内的 95％的位置，99％的时间移动台可接入无线网络。

(3) 天线口的发射功率满足国家微波辐射一级卫生要求。

(4) 无线覆盖区内多用户接入时，数据传输速率不低于 100 kb/s。

4.4　室内覆盖系统设计

当勘测完成后，可以进行室内覆盖系统设计，其步骤如下：

① 容量预测；② 覆盖设计；③ 信号源和分布系统的选取；④ 主机、有源设备和关键天馈线的安装位置的确定；⑤ 切换设计和信号外泄控制；⑥ 电梯覆盖方案的确定；⑦ 天线布放位置、天线类型和馈线路由的确定；⑧ 功率分配设计；⑨ 设计优化。

4.4.1　容量预测

1. 人群特征分析

人群数量是业务发展的首要条件。系统容量预测时，需要认真分析该物业室内人群的特点，包括确定人群结构、数量、主要业务特征和区域分布。表 4.7 为常见物业的人群特点分析。

表 4.7　常见物业的人群特点分析

物业类别	人群数量	静态人群结构	区域分布	业务特点
高档商场	节假日较高	动态人群：高收入人群； 静态人群：商场员工，可能为某运营商集团用户	办公区、库区人流少	语音为主
大众商场超市	节假日较高	动态人群：大众百姓； 静态人群：商场员工，可能为某运营商集团用户	办公区、库区人流少	语音为主
体育场馆	有活动时，人群密度巨大	动态人群：观众，以年轻人为主导； 静态人群：场馆管理人员，人员稀疏	办公区人流少，观众进出通道和观众区人流量大	语音为主，观众区有较大数据流量
写字楼	人群密度较居民楼大	动态人群：各色来访人员； 静态人群：物业管理人员、各业主或租户的公司工作人员	上班时电梯厅人口聚集	数据业务大
大学校园	人群密度巨大	动态人群：新生家长、学生； 静态人群：学生和教师。	教室、食堂人口聚集度高，图书馆有一定的学生聚集度	宿舍和教学楼数据业务大、空旷区和食堂以语音为主
中小学校	1000～3000人左右	动态人群：家长 静态人群：教师为主要用户，可能是某运营商集团用户；少量学生	集会礼堂有一定的聚集度	主要以教师的业务为主
政府机构	取决于对外服务的工作内容	动态人群：外来办事人员 静态人群：政府工作人员，可能是某运营商集团用户	对外服务区人数可能聚集	服务等待区数据业务较大

2. 手机拥有率分析

手机拥有率是业务发展的关键指标。在北京、上海等地区每百人的手机数量已经超过了100部，这并不是说这些地区每人都有手机，而是有些人同时拥有2部或者3部手机。不同年龄结构，手机持有率是不同的；调查分析发现，年龄与手机拥有率的关系存在如图4.4所示的总体趋势。

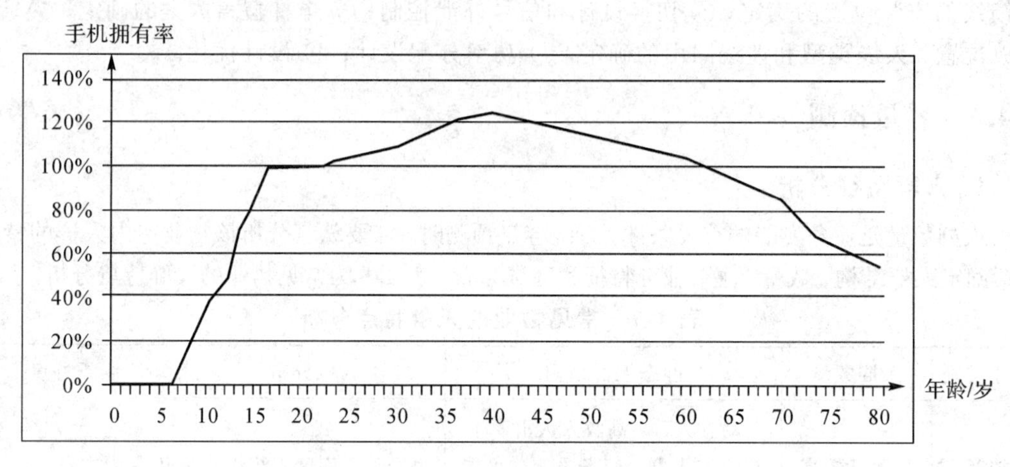

图4.4　各年龄段手机拥有率

城市人口年龄与手机持有数的结构关系见表4.8。

表4.8　城市人口年龄与手机持有数的关系

年龄/岁	手机持有情况	说　明
1～6	基本没有	没有需求，父母不会购买
7～12	逐步增多，小学毕业时能到达50%	与父母通信需要，特别是无长辈接送的小孩
13～15	初中毕业时能到达90%以上	涉足社会活动，有与同学、父母通信的需要
16～18	100%	社会活动增多，有与同学、父母通信的需要，上网
19～22	100%	活动进一步增多，有与同学、老师、父母和参与更多社会实践活动的通信需要，上网
23～30	拥有两部手机的个人逐步增多，手机拥有率大于110%	工作后另配手机，或公司加入集团客户，原来号码不愿放弃，或开始区分工作手机和生活手机
30～45	拥有多部手机的个人进一步增多，手机拥有率大于120%	职位升迁、收入增长、事业忙碌等，通信需求进一步增长
45～60	部分人员开始关停多余手机，手机拥有率总体上为105%	随着年龄增长，活动逐渐减少，通信需求下降
60～70	继续关停多余手机，逐渐开始停用手机，手机拥有率从100%逐渐下降至85%	退休，社会活动进一步减少，活动空间减小，通信需求进一步减少
70～80	进一步停用手机，老年夫妇经常共用一部手机，手机拥有率为50%～60%	活动更少，仅有与子女的亲情通话需求

在对物业人群进行手机拥有率分析时，主要分析人群年龄结构，同时兼顾城市或农村场景，尤其要关注特殊情况，如中小学生即便拥有手机，一般也不允许带到学校或在学校使用。

3. 单用户业务模型

单用户业务使用情况分析是容量预测的关键。单用户电路域 CS 业务模型如下：

$$忙时平均话务量(erl)=\frac{忙时发起呼叫的次数(次/h)\times每次呼叫持续的时间(s/次)}{3600} \tag{4.1}$$

单用户分组域 CS 业务模型如下：

$$单用户忙时数据吞吐率(kb/s)=\frac{忙时总数据流量(kb/h)}{3600} \tag{4.2}$$

$$\begin{aligned}忙时总数据流量(kb)=&单用户忙时发起会话的次数(次/h)\\&\times每个会话中发起包呼叫的数目\\&\times每个包呼叫中包的数目\\&\times\frac{每个包的大小(Byte)\times8}{1024}\end{aligned} \tag{4.3}$$

4. 物业忙时业务量预测

忙时话务量预测模型如下：

$$\rho_{BH}=S_a\cdot P_{eu}\cdot N_m\cdot\delta\cdot P_{em}\cdot\rho_m \tag{4.4}$$

其中，ρ_{BH}是指该物业的话务总量(erl)；S_a 为建筑面积(m^2)；P_{eu}为实用面积比率；N_m 为每平方米实用面积的人数；δ 为手机拥有率；P_{em}为对应网络的用户市场占有率；ρ_m 为单用户忙时话务量(erl)。

数据吞吐率预测模型如下：

$$\rho_{BH}=S_a\cdot P_{eu}\cdot N_m\cdot\delta\cdot P_{em}\cdot\rho_m \tag{4.5}$$

其中：ρ_{BH}是指该物业的数据吞吐率(kb/s)；S_a 为建筑面积(m^2)；P_{eu}为实用面积比率；N_m 为每平方米实用面积的人数；δ 为手机拥有率；P_{em}为对应网络的用户市场占有率；ρ_m 为单用户忙时数据吞吐率(kb/s)。

表 4.9　不同物业的 N_m 和 P_{eu} 参数取值

物业类型	P_{eu}	N_m
写字楼	60%～80%	0.03～0.08
商场模型	35%～45%	0.3～0.4
会展中心模型	40%～50%	0.3～0.4

对于大型建筑物或建筑群，需要分区域或分建筑进行分析。特别是对于裙楼为商场、主楼为写字楼或居民楼的情形，容量预测应分开预测。另外要特别留意静态用户是某运营商集团用户的情况，在投资规模、建设周期受限的条件下，是否优先建设须征询市场口的意见。

当物业建筑体量非常大时，一个小区的业务容量不能满足需求时，必须进行空间分区覆盖。

空间分区遵循的原则如下：

(1) 尽量按建筑物自然区隔来分割移动通信小区。

(2) 同一建筑物内尽量上下分区，避免水平分区。

(3) 电梯应尽量为同一小区，尤其是高速电梯，小区间切换在电梯厅实现。

(4) 随同建设物上下分区的电梯，小区间切换在电梯井道内。

4.4.2 覆盖设计

1. 覆盖等级划分

由于移动通信业务的多样性，不同业务所需的网络的服务条件不同，同时不同站点对于移动通信业务的需求量也不同。依据站点的重要性以及覆盖类型(部分是为了解决覆盖问题，部分是为了解决容量问题)，业务覆盖区一般分为以下三类：

一类地区：政府机关、展馆、新闻中心、高档商务楼、四星级(含四星级)以上酒店、大型写字楼和营业厅、机场、地标性建筑等。一类地区 95%的区域满足连续覆盖。

二类地区：星级酒店、大型餐饮场所、一般写字楼、商场、咖啡厅、一般行政机关。二类地区 90%的区域满足连续覆盖。

三类地区：停车场、地下室、小型餐饮场所、娱乐场所。三类地区 85%的区域满足连续覆盖。

对于以上划分没有考虑到的站点，可根据话务量密度、用户价值等来分析划定覆盖区类别。对于同一建筑物的不同区域，应根据业务规划确定覆盖目标，重点保证公共区域覆盖，如酒店大堂、会议室等。

2. 空间最大允许路径损耗和空间最小耦合损耗

在室内分布系统中，手机不能离天线太远，也不能太近。离得太远，手机收到的移动通信信号不够强，达不到业务使用的良好体验；离得太近，天线收到的手机信号太强，导致接收机的底噪迅速抬升，使通信系统信噪比恶化。

在室内分布系统中，手机离天线的最远距离是由空间最大允许路径损耗(maximal allowed path loss，MAPL)决定的。而空间最大允许路径损耗是由天线的 EIRP 和手机的最小接收电平或边缘覆盖电平决定的，即

空间最大允许路径损耗＝天线的 EIRP－手机最小接收电平(或边缘覆盖电平) (4.6)

在实际应用中，空间最大允许路径损耗还应考虑干扰余量和阴影衰落余量等，即

空间最大允许路径损耗＝天线 EIRP－手机最小接收电平(或边缘覆盖电平)

－各种余量

室内分布系统中，手机离天线的最小距离是由空间最小耦合损耗(minimal coupling loss，MCL)决定的。而空间最小耦合损耗是由手机的最小发射功率、接收机的底噪和天馈系统损耗共同决定的，即

空间最小耦合损耗＝手机的最小发射功率－接收机的底噪－功分损耗

－器件馈线自然插损＋天线增益 (4.7)

综上所述，室内分布系统天线的有效覆盖范围由空间最大允许路径损耗和空间最小耦合损耗这两个要求来确定。

例 4.1　设某一制式移动通信室内分布系统中，微蜂窝基站输出功率为 33 dBm，接收底噪为－108 dBm，天线口设计功率为 10 dBm(天线增益取 2.5 dB)，手机的最小发射功率为－48 dBm，某一业务要求的边缘覆盖电平为－85 dBm，预留各种余量合计 10 dB。求空间最大允许路径损耗和空间最小耦合损耗。

解　空间最大允许路径损耗＝33 dBm＋2.5 dB－(33 dBm－10 dBm)
－(－85 dBm)－10 dB＝87.5 dB

空间最小耦合损耗＝－48 dBm－(－108 dBm)＋2.5 dB－(33 dBm－10 dBm)
＝39.5 dB

例 4.2　假定例 4.1 中系统的工作频率为 2000 MHz，采用 Keenan - Motley 室内传播模型，$n_{SF}=3.2$，试计算该室内天线的有效覆盖半径。

解　Keenan - Motley 室内传播模型公式为

$$PL = PL(d_0) + 10n_{SF}\lg\frac{d}{d_0} + kF(k) + qW(q)$$

自由空间的路径损耗公式为

$$PL(d) = 32.45 + 20\lg d + 20\lg f$$

那么，当 d_0 取 1 m 时，根据自由空间的路径损耗公式得

$$PL(d) = 32.45 + 20\lg(0.001) + 20\lg(2000) = 38.47\ (dB)$$

在室内天线覆盖半径的估算中，因为 $PL(d)=MAPL=87.5$ dB，暂不考虑穿透楼层和墙壁损耗，根据 Keenan - Motley 室内传播模型公式得

$$PL(d) = 38.47 + 10\times 3.2\lg d = 87.5\ (dB)$$

解此方程，得最大覆盖半径为 $d=34$ m；如果考虑穿透一堵隔墙，预留 12 dB 的穿墙损耗，则

$$PL(d) = 38.47 + 10\times 3.2\lg d + 12 = 87.5\ (dB)$$

则最大覆盖半径为 $d=14.4$ m。

例 4.3　某一制式移动通信室内分布系统的工作频率为 2000 MHz，微蜂窝基站输出功率为 33 dBm，天线口设计功率为 10 dBm(天线增益取 2.5 dB)。假设系统收发信机间的最小耦合损耗要求为 60 dB，求吸顶天线距离手机的最小距离应该是多少？

解　微蜂窝基站输出到该天线口的功率损耗(主要是分配损耗和介质损耗)为 33 dBm－10 dBm＝23 dB

系统收发信机间的最小耦合损耗要求为 60 dB，那么该室分天线到手机的最小耦合损耗应为

$$60\ dB - 23\ dB = 37\ dB$$

考虑到 2.5 dB 的天线增益，实际该室分天线到手机的最小耦合损耗应为

$$37\ dB + 2.5\ dB = 39.5\ dB$$

则

$$PL(d) = 32.45 + 20\lg d + 20\lg f = MCL = 39.5\ dB$$

则最小耦合损耗半径为 $d=0.0011$ km，即 1.1 m。

最大覆盖半径的确定为室内分布系统中天线间距和室内信号室外泄露的控制提供了理论依据。最小耦合损耗半径则要求天线的设置点位在通常情况下应与使用中的手机相距 1 m 以上。

4.4.3 信号源和分布系统的选取

表 4.10 列示了对信号源及分布系统的选取建议。

表 4.10 不同物业信号源和分布系统的选取建议

类型和面积		信号源	分布系统
小型封闭建筑物(5000 m² 以下)		直放站	射频同轴
中型建筑物(5000～20 000 m²)		RRU/微蜂窝基站	射频同轴
大型建筑物(20 000～60 000 m²)		BBU+RRU /宏基站	射频同轴
超大型建筑物(60 000 m² 以上)		BBU+RRU/宏基站	射频同轴/光纤分布
大型建筑物群(150 000 m² 以上)		BBU+RRU	射频同轴/光纤分布
狭长型建筑	地铁	BBU+RRU/宏基站	射频同轴、泄漏电缆
	铁路、公路隧道	BBU+RRU/直放站	射频同轴、泄漏电缆、光纤分布

4.4.4 切换设计和信号外泄控制

在设计室内覆盖工程时，应该注意切换和信号外泄控制的问题，主要关注不同场景下的室内外小区之间的切换区域。对一般建筑物应关注以下几个区域：

1. 正门出入口

切换区设置不理想，容易造成室内信号过多的外泄到马路上，形成干扰；或者切换过渡带太小，造成来不及切换而掉话。一般建议建筑物正门或大堂出入口切换区域在室外距离门口 5～7 m 范围内，切换区域不宜离马路太近或进入室内过深。图 4.5 所示为正门出入口的切换设计。

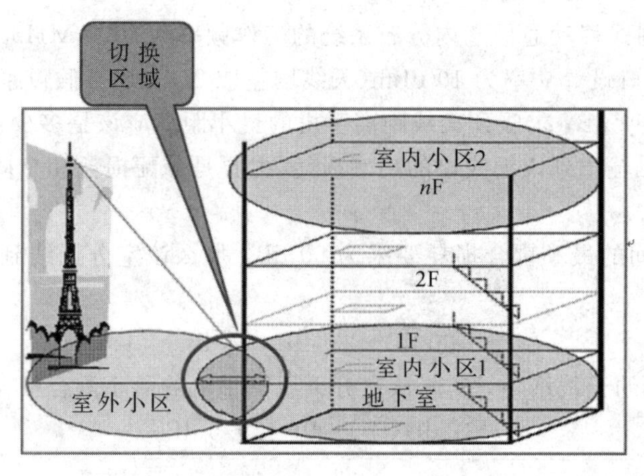

图 4.5 正门出入口的切换设计

正门或大堂的切换设计策略如下：

(1) 采用“小功率，多天线”的方式。

(2) 室内小区的定向天线从门口往里覆盖。

(3) 天线口功率可调，方便优化。

2. 车库出入口

车库的切换要控制在出入口处，设计时需要考虑车体损耗，一般在车库出入口位置安装室内信号天线以保证顺利切换。

3. 电梯内外

电梯内外分属不同小区时，进出电梯需要切换，也称电梯的平层切换。电梯平层切换存在的主要问题是切换不及时而引起掉话。特别是进电梯后关电梯门和电梯桥厢门，会瞬间将平层小区的信号下拉 20 dB 以上而不能及时切换进电梯小区，从而造成掉话。

一般建议在电梯厅内完成切换。在设计时让电梯井道天线主瓣方向朝向电梯厅；或者在施工方便的情况下，从电梯小区引出一个小功率天线，放置于电梯门口上方。保证进出电梯时，在电梯厅内完成切换。图 4.6 所示为电梯厅的切换设计。

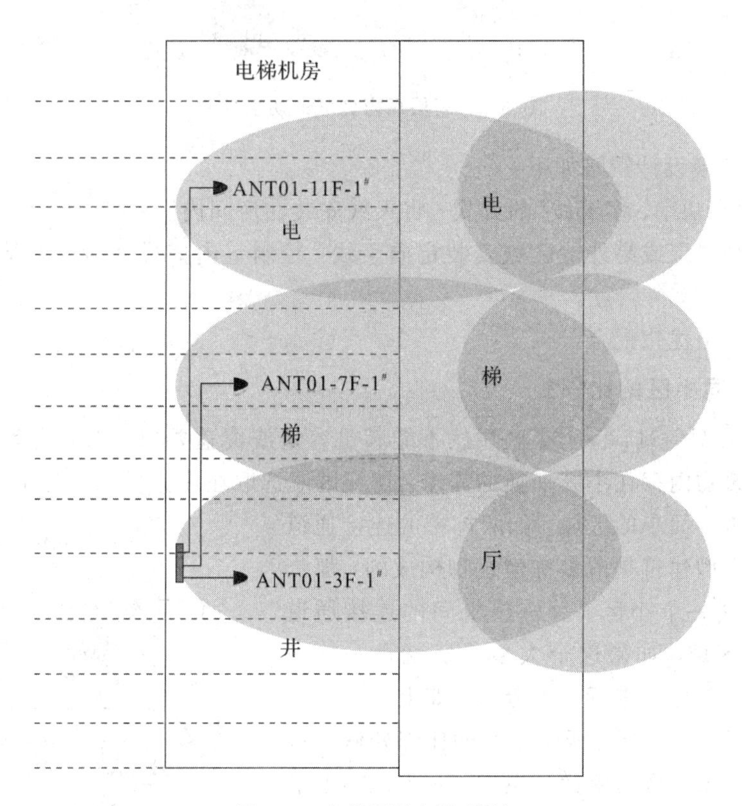

图 4.6　电梯厅的切换设计

4. 高层靠窗区域

高层建筑靠窗区域常见的问题是信号很多，但没有主导信号，相互干扰严重，容易造成乒乓切换、掉话和单通等问题。因此高层建筑内需要建设室内分布系统，而且在靠窗口位置室内小区信号必须强过窗外小区信号，成为主导信号，避免在该区域形成乒乓切换；同时也不能让室内小区信号过多地泄漏到室外高空中，变成新的干扰源。图 4.7 所示为高层靠窗区域的切换控制。

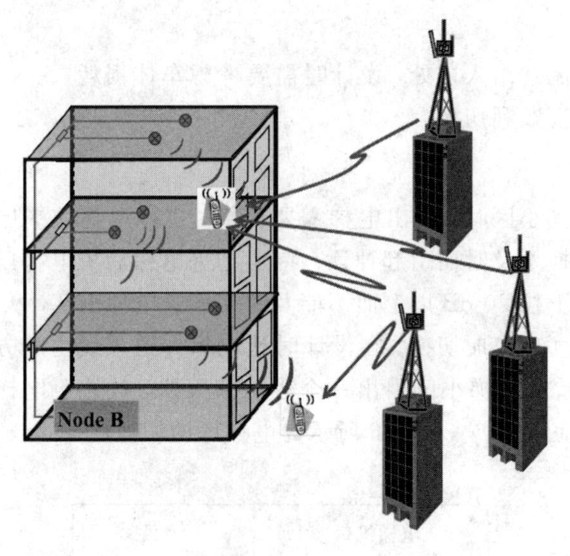

图 4.7 高层靠窗区域的切换控制

靠窗区域切换设计策略如下：

(1) 采用“小功率、多天线”的方式，将天线安装在房间内。

(2) 在较高楼层或易外泄区域安装定向天线，控制室内信号外泄。建议定向天线从窗户边向里覆盖。

(3) 室外网络优化配合。

5. 室内不同小区的比邻处

对于一个大型建筑，一个小区显然不能满足容量或覆盖要求，因此必须分成不同的小区，因此在建筑物内存在小区切换的需求。切换区应选取在业务量低、人群不聚集、具有天然可隔离性、重叠面小的区域，如两栋楼的连接通道等。如果这个大型建筑是由多栋建筑物构成的，那么建议一栋建筑建一个小区，每栋建筑间的连接通道中间即为切换区域。如果这个大型建筑就是一栋高楼，那么建议对这栋楼进行上下分区。如上部为一个小区，下部为另一个小区，两个小区的比邻处依靠楼层作自然阻挡，切换区为楼梯和电梯。对于这样上下分区的大楼，其电梯覆盖小区有三种方案：

(1) 电梯为单独一个小区。进出电梯时，电梯小区与楼层小区实现平层切换(电梯厅切换)，如图 4.8 所示。

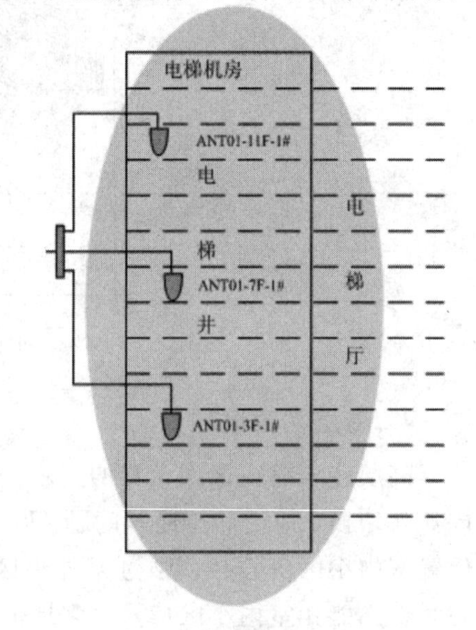

图 4.8 电梯单独一个小区，与平层进行电梯厅切换

(2) 电梯同楼层上下分区相同。电梯与楼层为同一小区，进出电梯无需切换，但需要在电梯上下分区的区域设计切换过渡带，即在电梯行进方向上，过渡带中原小区信号逐渐减弱，而新小区信号逐渐增强，

保证切换顺利完成，如图 4.9 所示。过渡带的长度需要考虑电梯的运行速度，高速电梯的切换过渡带相对长一些。

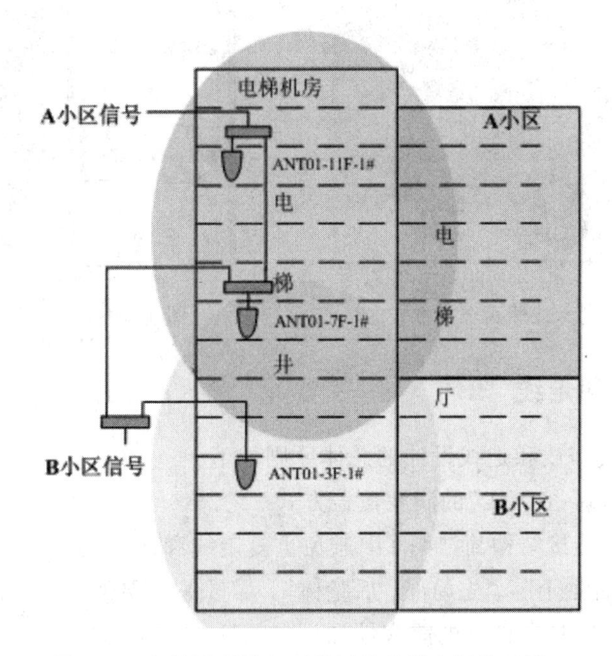

图 4.9　电梯随平层上下分区及井道内切换过渡

(3) 电梯覆盖信号引自楼层小区中的一个。这样电梯内不存在切换，电梯小区与楼层小区采用不同的电梯厅切换技术。

4.4.5　关键设备安装位置的确定

关键设备安装位置的确定主要是确定信号源的安装位置，其次是确定干线放大器或 RRU 的安装位置。信号源安装位置取决于信号源类型、物业协调结果、运营商要求和现场实际情况。重要楼宇可以设置专用机房，但建设成本高，建设周期也较长，因此，一般安装在电梯机房较多。小型的信号源(含 RRU)可以放在停车库或楼梯间等地方，而干线放大器则更多地放置在靠近覆盖目标的弱电井中。有源设备的设计位置尽量靠近其覆盖区域的逻辑中央位置，以减少系统功率在分布系统内的传输损耗。关键天馈线的安装位置要预先确定，并征得业主的同意，避免在施工时或事后业主投诉。

4.4.6　电梯覆盖方案的确定

目前，常用的电梯覆盖方案有如下两种：

(1) 采用宽频对数周期天线，天线主瓣方向朝向电梯井道。GSM 网络一般可覆盖 7 层，3G 网络一般可覆盖 4～5 层(如图 4.10 所示)。

(2) 采用平板天线，天线主瓣方向朝向电梯厅。GSM 网络一般可覆盖 5 层，3G 网络一般可覆盖 3 层(见图 4.11)。

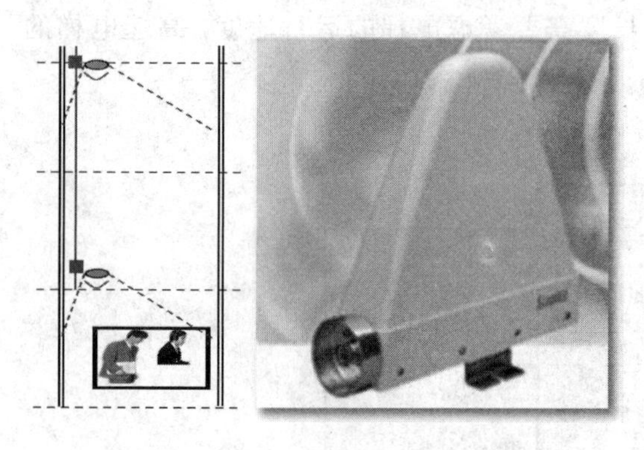

图 4.10　对数周期天线覆盖电梯方式

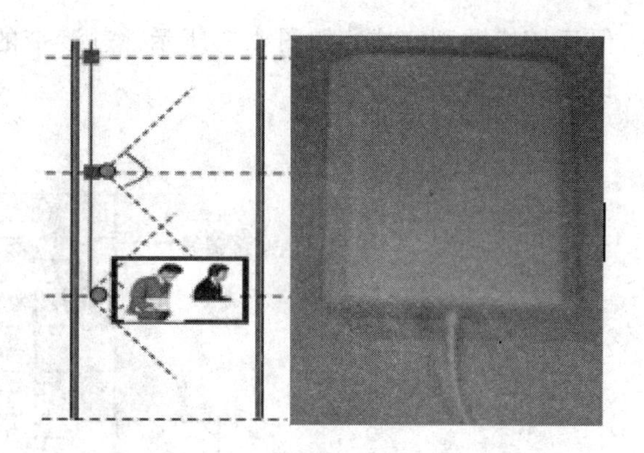

图 4.11　平板天线覆盖电梯方式

4.4.7　天线布放和走线

室内覆盖的天线布放和走线设计的总体原则如下：

(1) 采用"小功率，多天线"的滴灌覆盖方式。

(2) 支路内天线连接结构简洁明了，避免重复走线和迂回走线。

(3) "先平层，后主干"，"先局部，后整体"，尽量保持支路之间的相对独立性。

(4) 主干的设计应具有良好的兼容性和可扩充性。

(5) 主干线尽量采用 7/8″馈线，小于 30 m 的平层采用 1/2″馈线。

在具体的设计过程中，天线的布设可以参照以下方法。

1. 重点区域布放天线

在重点区域布放天线，如在领导办公室门口或室内布放天线，保证重点区域的覆盖(如图 4.12 所示)。

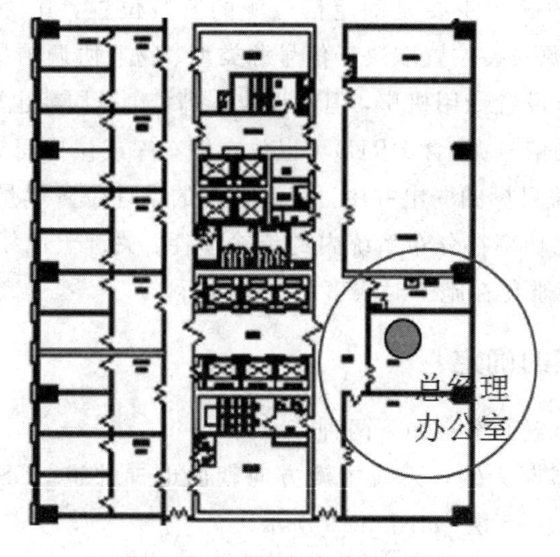

图 4.12　天线布放在重点区域

2. 房间内布放天线

为了减少穿透墙体带来的损耗，对于大型会议室、办公区域等，如果物业允许，可以将天线布放到房间内(如图 4.13 所示)。

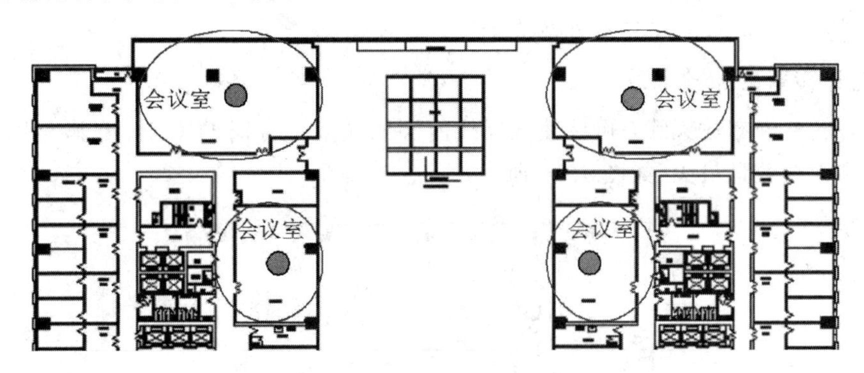

图 4.13　天线布放在会议室的内部

3. 切换区域布放天线

在停车场出入口布放天线，布放位置一般选择在拐角处(如图 4.14 所示)。

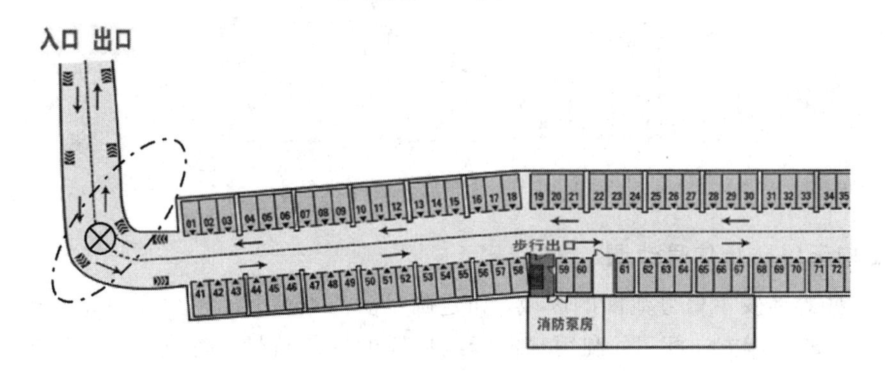

图 4.14　天线布放在出入口区域

在电梯厅附近布放天线，在覆盖房间的同时，应兼顾电梯厅的覆盖(如图 4.15 所示)。

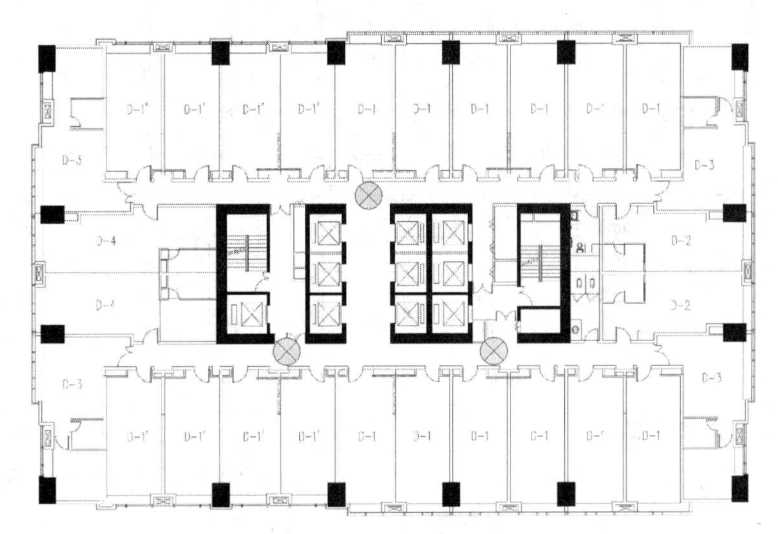

图 4.15　天线布放在电梯厅附近

在大堂的出入口，一般需要布放天线，保证进出大堂时与室外小区正常切换。控制切换区域，同时防止信号泄漏到室外造成干扰。

4. 走廊转弯处布放天线

在走廊转弯处布放天线，可以使该天线能够照顾多个方向的覆盖，在满足覆盖要求的情况下做到天线数量最少(如图 4.16 所示)。

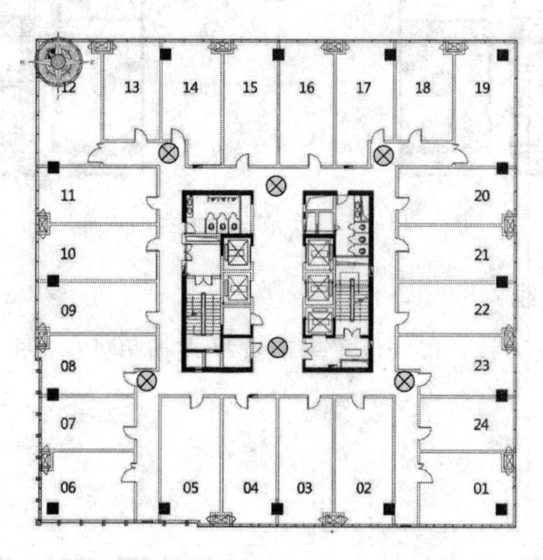

图 4.16　天线布放在走廊转弯处

5. 定向天线防止信号泄漏

对于一些容易发生信号泄漏的区域，如走廊尽头靠窗位置，可以布放定向天线进行覆盖。定向天线的主瓣方向朝里，利用定向天线后瓣的抑制特性，防止信号泄漏到室外造成干扰(如图 4.17 所示)。

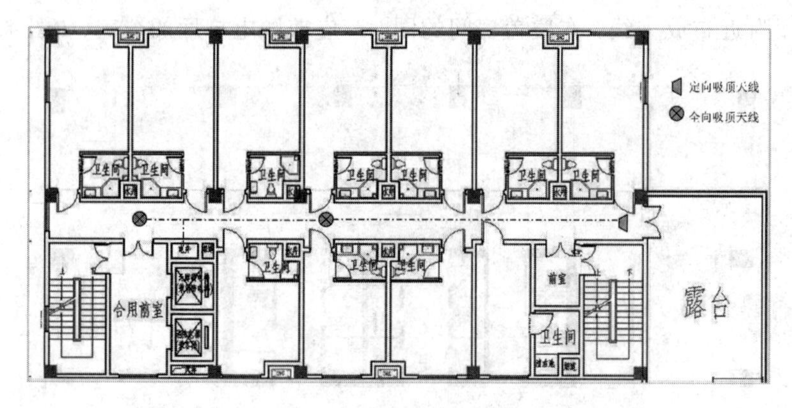

图 4.17　走廊尽头尽量不布天线或布放定向天线

6. 干扰区域布放天线

如果在室内存在室外干扰信号，而且客户要求室内区域必须占用室内信号，那么从室内覆盖优化的角度(相对室外基站优化调整)来看，需要根据干扰信号强度和区域来决定室内天线的布放位置，如大厅和高层窗口。确保天线布放后，在室内干扰区域，信号的导频功率要比室外干扰信号导频功率高 5 dB 以上。

7. 交叉布放天线

根据室内各场景的天线覆盖半径，对余下未放置天线的区域交叉布放天线，以采用最少天线数量满足室内覆盖的需求，同时使室内信号分布比较均匀(如图 4.18 所示)。

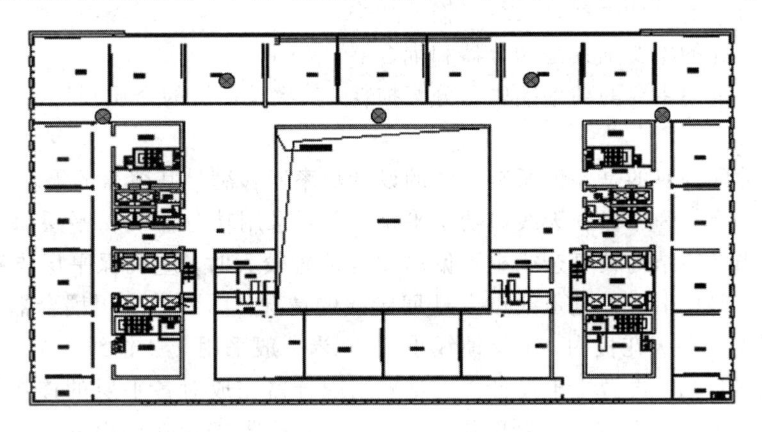

图 4.18 交叉布放天线

8. 天线布放的优化调整策略

依据上述方法布放天线后，整体上肯定存在天线太密或太稀的问题，因此必须进行天线位置的优化调整。天线布放的优化调整策略如下：

(1) 以覆盖半径为总参考。

(2) 按照不同原则布放时，若两个天线相距太近，则需要调整。

(3) 若两个天线之间距离较远，而中间增加一个天线，天线之间距离又太近，那么可以适当调整两个天线的安装位置。

(4) 合理调整某个天线的位置，使同一个天线可能满足多个原则的要求，如稍微移动某个天线，可以同时满足重点区域覆盖和电梯厅切换区域的覆盖等。

(5) 合理调整天线的安装位置，使整个覆盖区域信号分布更加均匀。

(6) 将天线置于走廊、大厅吊顶内，易于布线。

(7) 将天线置于检修口附近，易于维护。

(8) 天线应远离柱子、钢筋混凝土墙等。

(9) 天线的位置低于横梁、金属吊顶、金属风管等。

(10) 覆盖半径内电磁波应直射、穿射，避免斜穿、绕射。

天线位置一旦确定，就应考虑连接天线的馈线路由问题了。馈线路由应顺着走，不应走回头路；尽量保持支路之间的相对独立性。室内覆盖走线可选择停车场、弱电井、电梯井道、天花板内走线。关键位置是否可以穿越及是否可以打洞的问题应和业主进行协商，方案须征得业主同意。

4.4.8 功率分配设计

室内覆盖分布系统的功率分配设计的总体原则如下：

(1) 采用“小功率，多天线”的滴灌覆盖方式。

(2) “先平层，后主干”，“先局部、后整体”，尽量保持支路之间的相对独立性。

(3) 主干线尽量采用 7/8″馈线，平层小于 30 m 采用 1/2″馈线；

(4) 主干线上主要用耦合器，平层主要用功分器。

功率分配的设计要点如下：

(1) 功率分配的设计目标是天线口输入功率。

(2) 功率分配的主要工具是功分器和耦合器。

(3) 功率分配中主要的功率损失是分配损耗，其次是馈线的介质损耗，最后是接头、器件的介质损耗。

(4) 功率分配的目的是保证所有天线的设计功率能够满足其覆盖的需求。

先做平层设计，为了保证天线口功率平衡，主要采用功分器确保平层每个支路功率相等或相近。但当平层结构较复杂或主干偏离中心位置较大时，应确保平层支路内天线连接结构简洁明朗，避免出现重复走线以及迂回走线的情况，可灵活采用耦合器。平层功分器和耦合器一般安装在天花板内，平层馈线小于 30 米一般采用 1/2″馈线。

完成平层设计后，再做主干设计。主要采用耦合器完成对各平层的连接，根据主干信号功率和平层需要功率确定耦合器的耦合度。主干耦合器安装在弱电井中；主干馈线一般用 7/8″馈线(如图 4.19 所示)。

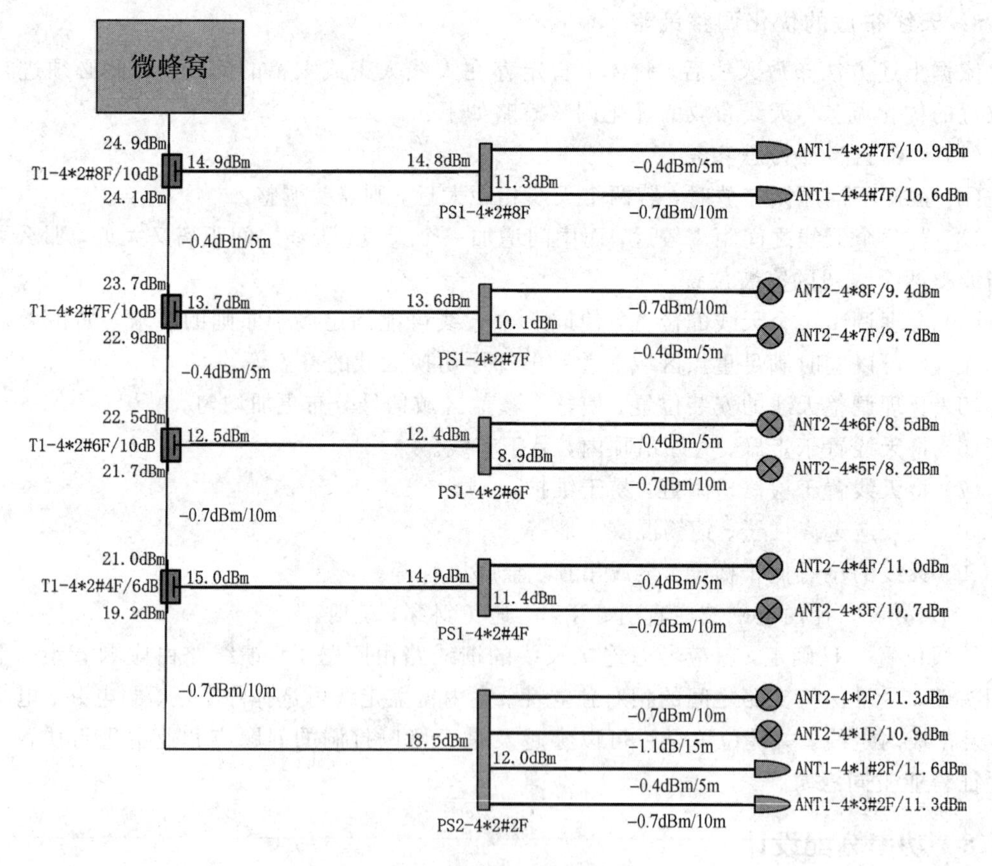

图 4.19 主干采用耦合器方式

当建筑物楼层很多时，如果主干线全部采用耦合器，那么主干结构的鲁棒性和兼容性会变差。此时，有必要适当引入功分器，增加主干结构的鲁棒性和兼容性，即主干线可采用耦合器加功分器的组合分配功率方式。如图 4.20 所示的主干连接结构更为强壮。

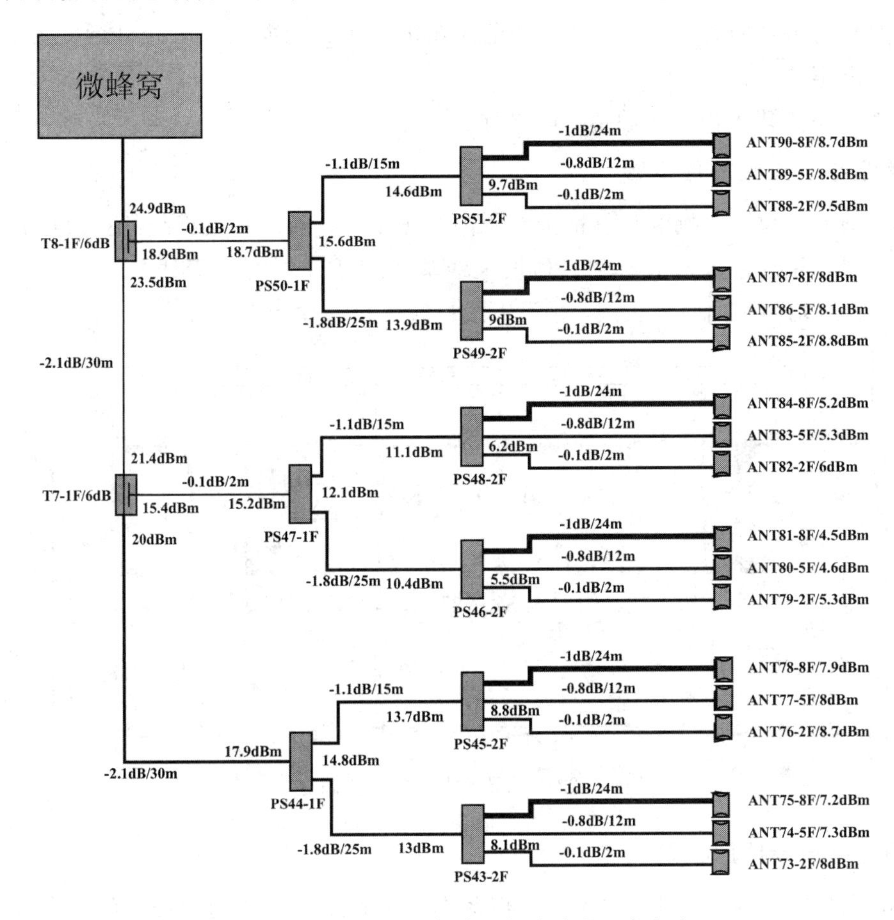

图 4.20　主干采用耦合器加功分器组合方式

4.4.9　功率分配设计举例

某一建筑物，共 7 层，每层平面结构相同，见图 4.21。需要建设 LTE 网络室内分布系统(包含对电梯的信号覆盖)，请为其设计一个合理的室内分布系统，绘出对应的室内分布系统原理图。

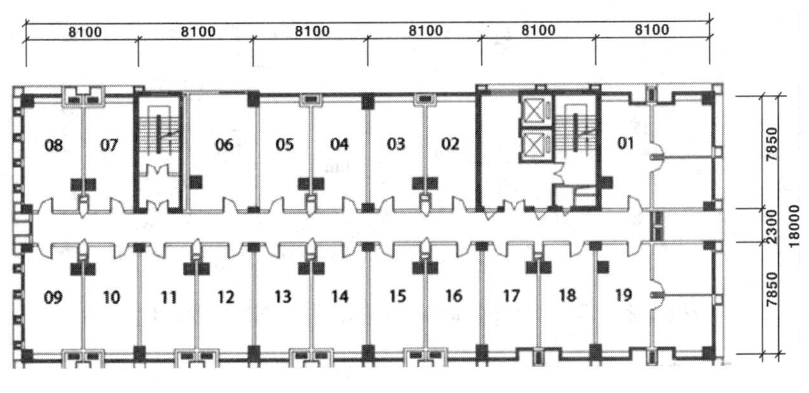

图 4.21　物业的楼层平面图

由于该建筑物是中间走廊、两侧房间的建筑结构，且房间的进深不到 8 米，从便于施工和后期维护等方面考虑，方案总体上确定为在走廊布放全向吸顶天线进行覆盖，不采用MIMO建设方案。

具体按如下步骤进行天线功率分配设计。

1. 确定平层天线布放位置

依据天线布放位置原则和估算的天线室内覆盖半径，确定平层天线的布放位置以及每个天线的型号，并按楼层对其标号，预设天线输入口需求功率。天线具体布放位置见图 4.22，图中天线均为全向吸顶天线，预设天线口输入功率均为 5 dBm。

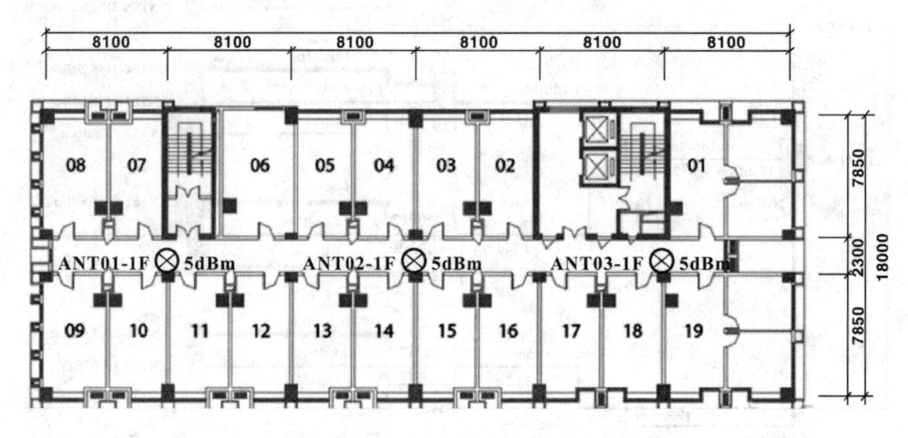

图 4.22 平层天线布放位置确定

2. 确定平层馈线路由及长度

首先确定建筑内馈线主干的位置，一般为弱电井；然后按照前向信号的走向和天线间距确定天线间主要馈线的路由走向、馈线的规格和路由长度，并保留一定的长度余量。

依据图 4.21 的情形，确定信源机房设置在楼顶电梯间内；主干馈线布放在右侧楼梯正对的弱电井中，采用 7/8″馈线；平层馈线路由顺着走廊，在吊顶内布放，采用 1/2″馈线，长度如图 4.23 所示。

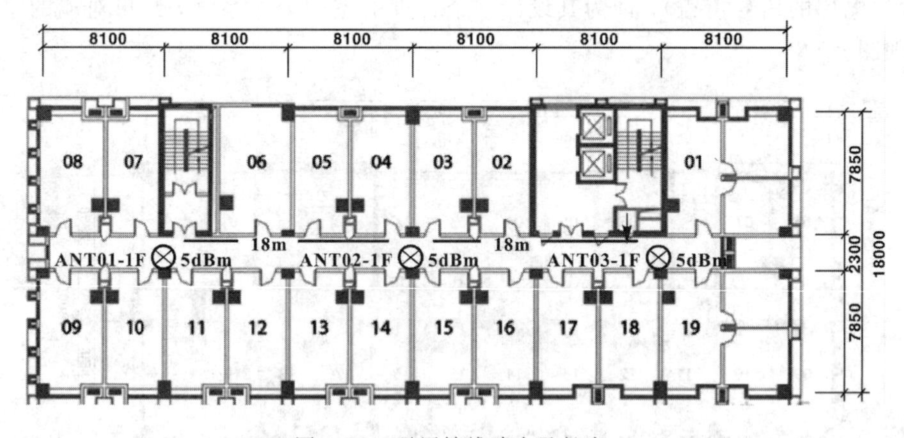

图 4.23 平层馈线路由及长度

3. 平层天线连接与功分器件选择

连接距离主干最远的两根天线。首先依据馈线顺直的原则，确定汇接点的位置；再根据天线输入口功率的预设值和对应连接馈线的损耗值，选取合适的功率分配器件相连，并确定该功率分配器件的标号：最后估算出该功率分配器件所需的输入功率。

依据图 4.23 中的情形，天线 ANT01 - 1F 和 ANT02 - 1F 的汇接点设在 ANT02 - 1F 的附近，因此在该处布放汇接这两个天线的功率分配器件。1/2 英寸馈线在 2000 MHz 频段工作时每百米损耗为 11 dB，从两根天线连接到功率分配器件的馈线长度分别为 18 m 和 2 m，对应的馈线损耗分别为 18 m×11 dB/100 m＝1.98 dB 和 2 m×11 dB/100 m＝0.22 dB；要满足天线口功率要求，功率分配器件的输出功率必须达到 5 dBm＋1.98 dB＝6.98 dBm 和 5 dBm＋0.22 dB＝5.22 dBm；因为这两个功率相差不大，所以此处选用了二功分器，标号为 PS01 - 1F，见图 4.24。选用全频段腔体式二功分器，最大插入损耗为 3.3 dB(含分配损耗)，因此该二功分器的输入功率必须达到 max(6.98 dBm，5.22 dBm)＋3.3 dB＝10.28 dBm，才能满足其上所连天线输入口的功率要求。

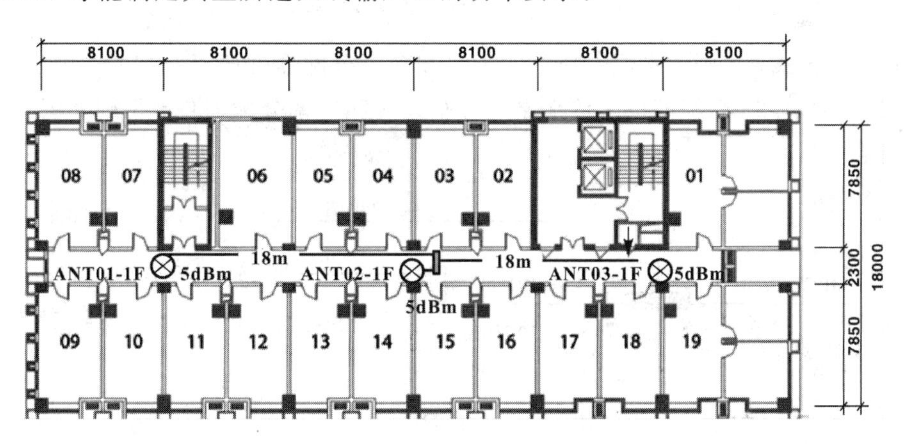

图 4.24　平层天线与功分器件连接 1

接着顺着馈线路由方向上，确定下一个汇接点位置，将该功率分配器件与馈线路由方向上相近的其他功率分配器件或天线相汇接。根据各自的输入功率需求值和对应连接馈线的损耗值，确定该处功率分配器件的型号。如果各个分支路上所需的功率相差不大，可以使用功分器；否则采用耦合器。同时还要给新增的功率分配器件标号及其所需的输入功率值。

如图 4.24 所示，功分器 PS01 - 1F 要与天线 ANT03 - 1F 在天线 ANT03 - 1F 附近相汇接，它们连接到该处功率分配器件的馈线长度分别为 18 m 和 2 m，对应的馈线损耗分别为 18 m×11 dB/100 m＝1.98 dB 和 2 m×11 dB/100 m＝0.22 dB；要满足功分器 PS01 - 1F 和天线 ANT03 - 1F 的输入口功率要求，功率分配器件的输出功率必须达到10.28 dBm ＋1.98 dB＝12.26 dBm 和 5 dBm＋0.22 dB＝5.22 dBm；这两个功率相差较大，所以此处选用了耦合器，标号为 T01 - 1F，直通端和耦合端输出功率相差 12.56－5.22＝7.04 dB。全频段腔体式 7 dB 耦合器的直通端插入损耗为 1.4 dB，其直通端和耦合端输出功率相差 7－1.4＝5.6 dB；全频段腔体式 10 dB 耦合器的直通端插入损耗为 0.8 dB，其直通端和耦合端输出功率相差 10－0.8＝9.2 dB；因为 5.6 dB 与 6.38 dB 较接近，因此该处选用 7 dB 耦合器(见图 4.25)。该处 7 dB 耦合器的输入功率必须达到 max(12.26 dBm＋1.4 dB，5.22 dBm＋7 dB)＝13.66 dBm，才能满足其上所连天线输入口的功率要求。

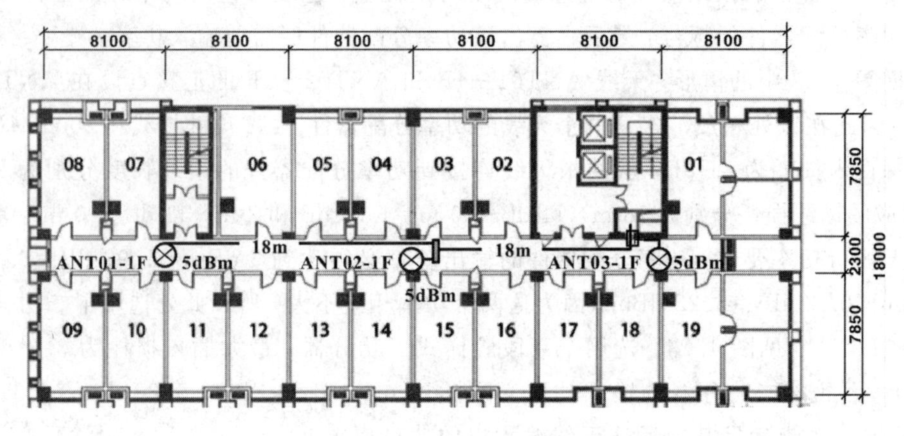

图 4.25　平层天线与功分器件连接 2

重复上述方式，直到该平层上所有的天线和功率分配器件已经汇接，即确定了该平层支路的结构。图 4.25 已经汇接了该平层的所有天线和功率分配器件，得到如图 4.26 所示的该平层结构图。

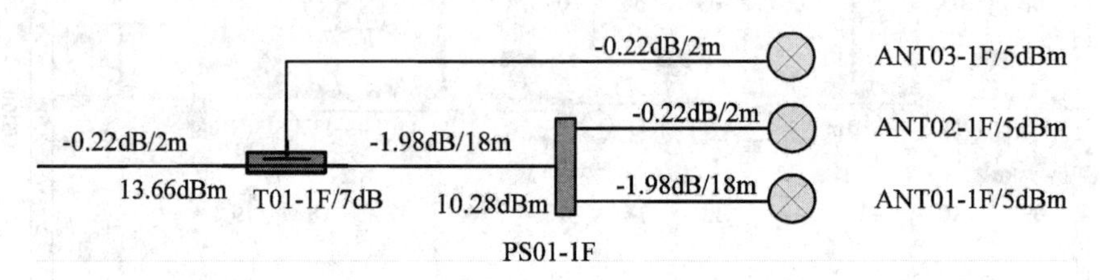

图 4.26　平层支路的结构图

4. 确定所有支路的结构图

针对不同的楼层逐一采取步骤 1、步骤 2、步骤 3 的操作，这样就得到所有楼层的平层支路结构图。本建筑物所有平层支路结构图如图 4.27 所示，最上面两个支路覆盖两部电梯，分别在 7 楼和 3 楼安装板状定向天线，预设功率为 8 dBm。

5. 确定所有支路的最低功率

依据所有平层支路上最后一个功率分配器件的输入功率要求，以及连接到干线的馈线长度，计算出各平层支路所需要的最低功率。例如，2 层支路最后一个功率分配器件的输入功率要求为 17 dBm，该器件连接到干线还有 12 m 馈线，馈线损耗为 12 m×11 dB/100 m＝1.32 dB，因此该平层支路的最低功率是 17 dBm＋1.32 dB＝18.32 dBm。同理可计算其他平层的最低功率需求，见图 4.28 所示。

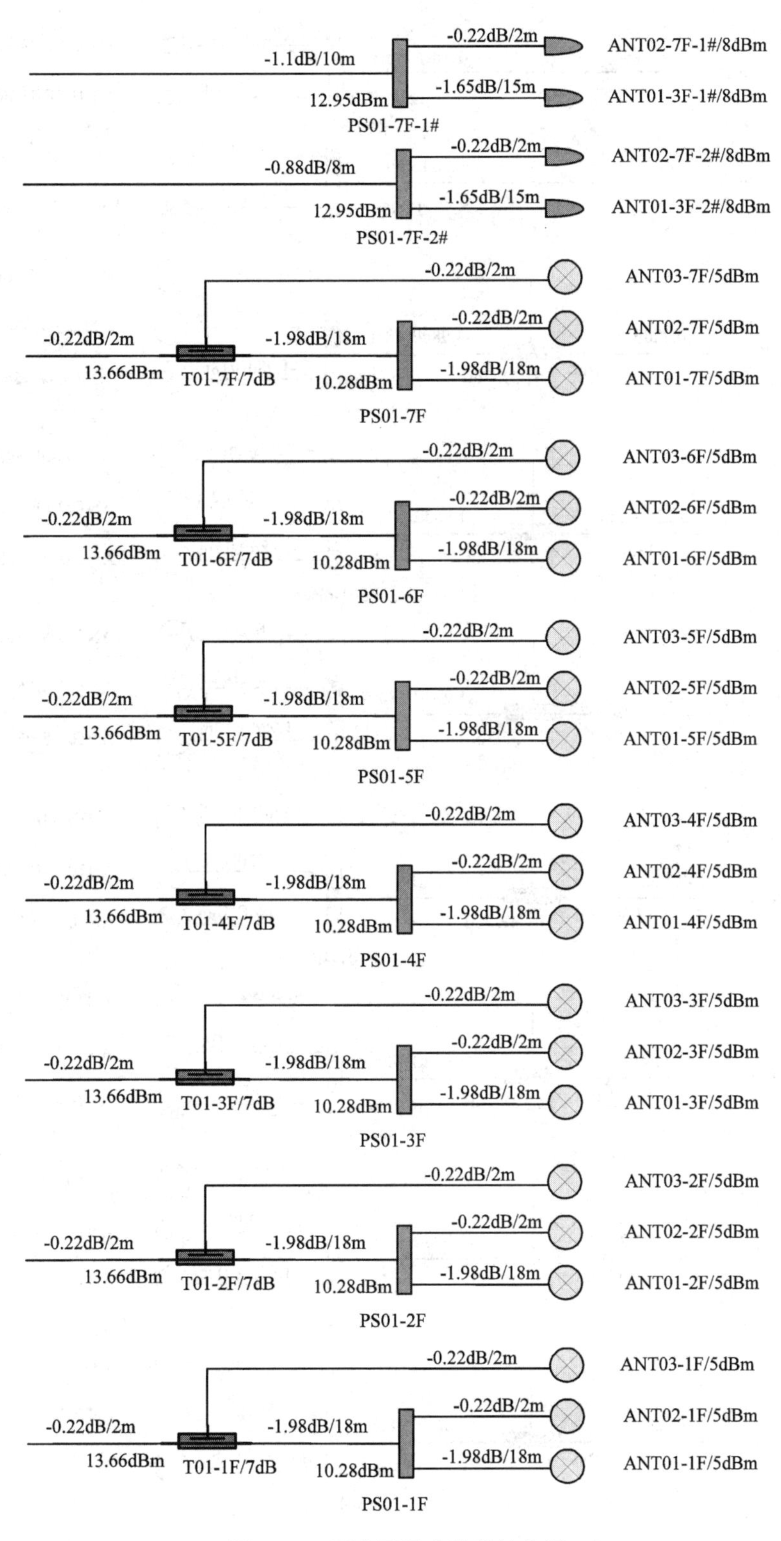

图 4.27　所有平层支路的结构图

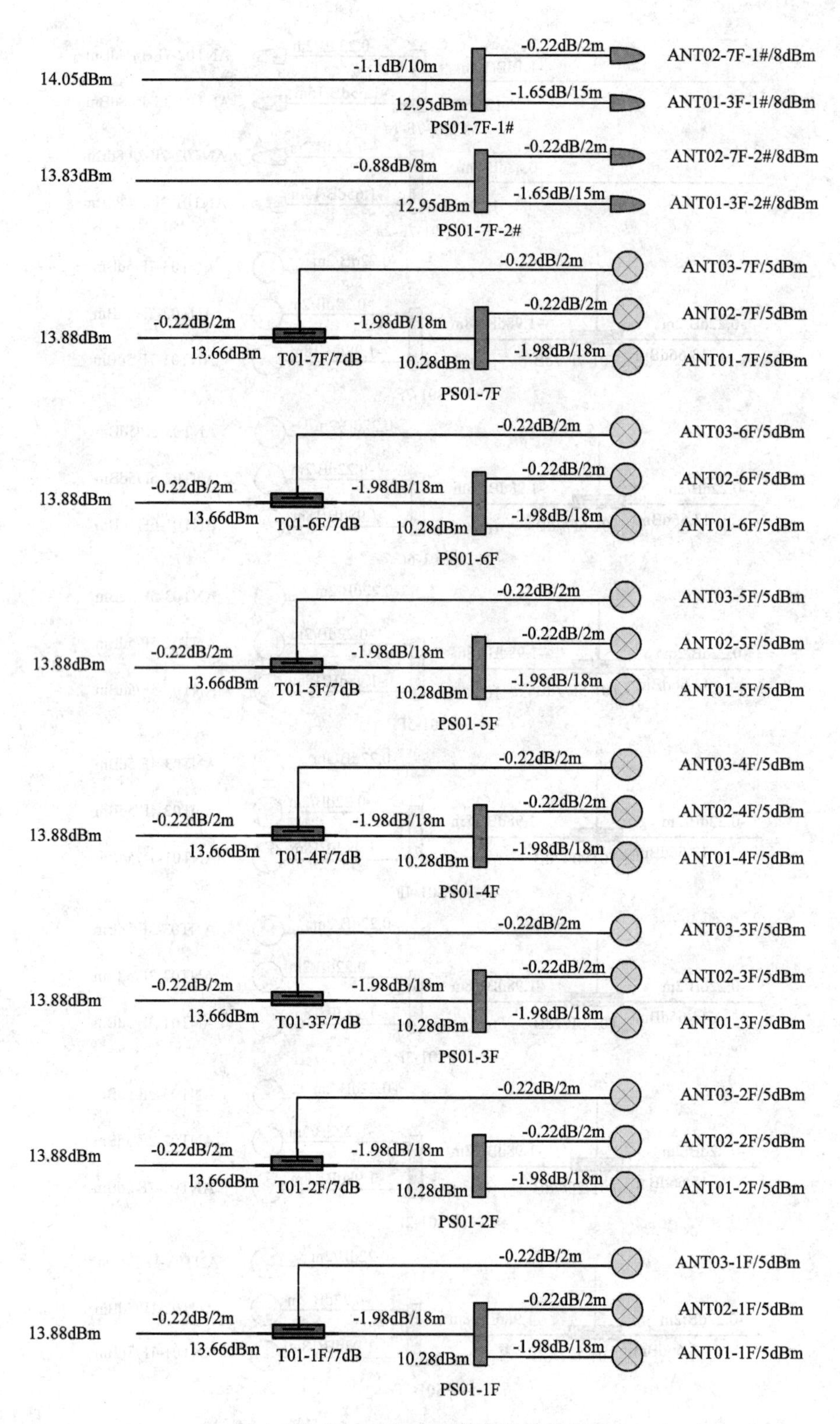

图 4.28　每个平层支路需要的最低功率

6. 相邻支路连接

将相邻支路中功率需求相近的支路采用功分器汇接，可以减少器件串接的层次。采用三功分器或四功分器还可以减少器件使用数量，减少系统故障点，提高系统可靠性。因为楼层支路间需要汇接，功分器一般布放在主干馈线的旁边，布放的楼层位置以馈线最省、衰减均衡为原则：汇接到上一层或下一层的支路馈线要增加层高的长度，普通建筑层高一般是 3 m左右。将功率需求相近的相邻支路采用二功分器和三功分器合并汇接，如图 4.29 所示。

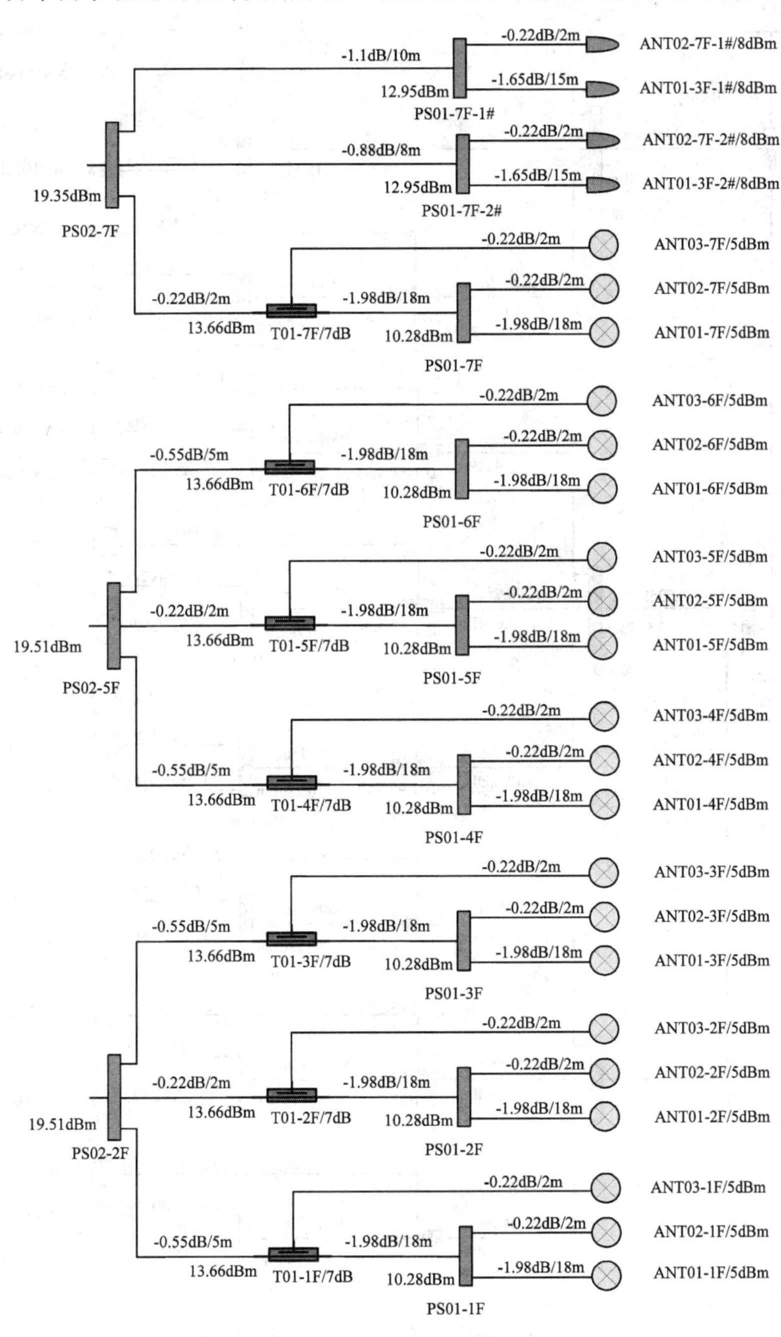

图 4.29　将相邻支路合并连接

7. 支路经干路连接到信源

根据支路功率将所有支路连接至信源并确定信源的功率。主干线功率计算与平层计算方法相同，将平层看成是“负载”或天线，根据各层功率需要选择合适的功率分配器件进行功率分配。结果如图 4.30 所示，当 RRU 输出功率为 26.67 dBm 时，基本可以满足各天线口功率需求(因为功率余量较多，弱电井空间有限，本设计主干馈线采用 1/2″馈线)。

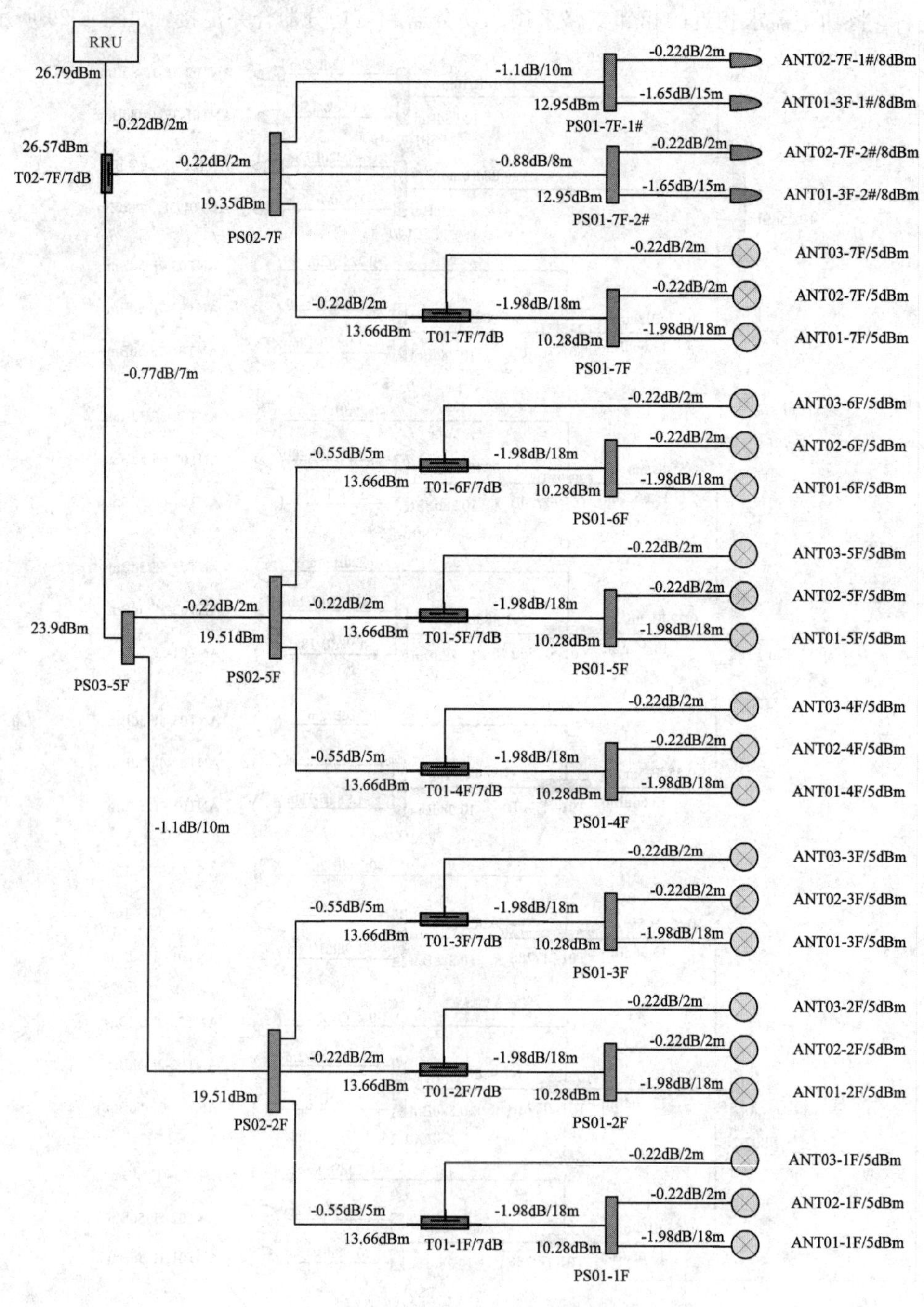

图 4.30　主干连接和推导信源所需功率

8. 重新核算功率

选定信源功率后，进行系统功率的前向核算，确定每个天线的输入功率。信源输出功率取值为 27 dBm，前向核算每个天线口的输出功率，结果表明各天线功率满足覆盖需要，功率大小较为均匀，如图 4.31 所示。

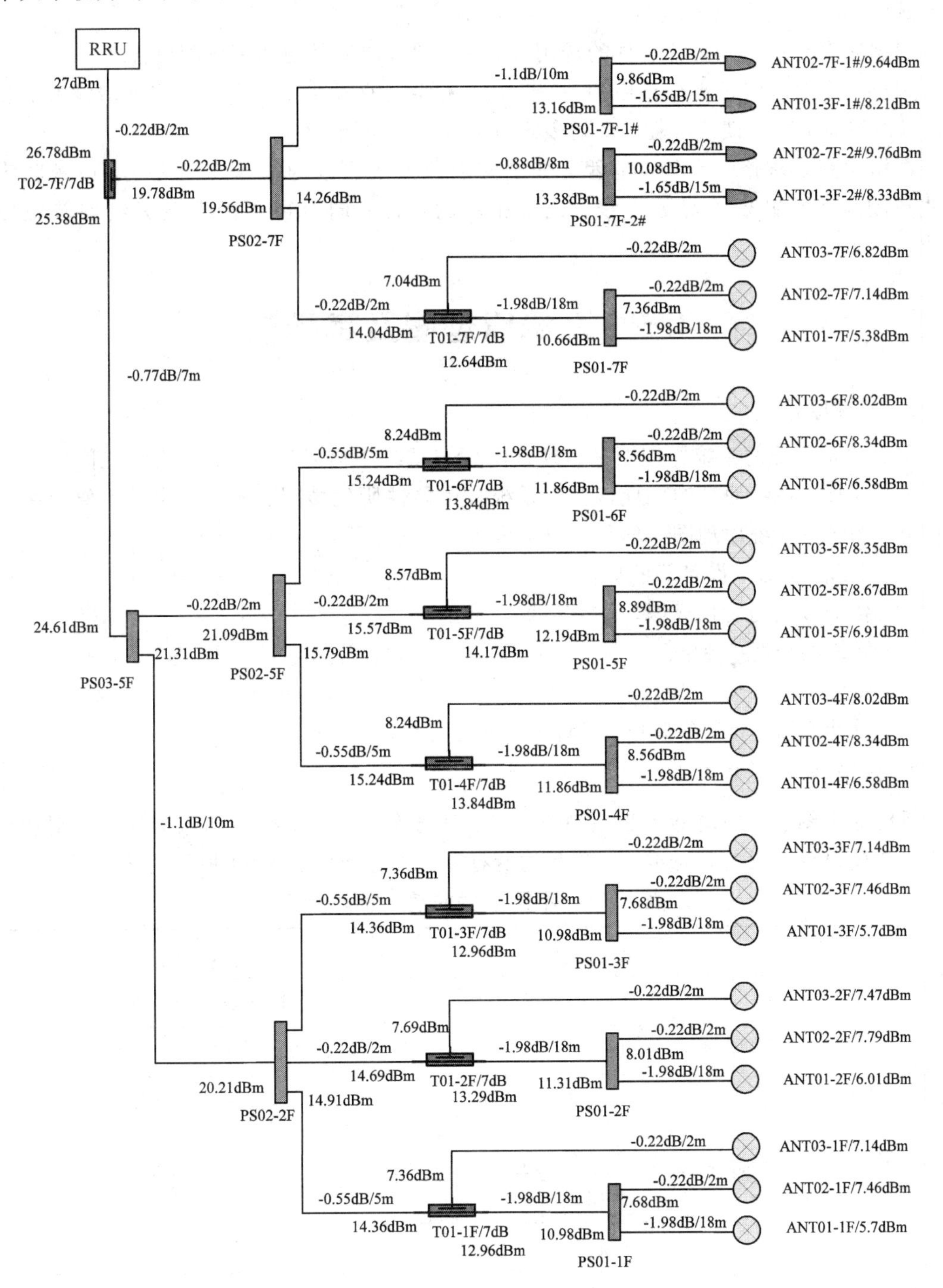

图 4.31　天线口功率前向核算

4.4.10 优化修正

优化修正是室内分布系统设计中不可缺少的步骤。

根据功率修正主设备的选用，如果 WLAN 100 mW 的 AP 能够满足功率要求，则可以将原选的 500 mW AP 设备更改为 100 mW AP 设备。

根据功率要求修正无源器件的选用，如更换耦合器型号使功率分配更合理。

根据功率要求修正走线路由和馈线规格，主要是缩短馈线的长度或将细馈线换成粗馈线，以便整体上减少馈线损耗，将更多的功率传送到天线。

根据功率要求修正天线的选型，如全向吸顶天线更改为板状定向天线，或板状定向天线更改为增益更高的对数天线，或者相反的更改；同时也可能涉及天线安装位置的更改。

4.5 系统原理图及其标识

1. 系统原理图

室内分布系统的系统原理图是体现室内分布系统中信号源、器件、天线之间实际连接关系的逻辑图。系统原理图中应该标出系统各个器件所处楼层、输入输出电平值及系统的连接分布方式。系统原理图一般须有以下内容：

(1) 电缆、天线、设备等的标识。

(2) 各个节点的场强标识。

(3) 馈线的长度、规格。

(4) 图例。

(5) 设计说明，如设计单位、设计人、审批人等。

2. 标识

系统原理图上的所有标识必须规范；在设计方案中，标识必须与原器件一一对应。如果用户或建设单位没有特殊要求，工程的所有标识均应使用表 4.11 所示的统一规范。

表 4.11 不同器件的统一标识规范

种　　类	器　　件	标识方法
无源器件	楼层天线	ANTn—mF/x dBm
	电梯天线	ANTn—mF—a#/x dBm
	功分器	PSn—mF
	耦合器	Tn—mF
	合路器	CBn—mF
	负载	LDn—mF
	衰减器	ATn—mF

续表

种　类	器　件	标识方法
有源分布系统设备	射频有源天线	PTn—mF
	有源功分器	PPSn—mF
	中途放大器	IAn—mF
	末端放大器	EAn—mF
	干线放大器	RPn—mF
	无线直放站	RPn—mF
	主机单元	RPn—mF
光纤分布系统设备	主机单元	HSn—mF
	远端单元	RSn—mF
	光纤有源天线	OTn—mF
	光路功分器	OPSn—mF
馈线	起始端	to—设备编号
	终止端	from—设备编号
光纤	下行输出	Down　To——设备编号
	下行输入	Down From——设备编号
	上行输出	Up　To——设备编号
	上行输入	Up From——设备编号

表 4.11 中，

(1) 器件编号标识：① n 为设备顺序号 01、02、03、…，每层单独编号，编号顺序为距离信号源由近到远；② 在同一工程系统原理图内不得有相同的设备代号；③ m 为设备安装的楼层号：01、02、03、…；④ a 为电梯井编号：01、02、03、…；⑤ x 为天线口输入功率：2.4，3.7，4.1，…，单位为 dBm。

(2) 各节点场强标识：① 功率标识一律采用 dBm 为单位；② 信号源输出、合路器输出、耦合器直通/旁路、功分器输出、天线口均需要标识功率；③ 元器件输出标识功率可按照一个参考系统标识，如 GSM 系统；④ 天线口功率需应用不同颜色标识来区分各系统功率。

(3) 馈线衰耗标注：① 主干线每段均需标注衰耗，衰耗格式为—XX dB/XX m；② 平层主要线缆标注衰耗。

3. 图例

室内分布设计中涉及的图例如表 4.12 所示

表 4.12　室内分布设计中的图例

图　符	说　明	图　符	说　明
微蜂窝 RBS2302	信源		负载
直放站 主机	直放站		耦合器
RRU	RRU		二功分器
	干放		三功分器
	全向吸顶天线		四功分器
	定向板状天线		衰减器
	定向对数天线		八木天线
	定向吸顶天线		电桥
	7/8″馈线		合路器
	1/2″馈线		

4.6　影响室内覆盖效果的因素

室内分布系统的覆盖效果与信号源和信号分布系统的选取、系统设计、设备性能以及施工质量等因素密切相关，而造成覆盖效果差的根本原因还是噪声和干扰的问题。

1. 分布系统的选取问题

对于信号源为室内直放站的室内覆盖系统，不宜选取有源分布系统和光纤分布系统，这主要是考虑到噪声的影响。

如果要求室内覆盖系统的信号覆盖很均匀，那么每个天线口的输出功率就要做到基本一致。这对于无源分布系统来说是很难做到的，比较适宜采用有源分布系统或泄漏电缆分布系统。

对于布线距离很长而且施工难度很大的地方，不宜采用馈线做传输载体，建议采用光纤分布系统。

2. 多系统间的干扰和功率匹配

多系统的宽频室内覆盖方案共用天馈线系统，具有相当灵活的可扩展性。但是在多网合一的室内分布系统设计中，对系统间干扰的分析和抑制至关重要。系统间干扰的主要类型包括发射机杂散、接收机阻塞、互调干扰等。系统间的干扰可通过不同系统的隔离、降低干扰源的发射功率、在发射端和接收端增加滤波器等方法来有效地减少。通常选用能够满足系统间隔离度要求的合路器和滤波器来完成。

另外还需要考虑系统合路的功率匹配问题。此时需要在合路器前端进行信号强度匹配，或采用逐级合路的方式，达到各个系统信号的等效覆盖。

3. 其他因素

1）设备性能的影响

室内覆盖系统中的设备性能指标的好坏对系统的覆盖效果影响很大。如器件特征阻抗变化将影响驻波比变化；合路器端口间的隔离度变化将影响系统间的串扰；发射机或干线放大器的射频性能恶化将会引起更多的干扰，等等。

2）天馈线的布放位置

由于室内信号最终是由天线进行收发的，因此，天线的布放位置和有效输出功率也将直接影响系统的覆盖效果。当需要让一个天线辐射的电磁波限制在特定的空间时，一定要给天线选一个合理的位置，依靠墙体自然阻挡电磁波向不需要的方向辐射；同样，当需要让一个天线辐射的电磁波尽量发散时，一定要给天线选一个合理的位置，使其周围无阻挡。

3）系统设计的影响

系统设计是否合理是影响室内覆盖系统覆盖效果最重要的因素。如馈线干路上直接串接的支路层次过多，造成一旦越靠近信源的串接器件出现故障，后面串接的所有支路无法工作，不能通信的范围越大。再如，天线口设计功率值偏差太大，使系统无法在覆盖区内达到信号强度尽量均匀的目的，造成用户在同一物业的不同覆盖点有不同的用户体验。

4）噪声的影响

噪声是影响系统覆盖效果的重要因素，室分系统设计时必须考虑噪声特别是上行链路的噪声问题。基站接收机底噪抬开，将影响到基站接收灵敏度，恶化信噪比，进而影响上行数据传输速率和通话语言质量。

5）信道相关性的影响

在LTE商用后，为了获得加倍的数据速率，室内信号覆盖开始采用双路分布系统建设。双路分布系统中组成天线阵的两根天线安装位置不理想、间距不够或者两个天线口的功偏差太大，致使两根天线的相关性较高，无法实现双流，从而造成用户数据速率下降。

4.7 设计输出文件

设计阶段的关键输出文件要是设计方案，一般情况下，它所要求的重点内容如下：

(1) 设计方案的概述。简要说明工程采用的覆盖方式、覆盖范围和面积、现有信号的覆盖情况、设计目标等。

(2) 测试工具和测试方法(含拨打方式)的详细说明。

(3) 建筑物环境勘察记录表。

(4) 建筑物信号详细测试记录表。

(5) 室内场强和边缘场强的预测与分析。

(6) 系统可能吸收的最高话务预测。

(7) 设备、器件等选择的思路。简要分析主要设备的选择思路，并列表说明设备和器件的型号、重要技术参数等。

(8) 系统原理图。

(9) 设备、天馈线安装图，并附上局部数码照片，清楚地指导各种设备的安装。

(10) 安装说明。

(11) 设备材料清单及投资预算。

(12) 室外网络优化分析和建议。

(13) 其他附加说明。

思考题

1. 室内分布系统工程选点应遵循什么原则？
2. 现场勘测应该记录哪些内容？
3. 什么是模拟测试？要用到哪些设备？
4. 如何计算室内覆盖半径？
5. 对于较敏感区域，如何进行切换设计？
6. 在没有选位测试的情况下，天线布放应该遵循什么样的方法？
7. 天线按相关原则布放完成后，如何优化调整？
8. 电梯覆盖的方法和注意事项有哪些？
9. 如何理解“小功率，多天线”的室内分布系统设计总体原则？
10. 在设计室内分布系统时，馈线选用应遵循哪些原则？
11. 在设计室内分布系统时，应如何进行功率分配计算？
12. 室内分布系统设计的原理图应包含哪些内容？
13. 系统原理图上的无源器件应如何标识？
14. 在系统原理图上的哪些位置应该标注功率值？
15. 影响室内覆盖效果的因素有哪些？
16. 设计阶段的输出是什么？主要包含哪些内容？

第 5 章　多系统共存设计

5.1　多系统共站独立分布系统

在移动通信发展的早期，每一个移动通信运营商都独立建设室内分布系统，由于各种原因，有时一个运营商在一个物业内也可能建设两套独立的室内分布系统(如 2G 和 3G)，因此在一个物业内就可能出现多系统共站独立分布系统的现象。

多系统共站独立分布系统通常是由不同运营商或同一运营商在不同时间独立设计建设的，好处是各系统相互独立，资产分割管理清楚，但存在如下主要缺点：

(1) 没有设计协同，系统间干扰协调没有最优化。

(2) 天线最优点位有限，先占先得，不同系统间天线间距很难保障，空间隔离度达不到要求。

(3) 密集的天线布放影响物业美观。

(4) 馈线布放带来巨大挑战，施工难度增加。

(5) 投资浪费。

显然，多系统共站独立分布系统的建设方式是弊大于利的。因此当前在新建的移动通信室内分布系统中，已经很少采用这种建设方式了，特别是同一个运营商应绝对避免这种情况的出现。

5.2　多系统共分布系统

当前在建筑物内部存在多运营商、多频段、多制式通信系统重叠覆盖的需求，特别是飞机场、地铁、会展中心、体育场馆等业务高发区，但建筑内的空间资源有限，不可能允许同时引入多套分布系统，所以需要将多种移动通信系统信号引入到一套信号综合分布系统中，也即多系统共分布系统。

多系统共分布系统目前主要有两种基本方式：合路器方式和 POI 方式。

在室内覆盖系统中，多系统合路共分布系统将避免错综复杂的走线和在天花板上安装多个全向天线，避免电梯井道内布放多个板状天线、多根同轴电缆；在地铁隧道覆盖系统中，多系统信号合路可以共用一根泄漏电缆进行传输、覆盖，显著地减小了运营商的投资，降低了施工难度。

要兼容这些不同的通信系统，器件需满足很高的要求，比如无源器件一般要求频率满足 800～2500 MHz，合路器的选择需满足系统间干扰隔离指标要求等。图 5.1 是室内覆盖常用宽频天线在 900MHz 和 2100 MHz 呈现出的不同的方向图。它表明在不同频率上工作的不同系统，即使天线输入功率相同，由于空间路径损耗不同和方向图的变化，该天线的覆盖效果对应于不同的系统是不同的。因此在多系统共分布系统中天线的点位需要统一布设，目前普遍采用多天线、小功率方式来建设。

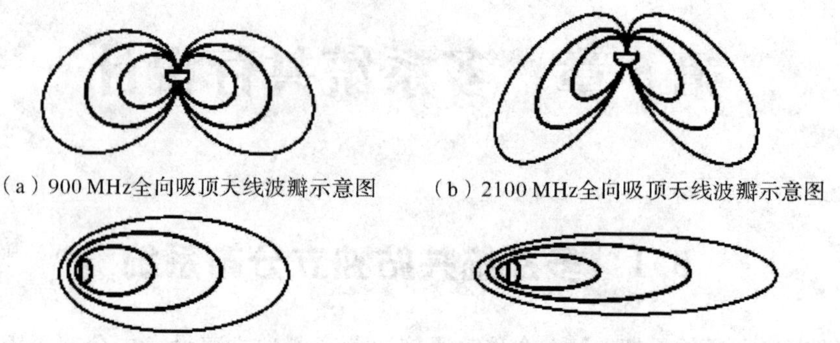

（a）900 MHz全向吸顶天线波瓣示意图　（b）2100 MHz全向吸顶天线波瓣示意图

（c）900 MHz板状定向天线波瓣示意图　（d）2100 MHz板状定向天线波瓣示意图

图 5.1　常见室内天线在不同频率下的方向图

5.2.1　合路器方式

合路器是多系统共用分布系统中最重要的器件，它的作用是将多个不同频段的移动通信系统的无线信号按一定规则组合合路成一路信号，并输出至共用的天馈线分布系统。

依据需要合路的通信系统数量、工作频段差异和合路器的性能，可以采用一级合路设计(见图 5.2)或分级合路设计(见图 5.3)。

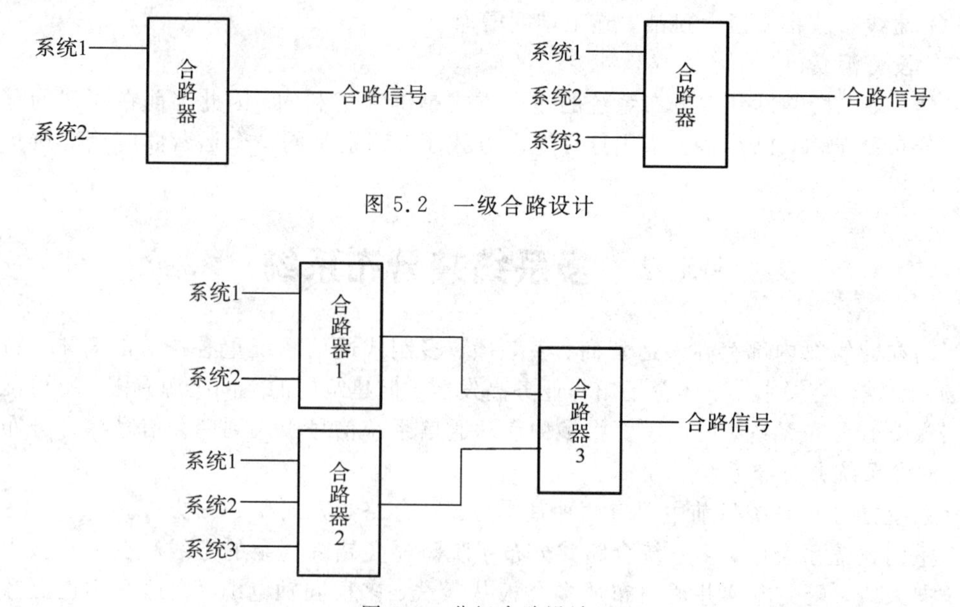

图 5.2　一级合路设计

图 5.3　分级合路设计

随着移动通信系统的不断增多，以及共建共享的要求，更多的通信系统需要合路，特别是对后级合路器的带宽、选频性能、频带隔离、功率容限等提出了更高的要求，如果继续采用合路器多级合路方式设计，必然造成信号在总体上插损增加、通带和带外抑制性能下降，POI 的出现较好地解决了上述问题。

5.2.2　POI 方式

多系统接入平台(POI，point of interface)的作用是将各路通信制式系统的下行信号通过独立的端口接入 POI，经 POI 混合后输出到分布系统中，同时也将来自分布系统混合的各通信制式系统上行信号经 POI 分离后，再分别送到通信制式系统端口。POI 是各通信系统的汇集点，见图 5.4。

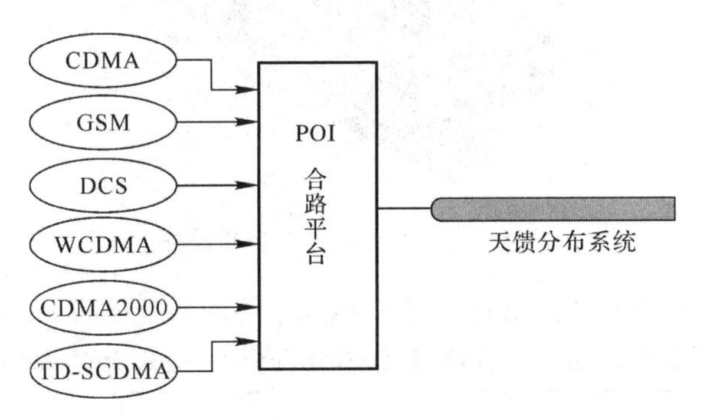

图 5.4　POI 合路方式

POI 多系统接入平台，通过对多频段、多制式无线通信系统的接入及透明传输，实现了多网络共用一套覆盖天馈系统，其最重要的作用在于满足覆盖效果的同时，节省了运营商的投资，避免重复建设。

依据 POI 连接的天馈分布系统的上下行信号是否为独立通道，可将 POI 分布系统分成两类：上下行合一式 POI 系统和上下行独立式 POI 系统。

图 5.4 所示为上下行合一式 POI 系统，这种分布系统的上下行信号通过同一套天馈分布系统，无法避免在高功率下多种系统间的相互干扰，所以只能支持有限的几种系统的合路，适用于普通中、小规模建筑的室内覆盖等项目。上下行合一式 POI 系统是现有单一信号室内分布系统升级时多系统合路的首选方式。在设计上下行合一式 POI 系统前，首先需要根据信源计算是否存在上下行互调干扰，如果存在，则不能采用上下行合一式 POI 系统。

上下行独立式 POI 系统见图 5.5，这种分布系统的上下行信号通过相互独立的两套天馈分布系统分别传送，大大减少了收、发信号间的互调干扰和杂散干扰，所以上下行独立式 POI 系统适合于大范围室内覆盖系统使用，如城市地下铁路、飞机场航站楼、大型会展中心、大型商务商业中心等城市大型建筑室内覆盖项目。图 5.6 所示为某一上下行独立式 POI 设备。

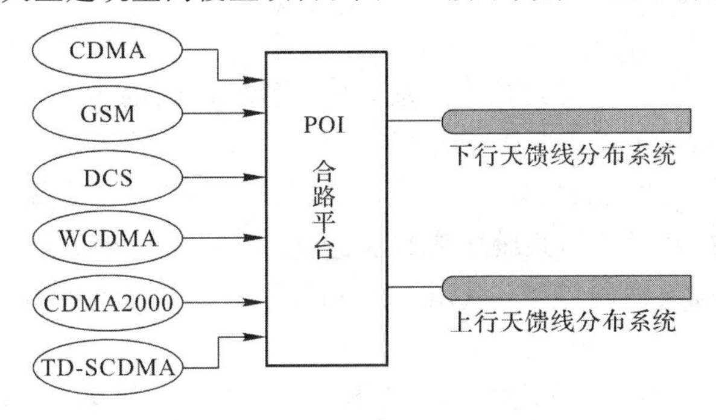

图 5.5　上下行独立式 POI 系统

图 5.6　上下行独立式 POI 设备

上下行合一式 POI 系统和上下行独立式 POI 系统的比较见表 5.1。

表 5.1　上下行合一式 POI 系统和上下行独立式 POI 系统的比较

功能描述	上下行独立式 POI 系统	上下行合一式 POI 系统
隔离度指标	较高	较低
抗多系统干扰能力	较高	较低
支持接入的系统数量	较多	较少
组网方式	较为灵活	不灵活
功率分配	容易控制	不容易控制
上下行链路平衡	容易控制	不容易控制
天馈线系统需求	上下行各需一套	上下行共用一套
施工难度	较高	相对较低
建设成本	较高	相对较低

综上所述，上下行独立式 POI 系统的性能指标要优于上下行合一式 POI 系统，但建设成本及施工难度也相对较高，工程中应根据实际情况选择合适的 POI 类型。在上下行合一式 POI 系统不能满足系统的功能指标需求时，必须采用上下行独立式 POI 系统。

5.2.3　混合方式

在室内多网覆盖工程的方案设计中，为了满足目标区域的覆盖场强要求，需合理地分配各通信系统的天线口输入功率。由于各通信系统的发射功率不同，不同频段信号的馈线传输损耗不同(高频信号的传输损耗远大于低频信号)，为了保证末端天线口输入功率的要求，不同的通信系统在共存分布系统中应具有最优的合路点。单纯的合路器方式和 POI 方式不能很好地满足工程实践的需要，采用 POI 和合路器相结合的混合方式可以很好地解决上述问题。

混合方式见图 5.7，本图中采用三级合路模式。容量大、功率大、频段低的移动通信系统适合在前端采用 POI 合路；容量和功率适中且频段较高的移动通信系统适合在中段采用合路器合路；而容量功率有限且频段高的通信系统宜在末端采用合路器合路，如 WLAN AP 一般应在末端覆盖点进行合理或者直接布放。依据通信系统的频段特性和发射功率，CDMA、GSM、DCS1800、WCDMA、CDMA2000 通信系统较宜采用前端合路；TD-SCDMA、LTE 通信系统较宜采用中段合路；而 WLAN 通常采用末端合路。

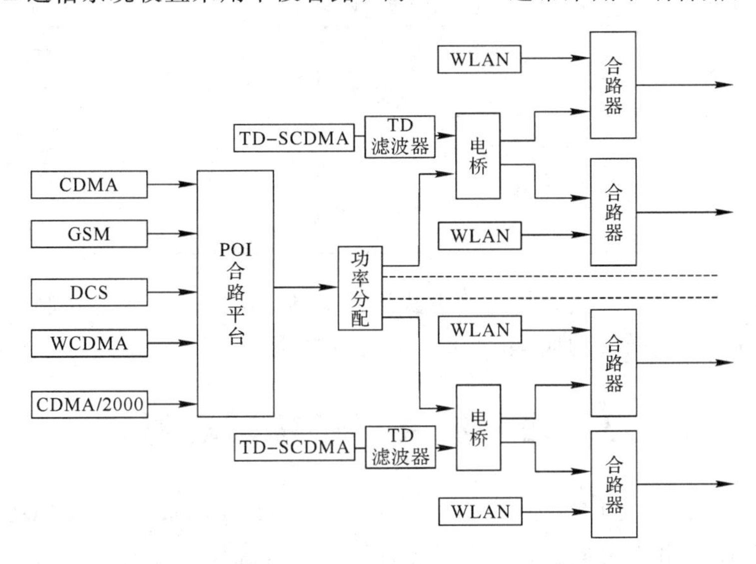

图 5.7　三级混合式多系统共室内分布系统

三级混合方式较适用于大范围的覆盖项目，其设计原则是因为 TD－SCDMA 等系统的 RRU 输出功率小，系统频段高馈线损耗大，末端天线输出功率要求到达 5～10 dBm，相对覆盖面积只有其他系统的 1/2 到 1/3，所以要合理搭配系统的功率分配，由多个 TD-SCDMA 系统 RRU 提供所需功率。这种方式的优点是组网更加灵活，更加通用，扩大了覆盖范围的同时也降低了成本。

如果是覆盖范围较小的项目，也可采用两级混合方式，见图 5.8。两级混合方式的设计原则是优先满足 TD-SCDMA 网络覆盖指标的要求，在满足了 TD-SCDMA 覆盖要求的同时也能满足其他网络的覆盖要求。其特点是集成性和一体化好，便于安装维护。缺点是覆盖区域受 TD-SCDMA 系统制约，覆盖区域较小，同时造成其他系统功率过强，难以分配。各系统可通过方案设计控制系统功率，防止越区覆盖。

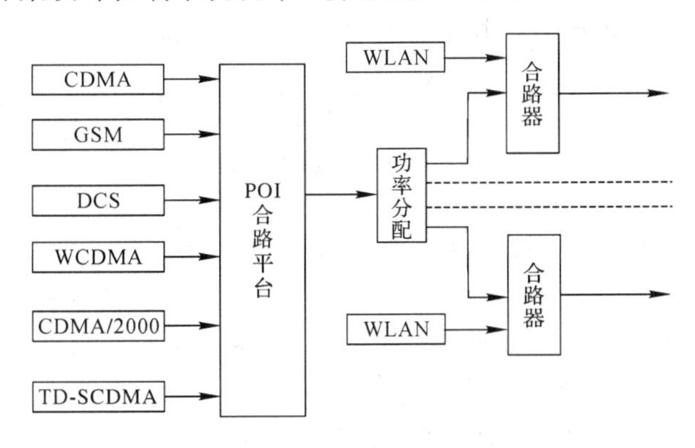

图 5.8　二级混合式多系统共室内分布系统

三级混合方式系统与二级混合方式系统的比较见表5.2。

表5.2　三级混合方式系统与二级混合方式系统的比较

功能描述	三级混合方式系统	二级混合方式系统
适用范围	大范围覆盖区域	较小覆盖区域
组网方式	灵活	不灵活
功率分配	容易控制	不容易控制
施工难度	较高	相对较低
维护难度	较高	相对较低
建设成本	略低	相对较高

综上所述，三级混合方式系统组网方式更加灵活，功率分配容易控制，能避免有些通信系统的功率浪费，有效节约成本，是大范围区域覆盖项目的首选。

5.3　多系统共存干扰隔离要求

GSM900、CDMA800、DCS1800、TD－SCDMA/LTE、WCDMA、CDMA2000、WLAN等共用一个分布系统，相互之间会产生干扰。各系统的有源设备在发射有用信号的同时，在它的工作频带外还会产生杂散、谐波、互调等无用信号，这些信号落到其他系统的工作频带内，就会对其他系统形成干扰。

系统间的干扰主要分为以下三类：杂散干扰、互调干扰和阻塞干扰。

干扰的引入势必会导致接收机灵敏度的下降，为了保证有较好的系统性能，接收机侧的三种干扰必须避免或最小化，也就是说必须保证两个同址基站的天线有较好的隔离度。

一般来说，工程上对以上三种干扰应遵守以下准则：

(1) 被干扰基站从干扰基站接收到的杂散辐射信号强度应比它的接收噪声底限低10dB。假设被干扰基站的接收噪声底限为N_B(dBm)，干扰基站的杂散辐射在被干扰基站的接收机处引入的噪声功率为N_I(dBm)，则由被干扰基站自身的噪声和杂散干扰引入的噪声累计后的噪声功率为

$$P_{Total}=P_B+P_I=10^{N_B/10}+10^{N_I/10} \tag{5.1}$$

当$N_I=N_B-10$时，由被干扰基站引入的噪声恶化量为

$$10\lg(P_{Total}/P_B)=10\lg\frac{10^{N_B/10}+10^{(N_B-10)10}}{10^{N_B/10}}=0.41\ (\text{dB})$$

0.41 dB的噪声恶化量不会对基站带来明显的影响，因此杂散辐射信号强度应比它的接收噪声底限低10 dB。

(2) 在被干扰基站生成的三阶互调干扰(IMP_3)电平应比接收机噪声底限低10 dB，原因与第一条准则相同。

(3) 受干扰站从干扰站接收到的总载波功率应比接收机的1 dB压缩点低5 dB，这主要是因为工程上为了避免放大器工作在非线性区，常把工作点从1 dB压缩点回退5 dB。

如果系统间的隔离度能够满足以上准则，受干扰系统的接收机的灵敏度将只下降0.5 dB左右，这对于绝大多数通信系统来说都是可以接受的。

5.3.1　杂散干扰隔离度

杂散干扰就是一个系统的发射频段外的杂散发射落入到了另一个系统的工作频段中而可能造成的干扰，杂散干扰对系统最直接的一个影响就是降低了系统的接收灵敏度。3GPP对系统共存干扰的确定性分析采用的准则是灵敏度恶化指标，通常取定为 0.8 dB(FDD)和3 dB(TDD)。在实际的网络工程建设中，大量场景特别是在市区环境下可以适当放宽对隔离度的要求。

系统间最小隔离度(单位为 dB)的计算公式如下：

$$\mathrm{MCL}_{\mathrm{spu}} \geqslant P_{\mathrm{spu}} - P_{\mathrm{n}} \tag{5.2}$$

其中，P_{spu}为干扰基站发射的杂散信号功率(dBm)，P_{n} 为受干扰系统的接收带内上允许的噪声电平(dBm)。

各系统有源设备的杂散辐射需满足表 5.3 所示的规范要求。

表 5.3　各系统有源设备的杂散辐射要求

系统名称	频率/MHz	杂散发射指标	系统上行接收机噪声电平
GSM900	1940～1955	−29 dBm/3.84 MHz	−113dBm/200 kHz
	1710～1785	−47 dBm/100 kHz	
	1900～1920、2010～2025	−96 dBm/100 kHz	
	其他	−36 dBm/100 kHz	
DCS1800	1940～1955	−29 dBm/3.84 MHz	−113 dBm/200 kHz
	880～915	−57 dBm/100 kHz	
	其他	−36 dBm/100 kHz	
CDMA800	1800～1920	−47 dBm/100 kHz	−108 dBm/1.23 MHz
	1940～1955	−24 dBm/3.84 MHz	
	885～915	−67 dBm/100 kHz	
	930～960	−67 dBm/100 kHz	
	30 MHz～1 GHz	−36 dBm/100 kHz	
WCDMA	1900～1920	−86 dBm/1 MHz	−105 dBm/3.84 MHz
	876～915	−98 dBm/100 kHz	
	1710～1785	−98 dBm/100 kHz	
	930～960	−16 dBm/1 MHz	
	1805～1850	−16 dBm/1 MHz	
	825～840	−98 dBm/100 kHz	
	2010～2025	−86 dBm/1 MHz	
	30 MHz～1 GHz	−13 dBm/100 kHz	
TD-SCDMA	30 MHz～1 GHz	−36 dBm/100 kHz	−108 dBm/1.6 MHz
	其他	−30 dBm/1 MHz	
WLAN	9 kHz～1 GHz	≤−36 dBm/100 kHz	<−95 dBm/22 MHz
	(1920～1980 MHz)	≤−40 dBm/1 MHz	
	其他	≤−30 dBm/1 MHz	

例 5.1 A 系统 GSM900 在频率 1940～1955 MHz 的杂散辐射功率为－29 dBm/3.84 MHz，频率 1940～1955 MHz 正好是 B 系统 WCDMA 的工作频段，其接收机允许的噪声电平为－105 dBm/3.84 MHz，注入裕量取 6，求所需要的杂散隔离度。

解　　需要的杂散隔离度＝－29－(－105)＋6＝82 (dB)

例 5.2 A 系统 GSM900 在频率 1710～1785 MHz 的杂散辐射功率为－47 dBm/100 kHz，频率 1710～1785 MHz 正好是 B 系统 DCS 的工作频段，其接收机允许的噪声电平为－113 dBm/200 kHz，注入裕量取 6，求所需要的杂散隔离度。

解

$$-47\ \text{dBm}/100\ \text{kHz} = -44\ \text{dBm}/200\ \text{kHz}$$

所以

需要的杂散隔离度＝－44－(－113)＋6＝75 (dB)

例 5.3 B 系统 WCDMA 在频率 930～960 MHz 的杂散辐射功率为－16 dBm/1 MHz，频率 930～960 MHz 正好是 A 系统 GSM 的工作频段，其接收机允许的噪声电平为－113 dBm/200 kHz，注入裕量取 6，求所需要的杂散隔离度。

解　　需要的杂散隔离度＝－16－(－113)＋6＝82 (dB)

例 5.4 TD－SCDMA 系统对 GSM900 的接收频带内有杂散干扰，求隔离度的要求。

解 目前 GSM 基站接收机的噪声系数 NF 都能做到 5 dB，接收机的天线口的等效底噪为

$$-174+10\lg(f)+NF=-174+10\lg(200\times1000)+5=-116\ \text{dBm}/200\ \text{kHz}$$

为了将 TD－SCDMA 杂散辐射对 GSM900/DCS1800 灵敏度的影响降低到一定的程度，一般要求落入 GSM900/DCS1800 接收机的杂散必须小于接收机底噪 10 dB，即

$$-116-10=-126\ \text{dBm}/200\ \text{kHz}$$

TD－SCDMA 规范 YD/T－1356－2006《2 GHz TD－SCDMA 数字蜂窝移动通信网无线接入子系统设备技术要求》对 TD－SCDMA 与 GSM900、DCS1800 系统共址的杂散辐射功率要求见表 5.4，设备的杂散辐射功率不能超出这个要求。

表 5.4 多系统共址的杂散辐射功率要求

频　带	最大电平	测量带宽
876～915 MHz	－98 dBm	100 kHz
1710～1785 MHz	－98 dBm	100 kHz

在 TD 与 GSM900/DCS1800 共址的情况下，TD－SCDMA 在此频段带外杂散应不超过－95 dBm/200 kHz(－98 dBm/100 kHz)，所以需要天线隔离度为

$$-95-(-126)=31\ \text{dB}$$

5.3.2 互调干扰隔离度

互调干扰产生于器件的非线性度，是干扰信号满足一定关系时，由于接收机的非线性而互调出的与接收信号同频的干扰信号。它的影响和杂散辐射一样，提高了接收机的基底噪声，降低了接收机的灵敏度。由两个相同强度的载波产生的三阶互调干扰可表示如下：

$$\text{IMP}_3=3P_{\text{in}}-2T_{\text{oi}} \tag{5.3}$$

其中，IMP_3 为三阶互调，单位为 dB；P_{in} 为被干扰基站接收机输入端的干扰载波电平(dBm)；T_{oi} 为接收机输入端定义的三阶互调截止点(dBm)，与接收机本身的特性有关。因此为了尽量减小三阶互调干扰，应降低 T_{oi}。

$$P_{in}=C_A-E_{IMP_3}-LR_B \tag{5.4}$$

其中，C_A 为干扰基站天线连接处的最大载波发射功率(dBm)；LR_B 为被干扰基站的接收滤波器在干扰基站发射带宽内的衰减(dB)；E_{IMP_3} 为天线隔离度(dB)。天线隔离度指的是同址基站天线间的路径损耗，即从干扰基站发信输出端口到被干扰基站收信输入端口的路径损耗，它体现了空间传输损耗和两个基站有效天线增益(减去电缆损失)的综合作用。

所以当允许的三阶互调干扰一定时，隔离度由下式决定：

$$E_{IMP_3}=C_A-LR_B-\frac{IMP_3+2T_{oi}}{3} \tag{5.5}$$

在合路系统里主要关注无源器件的互调干扰，即合路器产生的互调干扰。如果互调产物落在其中某一个系统的上行接收频段内，那么会对该系统基站的接收灵敏度造成一定的影响。

无源器件的互调干扰的定义是：射频电流流经不同金属器件的接触点，特别是压力接触点(如两金属器件靠螺丝固定)时而产生的互调信号造成的干扰。

两个功率相等、适当类型的调制信号进入合路器输入端，由合路器的非线性引起互调信号电平，其中一个信号电平与互调产生的信号电平之比称为互调抑制比。多系统合路较突出的互调产物主要为二阶互调产物(FIM_2)和三阶互调产物(FIM_3)。

合路系统互调隔离度的计算公式为

$$MCL_{im}=\max(P_1, P_2)-l-P_n \tag{5.6}$$

其中，P_1、P_2 为干扰系统功率，l 为合路器互调抑制比，P_n 为受干扰系统的接收带内允许的噪声电平。

这里计算的互调隔离度是按最大的干扰信号进行计算的，实际上的互调信号电平都不大于这个值。

减少互调干扰可以采取如下措施：

(1) 采用合理的频率分配方案——无互调的信道组。

(2) 合理调整干扰系统发射机的输出信号功率。

(3) 增加干扰系统发射机和被干扰系统接收机之间的隔离度——采用收发分开的天馈系统，通过信号的空中链路衰减增加隔离度。

目前合路器的三阶互调抑制一般不小于 120 dBc，均可以满足系统指标的要求，不会对系统形成干扰。

5.3.3　阻塞干扰隔离度

阻塞干扰是指接收信号时，接收到了接收频带附近、高频回路带内的强干扰信号，超出了接收机的线性范围，导致接收机因饱和而无法工作。在计算阻塞干扰隔离度时，通常考虑接收机输入的强干扰信号的功率不应超过系统指标要求的阻塞电平，使系统可以可靠工作。各系统阻塞干扰指标如表 5.5 所示。

表 5.5 各系统阻塞干扰指标

<table>
<tr><th rowspan="2">系 统</th><th colspan="2">干扰信号</th><th rowspan="2">有用信号电平</th></tr>
<tr><th>干扰信号中心频率</th><th>容许阻塞信号电平</th></tr>
<tr><td rowspan="4">TD-SCDMA</td><td>1～1880 MHz</td><td rowspan="3">−15 dBm/1.6 MHz</td><td rowspan="4">−104 dBm/1.6 MHz</td></tr>
<tr><td>1980～1990 MHz</td></tr>
<tr><td>2045～12 750 MHz</td></tr>
<tr><td>其他</td><td>−40 dBm/1.6 MHz</td></tr>
<tr><td rowspan="2">GSM900</td><td>870～925 MHz</td><td>−13 dBm/200 kHz</td><td rowspan="4">−110 dBm/200 kHz</td></tr>
<tr><td>带外</td><td>8 dBm/200 kHz</td></tr>
<tr><td rowspan="2">DCS1800</td><td>带内</td><td>−35 dBm/200 kHz</td></tr>
<tr><td>带外</td><td>0 dBm/200 kHz</td></tr>
<tr><td rowspan="4">WCDMA</td><td>804～869 MHz</td><td>−40 dBm/3.84 MHz</td><td rowspan="4">−115 dBm/3.84 MHz</td></tr>
<tr><td>1710～1785 MHz</td><td>−40 dBm/3.84 MHz</td></tr>
<tr><td>869～12 750 MHz</td><td>−15 dBm/3.84 MHz</td></tr>
<tr><td>其他</td><td>−40 dBm/3.84 MHz</td></tr>
</table>

为了防止接收机过载，从干扰基站接收到的总的载波功率电平需要低于它的 1 dB 压缩点。在进行多系统共室分布设计时，只要保证到达接收机输入端的强干扰信号功率不超过系统指标要求的阻塞电平，系统就可以正常地工作。

阻塞干扰隔离度的计算方法如下：

$$MCL_{blocking} \geqslant P_o - P_b \tag{5.7}$$

其中，P_o 为干扰发射机的输出功率，P_b 为接收机的阻塞电平指标(与频率大小相关)。

在分析阻塞干扰时，主要考虑发射机(包括基站和直放站)发射的信号对接收机的干扰，而发射机产生的杂散信号主要通过落入接收机的工作信道对接收机产生干扰。各系统间阻塞隔离度的要求见表 5.6。

表 5.6 各系统间阻塞隔离度要求

干扰系统	频率/MHz	干扰基站输出功率/dBm	被干扰基站阻塞指标/dBm	隔离度求/dB
GSM900(被阻塞系统)				
TD-SCDMA	2010～2025	33/1.6 MHz	8～200 kHz	25
DCS1800	1710～1850	43/200 kHz	8～200 kHz	35
CDMA800	825～835/870～880	33/1.23 MHz	−13～200 kHz	53
WCDMA	1940～1955/2130～2145	43/3.84 MHz	8～200 kHz	32

续表

干扰系统	频率/MHz	干扰基站输出功率/dBm	被干扰基站阻塞指标/dBm	隔离度求/dB
TD-SCDMA(被阻塞系统)				
GSM900	885～915/930～960	43	−15	58
DCS1800	1710～1850	43	−40	83
CDMA800	825～835/870～880	33	−15	55
WCDMA	1940～1955/2130～2145	32	−15	55
DCS1800(被阻塞系统)				
GSM900	885～915/930～960	43	0	43
TD-SCDMA	2010～2025	30	0	33
CDMA800	825～835/870～880	33	0	40
WCDMA	1940～1955/2130～2145	32	0	40
WCDMA(被阻塞系统)				
GSM900	885～915/930～960	43	−15	58
DCS1800	1710～1850	43	−40	83
CDMA800	825～835/870～880	33	−40	80
TD-SCDMA	2010～2025	30	−40	73

阻塞干扰通过收发信号空间隔离即可避免，具体方法如下：将馈线做成单收单发，基站发射天线发出的信号经过一定的空间衰耗后到达基站接收天线，从而避免阻塞干扰。另外，也可在接收端加装滤波器来增加电路隔离。

在实际设计中，要取杂散干扰隔离度、互调干扰隔离度、阻塞干扰隔离度三者中要求的最大值作为整个系统的最小隔离度要求。

5.4　系统间隔离措施

要实现系统间隔离度要求，一般有三种方法：

(1) 收信机或发信机加装带外抑制滤波器，对带外发射或带外接收信号进一步衰减。

(2) 选用的器件要满足隔离度要求，特别是合路器要满足系统间隔离度要求。

(3) 提高系统收发天线间的空间隔离度，或 FDD 系统上下行信号采用独立通道。

5.4.1　空间隔离度的计算

空间隔离本质上是由相互干扰的两个系统的收发天线间的空间路径损耗和电磁耦合损耗(主要指波瓣辐射方向的相对性)形成的。根据天线间相对位置的不同，空间隔离通常有三种方法：水平隔离、垂直隔离和组合梯形隔离。

水平隔离是指相互干扰的两个系统收发天线在同一个水平面上；垂直隔离是指相互干扰的两个系统收发天线在同一条垂线上；相互干扰的两个系统收发天线既不在同一个水平面上，腭裂也不在同一条垂线上，则成为组合梯形隔离。

1. 水平隔离

空间水平隔离度的计算公式如下：

$$\mathrm{MCL_{ih}(dB)} = 22 + 20\lg\left(\frac{d_h}{l}\right) - G_{Tx} - G_{Rx} + \mathrm{SL}_{Tx} + \mathrm{SL}_{Rx} + L_{Tx} + L_{Rx} \tag{5.8}$$

其中，G_{Tx}为发射天线的增益，G_{Rx}为接收天线的增益，单位均为 dB；d_h 为天线水平方向的间距，单位为 m；λ 为载波波长，单位为 m；SL_{Tx}为发射天线在信号辐射方向上相对于最大增益的附加损耗，SL_{Rx}为接收天线在信号辐射方向上相对于最大增益的附加损耗，单位均为 dB；L_{Tx}为发射端线路等损耗，L_{Rx}为接收端线路等损耗，单位均为 dB。

2. 垂直隔离

空间垂直隔离度的计算公式如下：

$$\mathrm{MCL_{iv}(dB)} = 28 + 40\lg\left(\frac{d_v}{\lambda}\right) + L_{Tx} + L_{Rx} \tag{5.9}$$

其中，d_v 为天线在垂直方向上的间距，单位为 m；λ 为载波波长，单位为 m；L_{Tx}为发射端线路等损耗；L_{Rx}为接收端线路等损耗。

3. 组合梯形隔离

当两个系统的天线在水平和垂直方向都有一定的距离时，总的隔离度为

$$\mathrm{MCL_{id}} = \mathrm{MCL_{ih}} + (\mathrm{MCL_{iv}} - \mathrm{MCL_{ih}})\left(\frac{\arctan(d_v/d_h)}{\pi/2}\right) \tag{5.10}$$

5.4.2 室内分布系统间隔离度的计算

多系统独立室内分布系统和多系统合路上下行独立室内分布系统中，同一楼层的天线一般可以看做布置在同一个水平面上，为简化处理，假设两系统的天线主瓣方向相对，则系统间隔离度的计算方法如下：

$$\mathrm{MCL(dB)} = L_{TR} + L_{Tx} + L_{Rx} - G_{Tx} - G_{Rx} \tag{5.11}$$

其中，L_{TR}为收发天线的空间传播损耗，L_{Tx}为发射端线路等损耗；L_{Rx}为接收端线路等损耗，G_{Tx}为发射天线的增益，G_{Rx}为接收天线的增益。

以 GSM 系统(发)对 DCS 系统(收)的隔离度计算为例：

发射端线路等损耗＝43(GSM 基站输出功率)－10(GSM 天线入口功率)
＝33 (dB)；

发射端线路等损耗＝43(DCS 基站输出功率)－7(DCS 天线入口功率)
＝36 (dB)

因考虑到上下行链路平衡因素，则为 DCS 接收端线路等损耗近似等于 DCS 发射端线路等损耗接收损耗，即 36 dB。

发射天线与接收天线增益为 2dBi，设收发天线的空间传播损耗为 X dB，则

$$
\begin{aligned}
\text{MCL(系统间隔离度)} &= 33\text{(发射端线路等损耗)} + 36\text{(接收端线路等损耗)} \\
&\quad + X\text{(收发天线空间隔离度)} - 2\text{(发射天线增益)} \\
&\quad - 2\text{(接收天线增益)} \\
&= 65 + X
\end{aligned}
$$

采用水平隔离传播损耗公式可以确定 X 值，从而确定多系统独立室内分布系统中不同系统或多系统合路上下行独立室内分布系统中上下行天线的空间隔离度。

一般收发天线的空间传播损耗为 25 dB 时，都能满足多网络合路系统上下行天线间的空间隔离度要求，即两吸顶天线的水平安装距离大于 0.5 m 就能满足需求。实际工程中，我们常常需要保证上下行天线间的距离大于 1 m。当两天线距离大于 1 m 时，能提供 30 dB (800 MHz 频段以上)以上的空间隔离度，能很好地满足多系统合路干扰隔离的要求。

思考题

1. 多系统共站独立分布系统的主要缺点有哪些？
2. 比较上下行合一式 POI 系统和上下行独立式 POI 系统各自的特点。
3. 为什么要采用 POI 和合路器组合的混合式多系统共室内分布系统？
4. 多系统共存时应该注意哪些干扰？
5. 什么是互调抑制比？
6. 什么是无源器件的互调干扰？
7. 要实现系统间隔离度要求，主要有哪些方法？

第6章　MIMO 技术及室内实现

6.1　MIMO 技术概述

MIMO(Multiple - Input Multiple - Output)技术大致可以分为两类：分集和空间复用。分集技术最早是由 Marconi 在 1908 年提出的，他利用多天线来增加分集度从而抑制信道衰落。空间复用技术是 20 世纪 90 年代由贝尔实验室的 Telestar 和 Foschini 等人首先提出的，他们对 MIMO 系统的空间复用信道容量进行了深入分析，并提出了贝尔实验室分层空时算法(BLAST)，从此使得对 MIMO 技术的研究迅速成为无线通信领域的研究热点。

MIMO 技术(空间复用)利用无线信道的多径传播，因势利导，开发空间资源，建立空间并行传输通道，在不增加带宽和发射功率的情况下，成倍提高无线通信的质量与数据速率。从理论上可以证明，如果在发射端和接收端同时使用多天线，那么这种 MIMO 系统的内在信道并行性必将提高整个系统的容量。

如果接收端可以准确地估计信道信息，并保证不同发射接收天线对之间的衰落相互独立，对于一个拥有 n 个发射天线和 m 个接收天线的系统，能达到的信道容量随着 $\min(n, m)$的增加而线性增加。也就是说，在其他条件都相同的前提下，多天线系统的容量是单天线系统的 $\min(n, m)$倍。因此，多天线信道容量理论的提出无疑给解决高速无线通信问题开辟了一条新的思路。

MIMO 技术被认为是未来移动通信与个人通信系统实现高速率数据传输，提高传输质量的重要途径。目前在理论和实践上，MIMO 技术都已日渐成熟并被引入 3G 系统(HSPA+)、LTE、4G 系统、IEEE 802.16 和 IEEE802.16e 协议和无线局域网 IEEE 802.11n 协议等标准中。

6.2　MIMO 技术原理

传统的多天线被用来增加分集度从而克服信道衰落。具有相同信息的信号通过不同的路径被发送出去，在接收机端可以获得数据符号的多个独立衰落的复制品，从而获得更高的接收可靠性。

举例来说，在慢瑞利衰落信道中，使用 1 根发射天线 n 根接收天线，发送信号通过 n 个不同的路径。如果各个天线之间的衰落是独立的，可以获得最大的接收分集增益为 n。对于发射分集技术来说，同样是利用多条路径的增益来提高系统的可靠性。

图 6.1 所示为 MIMO 技术原理。在一个具有 n 根发射天线、m 根接收天线的系统中，如果天线对之间的路径增益是独立均匀分布的瑞利衰落，那么可以产生多个并行的 MIMO

子信道。如果在这些并行的子信道上传输不同的信息流，可以提高传输数据速率，这被称为空间复用。

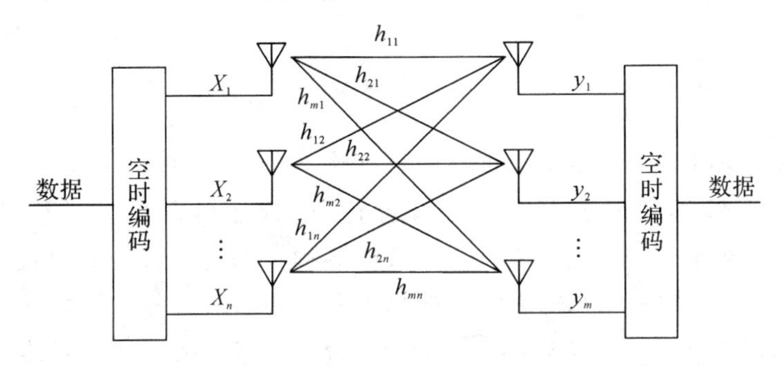

图 6.1　MIMO 技术原理

假定发送端存在 n 个发送天线，接收端有 m 个接收天线，则在收发天线之间形成如下的 $n\times m$ 信道矩阵 $\boldsymbol{H}$：

$$\boldsymbol{H}=\begin{pmatrix} h_{11} & h_{12} & \cdots & h_{1n} \\ h_{21} & h_{22} & \cdots & h_{2n} \\ \vdots & \vdots & & \vdots \\ h_{m1} & h_{m2} & \cdots & h_{mn} \end{pmatrix} \tag{6.1}$$

其中，$\boldsymbol{H}$ 的元素 h_{ij} 是任意一对收发天线之间的子信道。

设发送信号为

$$\boldsymbol{X}=\begin{pmatrix} x_1 \\ x_2 \\ \vdots \\ x_n \end{pmatrix} \tag{6.2}$$

则接收信号为

$$\boldsymbol{Y}=\begin{pmatrix} y_1 \\ y_2 \\ \vdots \\ y_m \end{pmatrix}=\boldsymbol{HX} \tag{6.3}$$

因此，在接收端依据式(6.4)就可以求出发送端发送的多个信号，即实现了空间并行发送。

$$\boldsymbol{X}=\boldsymbol{H}^{-1}\boldsymbol{Y}=\boldsymbol{H}^{-1}\boldsymbol{HX} \tag{6.4}$$

当发送天线之间、接收天线之间以及收发天线之间有足够的距离时，各发送天线到各接收天线之间的信号传输就可以看成是相互独立的，矩阵 $\boldsymbol{H}$ 的秩较大，理想情况下矩阵 $\boldsymbol{H}$ 能达到满秩；如果发送天线之间、接收天线之间以及收发天线之间距离较近时，各发送天线到各接收天线之间的信号传输可以看成是相关的，矩阵 $\boldsymbol{H}$ 的秩较小。因此 MIMO 信道的空间并行性与矩阵 $\boldsymbol{H}$ 的秩的大小关系密切。

从式(6.4)可以看出，满秩 MIMO 信道在不增加带宽和发送功率的情况下，可以利用增加收发天线数成倍地提高无线信道容量，从而使得频谱利用率成倍地提高。

6.3 MIMO 信道容量

6.3.1 信道相关性

对典型的城区环境进行研究，设定移动台被许多散射体包围，基站天线附近不存在本地散射物，基站天线阵列位于本地散射物之上，这样使得在基站观察到的功率方位谱(PAS)被限制在相对窄的波束内。研究表明只要移动台的所有天线靠得较近，且每根天线具有相同的辐射模式，则基站端的天线间的相关系数与移动台的天线数无关。因为从移动台天线发射出去的电波到达基站周围相同的散射体上，在基站产生相同的 PAS，也将产生相同的空间相关函数。

由于移动台被许多本地散射物包围着，所以观察移动台侧的空间功率相关函数时，可以认为相距半个波长以上的两根天线是不相关的。

理论研究表明天线之间的相关性随其距离的增加而呈指数下降，天线周围散射体越丰富，天线间的相关性越小。

6.3.2 信道容量比较

假定发送端配有 n 根天线，接收端配有 m 根天线，发射端信道的状态信息未知，总的发射功率为 P，每根天线的功率为 P/n，接收天线接收到的总功率等于总的发射功率，信道受到附加性白高斯噪声(AWGN)的干扰，且每根天线上的噪声功率为 σ^2，于是每根接收天线上的信噪比(SNR)为 $\vartheta=\dfrac{P}{\sigma^2}$；假定发射信号的带宽足够窄，信道的频率响应可以认为是平坦的，$\boldsymbol{H}$ 表示信道矩阵，其中 h_{ij} 表示第 j 根发射天线到第 i 根接收天线的信道衰落系数。

1. SISO 信道的容量

SISO 是采用单天线发送和单天线接收的方式。对于确定的 SISO 信道，即 $m=n=1$，信道矩阵 $\boldsymbol{H}=h=1$，信噪比大小为 ϑ，根据 Shannon 公式，该信道的归一化容量可以表示为

$$C=\mathrm{lb}(1+\vartheta) \qquad (\mathrm{b}\cdot\mathrm{s}^{-1}/\mathrm{Hz}) \tag{6.5}$$

该容量的取值一般不受编码或信号设计复杂性的限制。实际的无线信道是时变的，要受到衰落的影响，如果用 h 表示在观察时刻，单位功率的复高斯信道的幅度($H=h$)，信道容量可表示为

$$C=\mathrm{lb}(1+\vartheta|h|^2) \qquad (\mathrm{b}\cdot\mathrm{s}^{-1}/\mathrm{Hz}) \tag{6.6}$$

2. MISO 信道的容量

MISO 是采用多天线发送和单天线接收的方式。对于 MISO 信道，发射端配有 n 根天线，接收端只有一根天线，这相当于发射分集，信道矩阵 $\boldsymbol{H}$ 变成一矢量 $\boldsymbol{H}=[h_1 \quad h_2 \quad \cdots \quad h_n]$，其中 h_i 表示第 i 根发射天线到接收天线的信道幅度。

如果信道的幅度固定，则该信道的容量可以表示为

$$C=\mathrm{lb}(1+\boldsymbol{H}\boldsymbol{H}^{\mathrm{H}}\vartheta/n)=\mathrm{lb}\left(1+\sum_{i=1}^{n}|h_i|^2\frac{\vartheta}{n}\right)=\mathrm{lb}(1+\vartheta)\ (\mathrm{b}\cdot\mathrm{s}^{-1}/\mathrm{Hz}) \tag{6.7}$$

上式中，$\sum_{i=1}^{n}|h_i|^2=n$，这是由于假定信道的系数固定，且受到归一化的限制，该信道不会随着发射天线的数目的增加而增大。如果信道系数的幅度随机变化，则该信道容量可以表示为

$$C\ \mathrm{lb}\left(1+\chi_{2n}^2\frac{\vartheta}{n}\right) \tag{6.8}$$

式中，χ_{2n}^2 表示自由度为 $2n$ 的 χ 平方随机变量，且 $\chi_{2n}^2=\sum_{i=1}^{n}|h_i|^2$，显然信道容量也是一个随机变量。研究发现随着发射天线数的增加，信道容量也增加，但如果天线数已经很大，再增加数量，信道容量的改善并不明显。

3. SIMO 信道的容量

SIMO 是采用单天线发送和多天线接收的方式。对于 SIMO 信道，接收端配有 m 根天线，发射端只有一根天线，这相当于接收分集，信道可以看成是有 m 个不同的系数，即

$$\boldsymbol{H}=[h_1\quad h_2\quad \cdots\quad h_m]^{\mathrm{T}}$$

其中，h_j 表示从发射端到接收端第 j 根天线的信道幅度。

如果信道幅度固定，则该信道容量可以表示为

$$C=\mathrm{lb}(1+\boldsymbol{H}^H\boldsymbol{H}\vartheta)=\mathrm{lb}\left(1+\sum_{j=1}^{m}|h_j|^2\vartheta\right)=\mathrm{lb}(1+m\vartheta)\ (\mathrm{b\cdot s^{-1}/Hz}) \tag{6.9}$$

上式中 $1+\sum_{j=1}^{m}|h_j|^2=m$，这是由于信道系数被归一化，从信道容量的计算公式可看出，SIMO 信道与 SISO 信道相比，不但获得了 m 个分集增益，而且链路容量随着天线数目的增加而以其对数方式提升。如果信道系数的幅度随机变化，则该信道容量可以表示为

$$C=\mathrm{lb}(1+\chi_{2m}^2\vartheta) \tag{6.10}$$

式中，$\chi_{2m}^2=\sum_{j=1}^{n}|h_j|^2$，信道容量也是随机变量。研究发现随着接收天线数的增加，信道容量也增加，与 MISO 信道一样，如果天线数已经很大，再增加天线的数量，信道容量的改善不是很大。

4. MIMO 信道的容量

MIMO 是采用多天线发送和多天线接收的方式。对于分别配有 n 根发射天线和 m 根接收天线的 MIMO 信道，发射端在不知道传输信道的状态信息的条件下，如果信道的幅度固定，则信道容量可以表示为

$$C=\mathrm{lbdet}\left(\boldsymbol{I}_{\min(n,\ m)}+\frac{\vartheta}{n}\boldsymbol{Q}\right) \tag{6.11}$$

式中矩阵 $\boldsymbol{Q}$ 的定义如下：

$$\boldsymbol{Q}=\begin{cases}\boldsymbol{H}\boldsymbol{H}^H & n\geqslant m\\ \boldsymbol{H}^H\boldsymbol{H} & m\geqslant n\end{cases} \tag{6.12}$$

1）全“1”信道矩阵的 MIMO 系统

如果接收端采用相干检测合并技术，那么经过处理后的每根天线上的信号应同频同相，这时可以认为来自 n 根发射天线上的信号都相同，$s_i=s$，$i=1,\ 2,\ \cdots,\ n$，第 j 根天线接收到的信号可表示为 $r_j=ns_i=ns$，$j=1,\ 2,\ \cdots,\ m$，且该天线的功率可表示为 $n^2(P/n)=np$，则在每根接收天线上取得的等效信噪比为 $n\vartheta$，因此在接收端取得的总信噪比为 $nm\vartheta$。

此时的多天线系统取得了 nm 的分集增益，信道容量可以表示为

$$C=\mathrm{lb}(1+nm\vartheta) \tag{6.13}$$

如果接收端采用非相干检测合并技术，由于经过处理后的每根天线上的信号不尽相同，在每根接收天线上取得的信噪比仍然为 ϑ，接收端取得的总信噪比为 $m\vartheta$，此时多天线系统仅获得了 m 倍的分集增益，信道容量表示为

$$C=\mathrm{lb}(1+m\vartheta) \tag{6.14}$$

2）正交传输信道的 MIMO 系统

对于正交传输的 MIMO 系统，即多根天线构成的并行子信道相互正交，单个子信道之间不存在相互干扰。为方便起见，假定收发两端的天线数相等 $n=m=L$，信道矩阵可以表示为

$$\boldsymbol{H}=\sqrt{L}\boldsymbol{I}_L \tag{6.15}$$

$\boldsymbol{I}_L$ 为 $L\times L$ 的单位矩阵，L 是系统为了满足功率归一化的要求而引入的，利用上式可得

$$\begin{aligned}C&=\mathrm{lbdet}\left(\boldsymbol{I}_L+\frac{\vartheta}{L}\boldsymbol{H}\boldsymbol{H}^H\right)=\mathrm{lbdet}\left(\boldsymbol{I}_L+\frac{\vartheta}{L}L\boldsymbol{I}_L\right)\\&=\mathrm{lbdet}(\boldsymbol{I}_L+\vartheta\boldsymbol{I}_L)=L\mathrm{lb}(1+\vartheta)\end{aligned} \tag{6.16}$$

与原来的单天线系统相比，信道容量获得了 L 倍的增益，这是由于各个天线的子信道之间耦合的结果。如果信道系数的幅度随机变化，MIMO 信道的容量为一随机变量，它的平均值可以表示为

$$C=E\left[\mathrm{lbdet}\left(\boldsymbol{I}_r+\frac{\vartheta}{n}\boldsymbol{Q}\right)\right] \tag{6.17}$$

式中，r 为信道矩阵 $\boldsymbol{H}$ 的秩，$r\leqslant\min(n, m)$。研究发现随着天线数的增加，信道容量也在不断增加，而且 MIMO 系统与 SISO 系统相比，信道容量有较大幅度的提高。

6.3.3 MIMO 的应用模式

根据实现方式的不同，MIMO 可以分为空间复用、空间分集、波束赋形等模式。根据接收端是否反馈信道状态信息，MIMO 可以分为闭环和开环两种类型。

1. 空间复用

空间复用指系统利用较大间距的天线阵元之间或赋形波束之间的不相关性将高速数据流分成多路低速数据流，经过编码后调制到多根发射天线上进行发送。由于不同空间信道具有独立的衰落特性，因此接收端利用最小均方误差或者串行干扰删除技术，就能够区分出这些并行的数据流。这种方式下，使用相同的频率资源可以获取更高的数据传输速率，意味着频谱效率和峰值速率都得到改善和提高。

图 6.2 显示的为单用户 MIMO(SU - MIMO)，用户终端和基站都是多天线配置，收发双方实现空间复用，成倍提高了用户的数据速率。

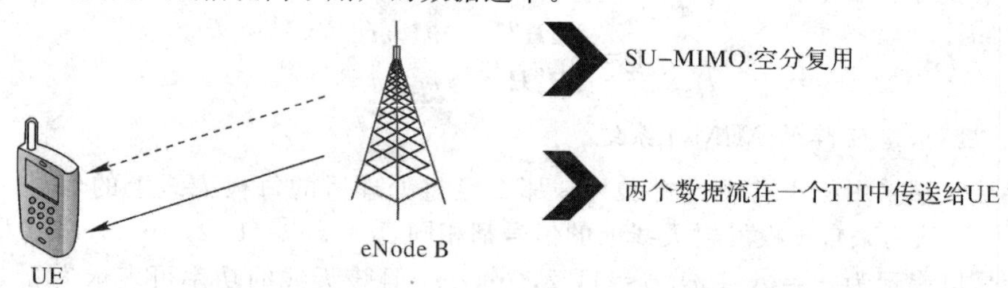

图 6.2 信道空间复用

而至于多用户 MIMO(MU－MIMO)，实际上是将两个 UE 认为是一个逻辑终端的不同天线，其原理和单用户的差不多，但是采用 MU－MIMO 有个重要的限制条件，就是这两个 UE 信道必须正交，否则无法解调。单用户 MIMO 可以增加一个用户的数据传输速率，多用户 MIMO 可以增加整个系统的容量。

开环 MIMO 是指接收端不反馈任何信道状态给发射端时的信息传输方式。因为在开环传输模式下，接收端没有任何信道状态反馈给发射端，发射端无法了解信道状态时，发射端各天线平均分配功率。

闭环 MIMO 是指接收端反馈任何信道状态给发射端时的信息传输方式。因为在闭环传输模式下，接收端给发射端进行信道状态反馈，发射端就可以了解全部或者部分信道状态的信息，并依此调整各数据流的发射功率。

无线信号在密集城区、室内覆盖等环境中会频繁反射，使得多个空间信道之间的衰落特性更加独立，从而使得空分复用的效果更加明显。无线信号在市郊、农村地区多径分量少，各空间信道之间的相关性较大，因此空间复用的效果要差许多。

2. 空间分集

空间分集(见图 6.3)是指利用较大间距的天线阵元之间或赋形波束之间的不相关性，发射或接收一个数据流，避免单个信道衰落对整个链路的影响。将同一信息进行正交编码后从多根天线上发射出去，接收端将信号区分出来并进行合并，从而获得分集增益。编码相当于在发射端增加了信号的冗余度，因此可以减小由于信道衰落和噪声所导致的符号错误率，使传输可靠性和覆盖面增加。分集技术主要用来对抗信道衰落。

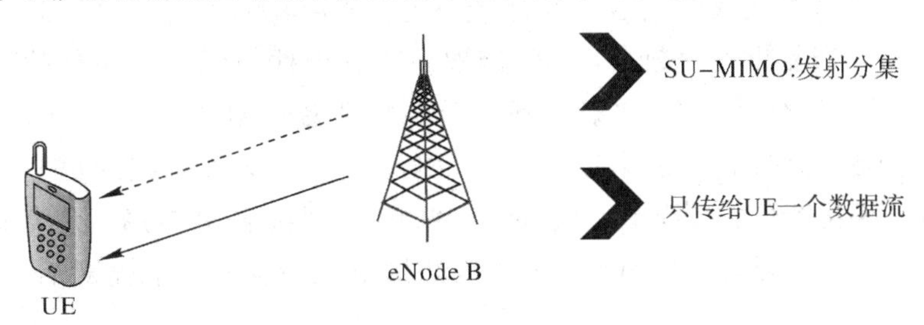

图 6.3 空间分集

空间分集是为了增加可靠性，而空间复用技术就是增加峰值速率，两个天线传输两个不同的数据流，相当于速率增加了一倍，当然，必须要在无线环境合适的情况下才能进行。也就是要保证天线之间的低相关性，否则会导致无法解出两路数据。

3. 波束赋形

波束赋型技术又称为智能天线，是利用较小间距的天线阵元之间的相关性，通过阵元发射的波之间形成干涉，集中能量于某个(或某些)特定方向上，形成波束，从而实现更大的覆盖和干扰抑制效果。

图 6.4 中分别是单播波束赋形、波束赋形多址和多播波束赋形，通过判断 UE 位置进行定向发射，提高传输可靠性，这个在 TD－SCDMA 上已经得到了很好的应用。

系统发射端能够获取信道状态信息时(例如 TDD 系统)，系统会根据信道状态调整每根天线发射信号的相位(数据相同)，以保证在目标方向达到最大的增益；当系统发射端不知道信道状态时，可以采用随机波束成形的方法实现多用户分集。

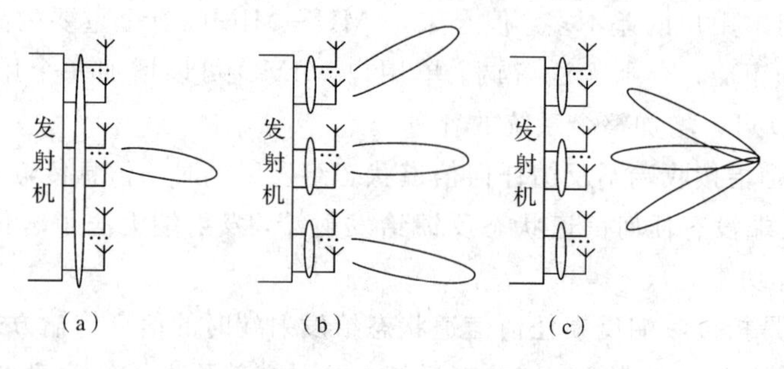

图 6.4　各种波束赋形

波束赋型技术在能够获取信道状态信息时，可以实现较好的信号增益及干扰抑制，使小区边缘性能提升。波束赋型技术不适合密集城区、室内覆盖等环境，由于反射的原因，接收端会收到太多路径的信号，导致相位叠加的效果不佳。

6.4　多天线技术

6.4.1　多天线特性对 MIMO 性能的影响

天线是 MIMO 系统的重要组成部分，其性能直接影响 MIMO 系统的性能。多天线发射的信号在无线信道中经散射传播而混合在一起，经接收端多天线接收后，系统通过空时处理算法分离并恢复出发射数据，其性能取决于各天线单元接收信号的独立程度，即相关性，而多天线间的相关性与散射传播及天线特性密切相关。因此，MIMO 无线系统的高性能除了依赖于多径传播的丰富程度外，还依赖于多天线系统的很多因素，比如天线的阻抗匹配、极化特性、天线单元数目、天线单元间距、阵列布局、天线单元方向图和天线互耦等。其中前四项对 MIMO 信道性能的影响比较明显，下面对后三项特性进行说明。

1. 多天线布局

MIMO 信道的传输矩阵不仅取决于传播环境，还与天线的布局有关。寻求最佳多天线布局的目标是在给定条件下安排多天线的拓扑结构从而达到 MIMO 信道容量最大化或传输误码率最小化。广义的多天线布局还包括阵列的方位、天线单元的间距与极化特征等。

2. 天线单元的方向图

若各天线单元的方向图存在差异，则可能获得角度分集效果。比如采用多模天线，由于不同的天线单元方向图可以激发或接收不同的多径信号，不同模式间的相关性较低，所以角度分集效果显著。

3. 天线单元间的互耦

天线互耦是影响 MIMO 信道性能的又一重要因素。研究表明互耦导致的天线方向图畸变可能产生角度分集的效果，从而降低信道的相关性并提高信道容量。

6.4.2　MIMO 多天线与传统天线的比较

1. MIMO 多天线设计与传统阵列天线的比较

MIMO 系统中各个多天线是独立地接收(发射)信号，每根天线都有独立的收发通道，故其强调的是多根独立的低相关性的天线并存，对信号的空时处理是在后端进行，多天线对各到达信号进行了透明的收发；传统的阵列天线则通过波束形成(或切换)网络在需要的方向接收或发射信号，每个波束对应一个感兴趣的信号，故波束形成(或切换)的网络往往也是阵列天线的重要组成部分，可在射频或中频期间用模拟电路实现，也可以在基带用数字电路实现。

2. MIMO 多天线设计与传统分集天线的比较

传统的用于分集接收(SIMO)多天线和 MIMO 多天线的设计在物理上并无本质上的区别。传统的分集主要应用于基站端，数量一般只有两根，分集形式单一，而且其后端对各分支的算法比较简单。MIMO 结合了天线分集和空时信号处理技术，通过空时算法可利用各传输子路径间的统计独立性，在空域上分离出多个有效的传输通道，从而大大地提高了系统容量。为了在一定的安装空间中设计相关性低而且接收功率小的多天线系统，MIMO 多天线系统的设计不再简单地应用单一的分集技术，而是充分利用空间、极化和方向图的资源进行合理的布局。

对于 MIMO 无线系统的多天线，一方面，其天线单元间距较大，必须具有分集功能，不同于常规智能天线；另一方面，各天线单元应该尽可能接收各方向的散射波，因此也不同于常规分集天线。

6.4.3　基站 MIMO 多天线设置的基本方法

在移动通信系统中，基站天线的作用就是在基站与服务区内各移动端之间建立无线传输链路，它在整个通信过程中扮演了非常重要的角色。空间、极化、角度是天线的 3 种主要分集方式。在空间、成本都相对充裕的基站，应尽可能地利用这 3 种资源，这是 MIMO 基站天线设计的总的出发点。同时，考虑到 MIMO 天线应具有低相关、高增益、高隔离、宽波瓣与多分集的特点，所以，在进行基站多天线设计时应实现以下几点：

(1) 利用极化资源，设计双极化天线以实现极化分集。无线移动通信的基站通常架设在高处，周围散射体稀少，这使得来波信号的角度扩展非常有限。根据天线布局的理论，无论是移动终端还是基站端，采用双极化天线的系统效果都比较好，这说明极化资源的重要性，必须对其加以充分利用。

(2) 相对于移动终端，基站天线对体积、重量与成本的要求相对宽松，并且空间也较大，应充分利用这一优势，兼顾阵列增益与空间分集增益，并合理设计天线布局。

(3) 除了相关性，分集单元的平均有效增益也是影响系统容量的一个重要因素，因为较高的增益代表较高的接收功率，所以可以改善系统信噪比，提高系统抗干扰能力。

(4) 注意角度分集的实现。一般来说，基站端的来波信号扩展角是比较有限的，如何在基站充分利用来波扩展角度实现角度分集是一个相当具有挑战性的问题。可以在基站周围人为地添加一些散射体以增大来波的角度扩展，这就要求天线具有较宽的波瓣，尽可能地接收方位面的散射波，有效利用空间资源。

现实中 MIMO 通信网络的部署也能从上述分析中得到启示：在一个典型的小区蜂窝网中，基站往往架设在较高的地方，四面开阔，极少有反射体和遮挡物，所以基站的发射信号角度范围相对集中，为了保证 MIMO 系统享有较好的性能，通常在基站侧要拉大天线间的间距(至少为 5 到 10 倍波长)；而在用户侧情况就不同了，用户侧周围充斥着大量的建筑、墙体，用户本身就处在天然的、丰富的反射体包围中，所以用户设备一般不需要太大的天线间距就可以满足性能的需求，天线间距一般为波长的 0.5 倍到 1 倍，这个尺寸能够在中大屏幕的智能手机上实现。

6.4.4 室内 2×2 MIMO 技术的实现

在室内分布系统中，实现 MIMO 空间复用的前提条件是对支持 MIMO 技术的移动网络建立两套独立的信号分布系统。

1. 建设模式一：单极化天线的 MIMO 双流建设方式

这种模式通过两路独立馈线和天线构成 2×2 MIMO 系统，通过使用 SFBC、空间复用等提高覆盖和用户速率。

为了保证 MIMO 性能，建议双天线尽量采用 10λ 以上间距，约为 1～1.5 m，若实际安装空间受限，那么双天线间距不应低于 4λ(0.5 m)。对支持 MIMO 的双路分布系统，组成 MIMO 天线阵的两个单极化天线口功率之差要求控制在 3 dB 以内。图 6.5 为多系统合路双流 MIMO 室内分布系统图。图 6.6 为多系统合路双流单极化天线建设模式图。

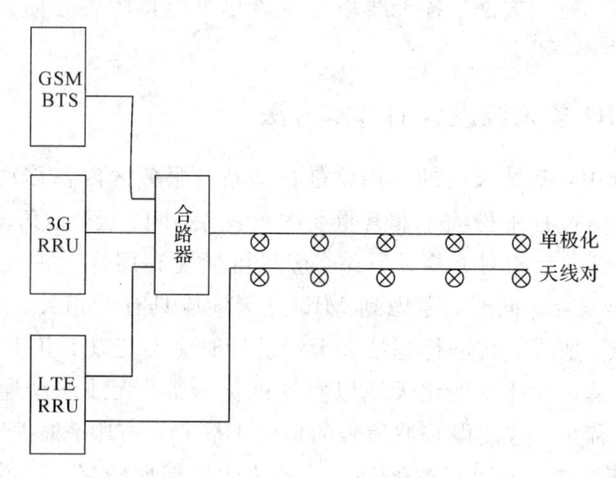

图 6.5 多系统合路双流 MIMO 室内分布系统

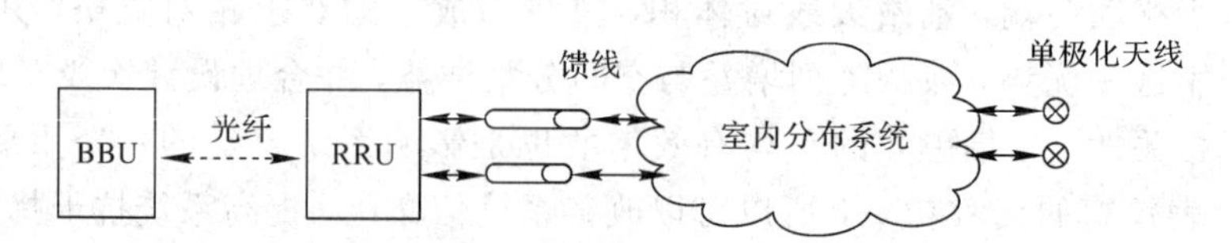

图 6.6 多系统合路双流单极化天线建设模式

2. 建设模式二：双极化天线的 MIMO 双流建设方式

这种模式将单极化天线更换为双极化天线，去掉了配对天线的安装复杂性要求，简化了天线的工程安装(见图 6.7)。

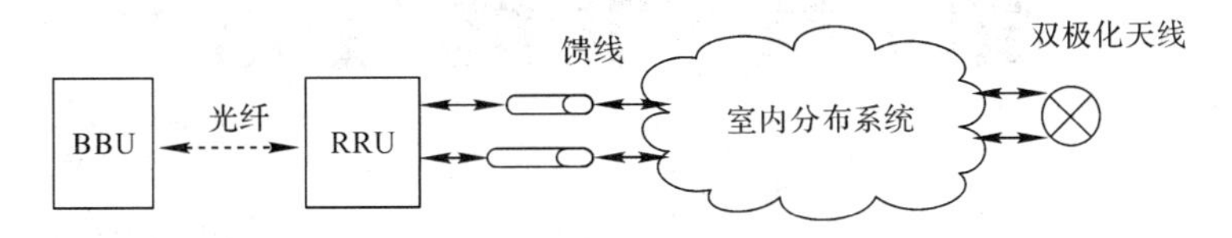

图 6.7　多系统合路双流双极化天线建设模式

对支持 MIMO 的双路分布系统，组成 MIMO 天线阵的两个单极化天线口功率之差要求控制在 3dB 以内。双路分布系统优先使用单极化天线，在天线安装空间受限的情况下，可以考虑使用双极化天线。

思考题

1. 试说明 MIMO 技术是如何实现信道空间复用的？
2. 什么是单用户 MIMO？什么是多用户 MIMO？
3. 室内分布系统中是如何实现 MIMO 双流的呢？
4. 什么是开环 MIMO？什么是闭环 MIMO？
5. 为什么 MIMO 空间复用在城市环境中的使用效果较好？
6. MIMO 环境下，空间分集和空间复用的主要区别是什么？

第7章 中继技术

7.1 2G引入中继技术

公众蜂窝移动通信系统自20世纪80年代投入商用以来，业务量急剧增长，移动通信技术也几乎每十年更新一代。有效的无线网络覆盖是蜂窝移动通信系统提供良好体验服务的首要条件，而无线基站是提供无线网络覆盖的首要基础。由于无线电波在传播环境中存在路径损耗，使得在某些场所无线信号较弱或者信噪比较差，不能满足通信需要。而在这些场所建设无线基站或者缺少资源条件，或者投入产出严重不匹配。因此，蜂窝移动通信网络建设需要一种低成本、低配套资源、快速部署的无线信号扩展设备，也就是无线中继设备。

第1代移动通信系统是在20世纪80年代作为新兴技术出现的，其终端设备价格昂贵，用户规模少。由于它采用了模拟技术，所以用户容量低，安全性差，抗干扰能力弱，且该通信系统制式众多，兼容性差。因此，第1代移动通信系统的深度覆盖和无缝覆盖还不是网络建设的主要矛盾。

在2G网络运营实践中，良好的网络覆盖是2G时代市场最基本的需求。为了实现这样的目标，需要解决海量的网络弱无覆盖问题，因此一种低成本、低配套资源、快速部署的覆盖延伸设备被大规模地引入到2G网络中。

由于2G移动通信系统的网络协议并没有定义中继设备这样的网元，因此第2代移动通信系统中所采用的中继设备只能是对双向无线信号进行接收放大和直接转发，这种设备被称为直接放大中继站，简称直放站。

直放站被放置在基站和移动台之间，起信号的双向增强作用。

7.2 2G直放站的种类

直放站种类繁多，从传输信号来分有GSM直放站、CDMA直放站等；从安装场所来分有室外型机和室内型机；从传输带宽来分有宽带直放站和选频(选信道)直放站；从传输方式来分有无线直放站和光纤传输直放站。

本章主要针对室内分布系统中常用的无线宽频直放站、无线选频直放站和光纤传输直放站进行分析说明。

1. 无线宽频直放站

无线宽频直放站为最基本的直放站，见图7.1。无线宽频直放站一般被放置在基站覆盖范围的边缘，放大基站和手机的信号。被直放站放大信号的基站称为施主基站，直放站面向施主基站的天线称为施主天线，面向手机用户的天线称为服务天线。

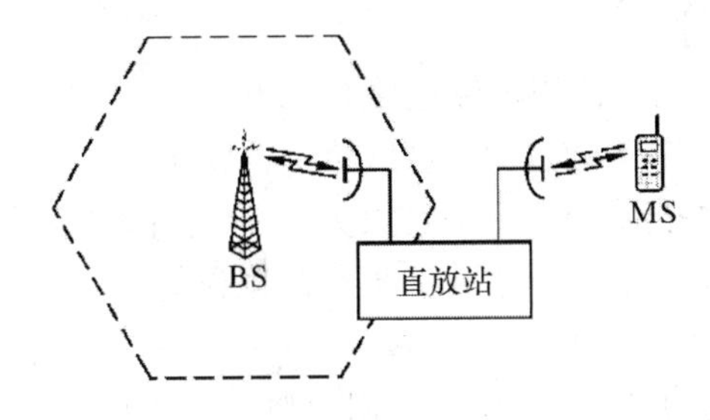

图 7.1　无线直放站

无线宽频直放站通过施主天线接收施主基站下行射频信号，经直放站设备内部射频放大后，在服务天线上面向施主基站无法直接覆盖的目标区域发射，这样就延伸了施主基站的覆盖范围。同理，在上行链路上，直放站的服务天线接收施主基站不能直接覆盖的区域中的用户信号，经内部放大后，在施主天线上发送给施主基站。

选用天线宽频直放站作为信号源的室内分布系统具有如下特点：

(1) 采用空间信号耦合、直接放大方式，为透明信道；

(2) 输出端一般连接室内覆盖系统，工程选点无需考虑直放站收发天线的隔离；

(3) 设备安装简单；

(4) 投资少，见效快，无需使用传输电路；

(5) 增益较小，输入功率不能过大、输出功率也较小；

(6) 工作带宽较宽，一般为 2～19 MHz；

(7) 不受施主小区的载波数、跳频方式和基站扩容的限制；

(8) 互调干扰和噪声电平较大；

(9) 适用于干扰较少、话务量不高、面积不大的小型室内覆盖系统。

2. 无线选频直放站

无线选频直放站的下行通过无线耦合施主基站信号，并对施主基站信号进行载波选频放大，对其他无关的信号则滤除抑制，然后将信号馈入服务天线或天馈分布系统；上行则相反，直放站从服务天线或天馈分布系统拾取手机信号，经载波选频放大后，由施主天线发射给基站接收。图 7.2 所示为选频直放站的内部原理框图。

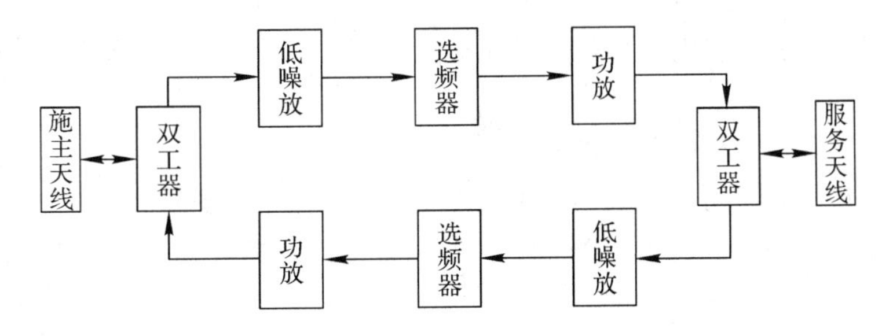

图 7.2　选频直放站的内部原理框图

选用无线选频直放站作为信号源的室内分布系统具有如下特点：

(1) 采用空间信号耦合、直接放大方式，为透明信道。

(2) 输出端一般连接室内覆盖系统，工程选点无需考虑直放站收发天线的隔离。

(3) 设备安装简单。

(4) 投资少，见效快，无需使用传输电路。

(5) 增益较小，输入功率不能过大，输出功率也较小。

(6) 只对选定的载波进行放大，一般可放大 1～4 个载波信号，价格较高。

(7) 受施主小区的载波数、跳频方式和扩容的限制。

(8) 互调干扰和噪声电平较小。

(9) 可用于施主小区载波数较少且不采用跳频技术、话务量不高、面积不大的小型室内覆盖系统。

3. 光纤传输直放站

光纤传输直放站近端主设备直接耦合施主基站信号后，通过近端主设备将电信号转换成光信号，再经由光纤传输到覆盖目标区的远端设备，最后远端设备完成光电转换、放大和辐射(或馈入天馈分布系统)，扩大基站覆盖范围。上行则相反。光纤传输直放站也分为宽带和选频两种。光纤传输直放站如图 7.3 所示。

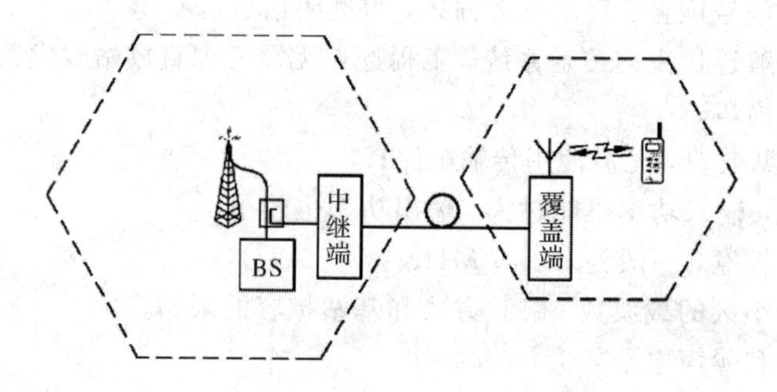

图 7.3　光纤传输直放站

选用光纤直放站作为信源的室内分布系统具有如下特点：

(1) 采用基站直接耦合方式，经光纤中继设备将信号传输到远端覆盖区，光纤中继距离在 20 km 以内。

(2) 输出信号频率与输入信号频率相同，为透明信道。

(3) 不存在直放站收发隔离问题，选点方便。

(4) 价格较高，需要租用或自行铺设光纤。

(5) 主机增益较小。

(6) 互调干扰较小，噪声电平较大。

(7) 一个光中继设备可同时与多个覆盖端机连接，覆盖范围较大。

(8) 适用于无法使用无线直放站、空闲小区离覆盖目标较远、有光纤资源、话务量不高、面积不大的室内覆盖系统。

7.3　直放站噪声引入分析

直放站是一个有源的双向放大设备，在放大有用信号的同时，必然也会给施主基站发送上行噪声，直放站即使不中继任何有用信号也会发射干扰信号(相当于系统串联了一级放大器)，降低了施主基站接收机的信噪比，严重时会使施主基站接收机阻塞而无法正常工作。

1. 基站底噪抬升分析

设直放站的上行输出噪声电平为

$$P_{\text{REP-noise}} = 10\ \lg\ (KTB) + F_{\text{REP}} + G_{\text{REP}} \tag{7.1}$$

其中，$P_{\text{REP-noise}}$为直放站上行输出噪声电平，单位为 dB；K 为波耳兹曼常数；T 为开尔文温度；B 为直放站通带宽度；F_{REP}为直放站噪声系数，单位为 dB；G_{REP}为直放站的上行增益，单位为 dB。

该上行噪声电平经过上行路径损耗后到达施主基站接收机，则直放站引入到基站接收机的噪声电平为

$$P_{\text{REP-Inj}} = P_{\text{REP-noise}} - L_{\text{d}} \tag{7.2}$$

其中，L_{d} 是指从直放站的上行输出口到基站接收端口间的总路径损耗，单位为 dB。以无线直放站为例，它应包括直放站馈线损耗、直放站施主天线增益、空间传播损耗、基站天线增益、基站馈线损耗等。

由于直放站噪声的引入，在基站输入端的输入噪声将是基站原噪声和直放站引入噪声之和，即

$$10^{P_{\text{BTS-noise-total}}/10} = 10^{P_{\text{BTS-noise}}/10} + 10^{P_{\text{REP-Inj}}/10} \tag{7.3}$$

其中，$P_{\text{BTS-noise}} = 10\ \lg(KTB) + F_{\text{BTS}}$为基站的原噪声电平，单位为 dB；$F_{\text{BTS}}$为基站的噪声系数，单位为 dB。

直放站引入后基站输入端的噪声增量为

$$\Delta N_{\text{BTS-foise}} = 10\ \lg\left(\frac{10^{P_{\text{BTS-noise-total}}/10}}{10^{P_{\text{BTS-noise}}/10}}\right) \tag{7.4}$$

$$\Delta N_{\text{BTS-foise}} = 10\ \lg\left(1 + \frac{10^{P_{\text{REP-Inj}}/10}}{10^{P_{\text{BTS-noise}}/10}}\right) = 10\ \lg(1 + 10^{(F_{\text{REP}} + G_{\text{REP}} - L_{\text{d}} - F_{\text{BTS}})/10})$$

其中，$N_{\text{Foise}} = F_{\text{REP}} + G_{\text{REP}} - L_{\text{d}} - F_{\text{BTS}}$定义为噪声增量因子。

$\Delta N_{\text{BTS-foise}}$即为基站底噪抬升量，它每增加 1 dB，就意味着该施主基站的上行链路预算减少 1dB。这会引起施主基站上行覆盖半径减小(相对于施主基站下不在直放站覆盖区内的用户而言)。

2. 上行串联噪声分析

直放站与施主基站的串联连接，可以等效为直放站、直放站的上行输出口到基站接收端口间的总路径、基站三个串联的放大器，因此串联后总的噪声系统为

$$\text{NF}_{\text{total}} = \text{NF}_{\text{REP-up}} + \frac{\text{NF}_{\text{PL}} - 1}{G_{\text{REP-up}}} + \frac{\text{NF}_{\text{BTS}} - 1}{G_{\text{REP-up}} G_{\text{PL}}} \tag{7.5}$$

其中，$NF_{\text{REP-up}}$为直放站上行噪声系数；$G_{\text{REP-up}}$为直放站上行增益；NF_{PL}为直放站的上行输出口到基站接收端口间的总路径的噪声系数，G_{PL}为直放站的上行输出口到基站接收端口间的总路径的增益；NF_{BTS}为基站的噪声系数。

因为直放站的上行输出口到基站接收端口间的总路径可以等效为线性系统，因此 $\text{NF}_{\text{PL}} \cdot G_{\text{PL}} = 1$，上式变换为

$$NF_{total}=NF_{REP-up}+\frac{NF_{PL}\cdot NF_{BTS}-1}{G_{REP-up}} \tag{7.6}$$

在无线直放站覆盖区，在考虑上行链路功率预算时，原先用于基站上行链路功率预算的基站接收机噪声系数被串联后的总噪声系数取代(得到的是无线直放站的覆盖半径)。

串联系统的等效底噪增量为

$$\Delta N_{total-roise}=10\ \lg\left(\frac{NF_{total}}{NF_{REP-up}}\right)=10\ \lg\left(1+\frac{NF_{PL}NF_{BTS}-1}{G_{REP-up}NF_{REP-up}}\right) \tag{7.7}$$

因 $NF_{PL}\cdot NF_{BTS}$远大于1，所以式(7.7)近似为

$$\Delta N_{total-roise}=10\ \lg\left(1+\frac{NF_{PL}NF_{BTS}-1}{G_{REP-up}\cdot NF_{REP-up}}\right)=10\ \lg(1+10^{-(F_{REP}+G_{REP}-L_d-F_{BTS})/10}) \tag{7.8}$$

分析表明，当直放站位置固定时，直放站上行增益越小，对施主基站的底噪抬升影响越小，但对直放站串联后的系统底噪抬升影响越大；直放站上行增益越大，对施主基站的底噪抬升影响越大，但对直放站串联后的系统底噪抬升影响越小。因此，必须合理设置直放站的上行增益，使得对施主基站和直放站自身的影响达到平衡。

3. 下行噪声分析

参考上行链路的分析方法，移动台的底噪抬升为

$$\Delta N_{mobile-roise}=10\ \lg(1+10^{-(F_{REP}+G_{REP}-L_d-F_{mobile})/10}) \tag{7.9}$$

其中，F_{REP}为直放站噪声系数，单位为 dB；G_{REP}为直放站的下行增益，单位为 dB；L_d 是指从直放站的下行输出口到移动台接收端口间的总路径损耗，单位为 dB；F_{mobile}为移动台的噪声系数，单位为 dB。

对离直放站较远的移动台，$G_{REP}<L_d$，$F_{REP}<F_{mobile}$，得到：

$$F_{REP}+G_{REP}-L_d-F_{mobile}<0 \tag{7.10}$$

因此，直放站的引入对离直放站较远的移动台的底噪抬升影响不大，一般可以忽略。离直放站较近的移动台，固然存在底噪抬升问题，但是因为移动台离直放站较近，信号较强，也不会影响移动台的正常工作。

对于由直放站、直放站的下行输出口到移动台接收端口间的总路径和移动台构成的串联系统，它的噪声系数为

$$NF_{total-down}=NF_{REP-down}+\frac{NF_{PL}-1}{G_{REP-down}}+\frac{NF_{mobile}-1}{G_{REP-down}G_{PL}} \tag{7.11}$$

其中，$NF_{REP-down}$为直放站下行噪声系数；$G_{REP-down}$为直放站下行增益；NF_{PL}为直放站的下行输出口到移动台接收端口间的总路径的噪声系数；G_{PL}为直放站的下行输出口到移动台接收端口间的总路径的增益；NF_{mobile}为移动台的噪声系数。

因为直放站的下行输出口到移动台接收端口间的总路径可以等效为线性系统，因此 $NF_{PL}\cdot G_{PL}=1$，上式变换为

$$NF_{total-down}=NF_{REP-down}+\frac{NF_{PL}\cdot NF_{mobile}-1}{G_{REP-down}} \tag{7.12}$$

这个下行串联系统的总噪声系数影响基站到直放站的下行链路功率预算(得到的是基站到无线直放站的距离要求，或者是最大路径损耗)。

室内分布系统采用干线放大器，其所引起的噪声抬升问题与直放站基本相同，可参照分析。

7.4　3G 系统的中继技术

在中继技术上，第 3 代移动通信系统中的应用延续了第 2 代移动通信系统的特点。它在 3G 的网络架构协议上也没有定义中继设备。在现网中，3G 直放站的使用要明显少于 2G 直放站，主要原因有：

(1) 3 个 3G 系统都基于 CDMA 技术，CDMA 是一种自干扰系统，3G 直放站的部署使得网络干扰变得更为复杂，因此在 3G 网络建设时，应更加谨慎地使用直放站。

(2) 3G 基站逐渐由一体化基站演变为分布式基站，即 BBU+RRU 架构。在一些场合，拉远的 RRU 可以替代直放站延伸覆盖的要求；同时，拉远的 RRU 可以独立成为一个小区，也可以与相邻的 RRU 覆盖区合并为一个小区。因此，只要光纤资源允许，采用 RRU 在容量、干扰等问题上具有更多优势。

(3) 在同等天线挂高的情况下，3G 基站的覆盖半径要小于 2G 基站的覆盖半径。在 3G 网络建设时，对于业务量少的广大农村和山村地区没有做 3G 网络连接覆盖，而是依赖良好连续覆盖的 2G 网络，做好 3G/2G 网络间的业务切换，实现业务不掉线。这样就少用了许多 3G 直放站。

但作为低成本、低配套资源、部署快速灵活的延伸覆盖设备，在不引起更多干扰问题的某些场合，3G 直放站依然被大量使用。例如，单纯的电梯覆盖及室内分布系统 2G/3G 兼容改造中，特别是原 2G 系统使用了 2G 干放的，一般会用到 3G 干放。3G 网络中常用的中继设备为无线直放站、干线放大器等。

3G LTE 主要是应对 WIMAX 技术的挑战和满足数据业务不断增长的需求而提出的，提高网络数据吞吐率是 LTE 的首要目标，因此在 LTE 的首个版本 3GPP release 8 中也没有定义中继节点。在 LTE 网络中使用较广的车载 LTE－Fi，是一种移动前置终端设备。它的回程利用 LTE 网络，对外提供 WiFi 接入服务，而不是提供 LTE 接入，因此 LTE－Fi 不是严格意义的 LTE 网络中继设备。但从服务延伸的角度看，它是一种广义上的中继设备。

7.5　LTE－A 的中继技术

1. LTE－A 的中继需求

随着现代无线通信技术的不断发展，频谱资源已经变得格外紧张。为了达到 3GPP LTE－A 制定的高速无线宽带接入的设计目标，根据现有的频谱分配方案，获得容量的大宽带频谱在较高频段，而该频段路径损耗和穿透损耗都较大，很难实现好的覆盖。中继技术(Relay)作为 LTE－Advanced 系统的关键技术可以很好地解决这一问题，它为小区带来更高的资源利用率，更好的链路性能，更大的覆盖范围和系统容量以及更廉价的建网成本。

在 3GPP release 9 阶段开始了中继设备引入网络的讨论，并在 3GPP release 10(LTE Advanced/4G)中正式对中继节点进行了定义。

3GPP 认为在未来网络的建设过程中，有 7 类场景需要用到中继节点，见表 7.1。相对以前的中继节点，未来网络中的中继节点可以是游牧的，甚至是移动的。研究认为城区数据热点场景最需要建设中继节点，以增强覆盖与数据吞吐量；封闭盲点场景是指相对封闭的建筑物内需要信号中继，如电梯井的覆盖；仅为无线回程场景是指为其他接入提供回程链路，而中继节点通常是固定的，但也有移动的，如车载LTE-FI在移动中提供中继服务；组移动场景是指一组用户在客车和客列等内随车移动的过程中，车载中继节点的施主天线在车外收发基站信号，服务天线在车内收发用户信号，完成信号中继，以提供更好的信号质量。

表7.1　中继节点应用场景

优先级	应用场景	中继节点移动性	跳　数	设置目的
1	城区热点	固定、游牧	两跳	覆盖与吞吐量
2	封闭盲点	固定	两跳或多跳	覆盖
3	室内热点	固定、游牧	两跳	吞吐量
4	农村地区	固定	两跳	覆盖与吞吐量
5	紧急或临时覆盖	游牧	两跳或多跳	覆盖与吞吐量
6	仅为无线回程	固定、移动	两跳或多跳	覆盖与吞吐量
7	组移动	移动	两跳	吞吐量

2. 中继工作模式

(1) 按照回程链路和接入链路使用频谱分类，中继节点有两种工作模式：

① 带内中继：eNB-relay链路与relay-UE链路共享载频。

② 带外中继：eNB-relay链路与relay-UE链路工作在不同载频上。

(2) 相对于UE的感知程度，中继节点分为两种模式：

① 透明传输：UE没有感觉到它与网络的通信是经由中继的。

② 非透明传输：UE感觉到它与网络的通信是经由中继的。

(3) 依据中继策略，中继分成如下两类模式：

① Type 1：控制自己的小区。RN有别于施主小区的独立物理小区ID。

② Type 2：施主小区的一部分。没有自己的小区ID，但有可能有中继ID。

(4) 依据中继涉及的层(见图7.4)，中继可分为三类模式：

① L1中继：物理层中继，信号放大转发。RN仅放大来自eNB/UE的信号，并转发到UE/eNB，即直放站。

② L2中继：MAC层中继，信号解码转发。RN具有调度功能。RN执行MAC SDU复用/解复用、RN与UE之间的优先级处理；执行UE和RN之间的无线资源分配。另外，RN还将完成外部ARQ和RLC PDU分割/组合。

③ L3中继：为了减少切换延迟和快速数据路由，RN具有RRC的部分或全部功能，因为本地化的资源管理可对链路质量变化、连接更新等做出快速反应。允许重传和确认，RN的L3测量可被用于切换判决。

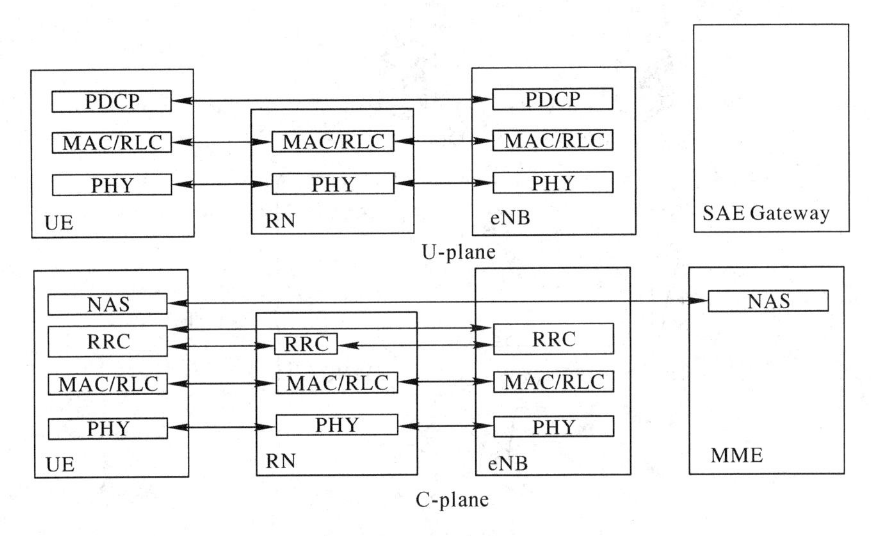

图 7.4　中继节点协议栈

不同层中继技术的特点和对应的服务业务见表 7.2。

表 7.2　不同层中继模式及其适合服务的业务

中继模式	特　　点	服务的业务
L1 中继模式	—放大转发信号 —引入干扰 —低延迟	—延迟敏感的业务 —保证比特率
L2 中继模式	—解码转发信号 —调度无线资源 —链路适应 —允许一些延迟 —低差错	—保证比特率 —要求带宽 —容忍延迟变化
L3 中继模式	—移动性管理 —部分或全部功能的 RRC —允许重传和确认 —总体延迟高 —低差错 —高的头负载	—延迟不敏感 —请求响应模式

3. 4G 定义的中继技术

3GPP 经过技术比选、方案论证，最后在 3GPP release 10 中正式对中继节点进行了定义，并确立为 L3 中继、Type 1、非透明传输的方式。支持中继的 4G 总体网络架构如图 7.5 所示。

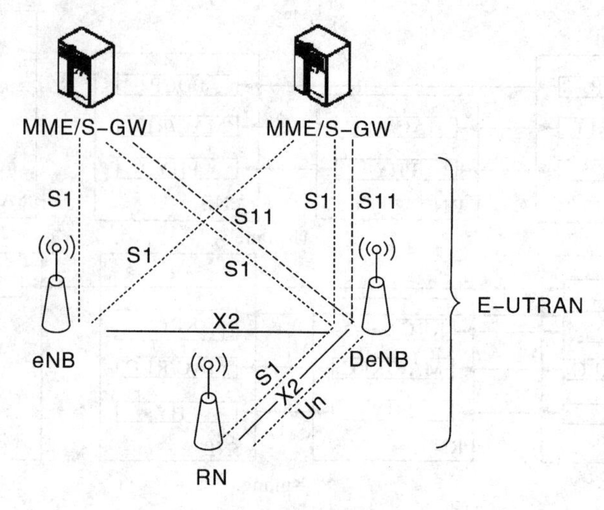

图 7.5　支持中继的 4G 总体架构

RN 为中继节点，DeNB 为服务于该 RN 的 eNB，称为施主 eNB。中继节点和施主基站之间的接口为 Un 接口，用户和中继节点之间的接口仍为 Uu 接口。中继节点包含两部分物理实体：用户功能实体部分和 eNB 功能实体部分。用户功能实体部分面向施主基站通信；eNB 功能实体部分面向用户端通信。RN 终止了 S1、X2、Un 接口，DeNB 为 RN 提供 S1 和 X2 的代理功能。因此，相对于 S1 接口，DeNB 就是 RN 的 MME/S－GW；相对于 X2 接口，DeNB 就是 RN 的 eNB。

在第二阶段，DeNB 将嵌入和提供 RN 工作所需要的类似 S－GW 和 P－GW 的功能，见图 7.6。这包括为 RN 创建一个会话，管理 EPS 承载，以及终止了为 RN 的 MME 服务的 S11 接口。

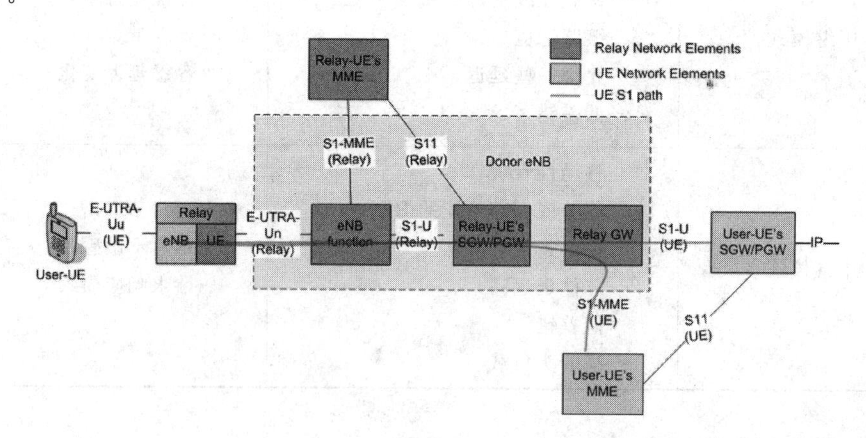

图 7.6　4G 第二阶段的中继架构

Release 10 规定：

(1) 4G 中继节点后向兼容，对于 Release 8 的 UE，RN 以 Release 8 eNodeB 的方式出现。

(2) 不支持 RN 小区间切换。

(3) RN节点不能作为其他RN的DeNB，即4G RN不能级联。

(4) 带内中继时，Un和Uu接口链路工作在同一个载波频率上，采用时分复用方式工作。

(5) 尚不支持RN移动性。

4. RN安全问题与措施

L3中继节点的引入产生了新的网络安全问题。即便中继节点中插入UICC，为中继节点与网络间建立承载提供认证等，但是RN的引入还将造成如下的主要威胁：

1) 假冒RN攻击RN上附着的用户

攻击者从一个真的RN拔出UICC，插入到流氓RN。因为网络只认证UICC，而不认证RN设备本身，所以网络不能剔除流氓RN，与用户相关的密钥将被传递到流氓RN。这使得用户附着到流氓RN，用户的安全将受到损害；流氓RN也能攻击网络，如插入MME-RN的NAS信令，插入S1-AP或X2-AP信令，代表用户插入数据，插入为获得无IP连接的用户平面业务。

2) 在Un接口上插入中间人节点

中间人(MitM)节点也是一个中继节点，插入在RN和DeNB之间。攻击者用假UICC替换真RN上的真UICC，将真UICC放入中间人节点，这样攻击者就得到了根秘钥。MitM节点能够在真RN和DeNB毫无知觉的情况下透明地发射、接收、观看和修改真RN和DeNB间的业务。因此，连接到真RN的任何用户的安全将受到损害。这说明仅仅对RN设备本身进行认证也是不够的，还要保证所有安全隧道终止在RN，而不是中间人节点。

3) 攻击在Un接口上的业务

Un接口是基于E-UTRAN的空中接口标准，为RN和DeNB之间所有的用户业务提供了可选的保密，但RN和DeNB之间所有非RRC信令业务没有完整性保护，因此攻击者就可以修改在该接口上的业务。通过在Un接口改变用户业务的GTP协议报头，可以将一个UE(受害者)的数据重定向到另一个UE(攻击者)，攻击者UE用自己的UPenc密钥加密或解密接收的数据。在上行链路上，还可以进行IP地址欺骗。

4) 在RN和UICC之间的接口上攻击

通过RN-UICC接口的数据是不受保护的。这意味着攻击者有可能获得在这个接口上传输的密钥材料。有了这些密钥，攻击者可以访问这些密钥保护的任何数据，并可以插入用这些密钥保护的数据。特别地，攻击者可以设置一个中间人节点进行危害活动。

5) 拒绝服务(DoS)攻击

移走了RN中的UICC，RN没有UICC就不能通过网络认证，因此不能提供服务。攻击者还可以将UICC插入另一个RN，使接入网的拓扑结构发生变化，对其他eNB造成干扰。

RN认证后没有执行去附着，也没有启动S1接口安装程序，网络无法验证RN具有eNB功能实体部分，这样RN只能作为UE存在，不能提供中继服务。即使网络知道附着的用户是一个RN，也无法处理。

6）攻击 NAS 信令和 AS 业务

保护 NAS 信令和 AS 业务的密钥可以从 RN－UICC 接口上截获的信息中推导出来。假设 RN 能够作为 UE 附着，将使用合法的 eNB 和 MME，攻击 NAS 信令和 AS 业务。

3GPP 经过研究和方案比选，最后确定 4G 中继节点采取如下的安全措施：利用对称预共享密钥(PSK)或证书实现 RN 和 USIM 一对一捆绑。

在 PSK 模式下，UICC 和 RN 需要在部署前预先建立捆绑，而且是手工操作建立 PSK。PSK 的优点是无需 PKI，并且 PSK 预建立后的程序比较简单。当使用 PSK 时，仅需要 USIM－RN，而 USIM－RN 进行任何通信只通过安全信道。

在证书模式下，插入 RN 的 UICC 包含两个 USIM，USIM－RN 只在安全信道上进行通信；USIM－INI 在不安全信道上与 RN 通信，用于 RN 附着之前初始 IP 的连接。UICC 只给一个特定的中继节点建立安全通道，UICC 利用预先设置在 UICC 中的数据验证中继节点。使用证书的一个优点是在 RN 安全环境中有一个登记私钥对应证书的标准程序；而另一个优点是证书的识别名可以在登记时给出，而无需预先建立。

5. 中继的资源复用

相比于 LTE 系统，中继节点的引入使得 LTE－A 系统内增加了新的链路，新链路的引入增大了小区对无线资源的需求，其负面影响就是可能要减少原有链路使用的资源。而有效的资源复用技术可以降低链路间的资源争抢情况，并提高资源的利用率。

下面简单计算下中继小区对资源的需求情况。

参考图 7.7，假设小区内用户数目为 N，中继数目为 M，其中 L_i 表示链路 i 上每个链路执行业务时占用资源的平均值，$\alpha(0<\alpha<1)$表示基站直接服务的用户比例。增加中继后主要添加了 L_2 和 L_3 两条链路。

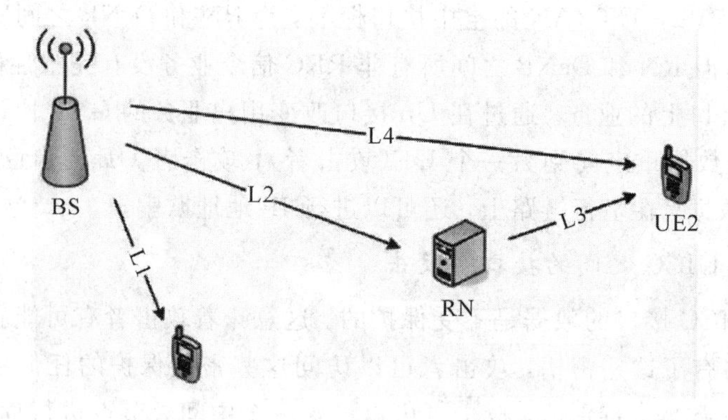

图 7.7　有中继节点参与的链路资源

则在添加中继前，单个小区链路资源的使用情况为

$$f_1 = L_1 \times N \tag{7.13}$$

在各条链路没有采用任何资源复用的情况下，添加了中继后总的资源的使用情况为

$$f_2 = L_1 \times \alpha N + L_2 \times M + L_3 \times (1-\alpha)N \tag{7.14}$$

因为中继最终要服务于距离基站较远的用户，所以资源占用的情况应该跟边缘用户相同，即 L_2 和 L_3 两条链路上使用的总资源是相同的，也即

$$L_2 \times M = L_3 \times (1-\alpha)N \tag{7.15}$$

则：

$$f_2 = L_1 \times \alpha N + 2L_3 \times (1-\alpha)N \tag{7.16}$$

假设所有面向用户链路上的资源消耗基本相同，即 $L_1 = L_3 = L$，小区资源占用的函数可以进一步化简为

$$f_2 = (2-\alpha)N \cdot L \tag{7.17}$$

即

$$\frac{f_2}{f_1} = 2-\alpha \tag{7.18}$$

引入中继后，小区资源的占用情况是没有中继的小区的$(2-\alpha)$倍，可见添加中继后的资源使用情况根据 RN 服务的用户的比例变化，仅仅有一半的用户被 RN 服务的时候，占用的资源也是原来的 1.5 倍。因此资源的有效利用也是 LTE—A 中中继使用的关注点之一。

为提高资源的利用率，需要对接入链路中继链路以及直连链路进行合理地资源划分和复用。仅就中继链路(L_2)的使用方式就有两种：带外传输和带内传输。

带外传输表示 L_2 链路并不占用小区内的业务资源，即划分另外的频谱供中继和基站通信，这样就不会与用户争抢有限的资源，同时也不必考虑中继链路对其他链路传输造成的干扰问题。然而频谱资源本身就是有限的，划分频谱固然是一种好办法，但是充分地利用小区内的资源才是解决问题的根本办法。

6. 中继小区干扰分析

资源的复用也必然增加小区内的干扰，引入中继后的 LTE - A 系统内的干扰环境将变得更加复杂。LTE 系统内小区间干扰是主要的干扰，而小区间的干扰主要来自邻小区的边缘用户。边缘用户的信道环境较差，发射功率较高，一旦两个相邻的边缘用户使用相同的时频资源就会产生很大的干扰。中继的发射功率在终端之上、基站之下，中继往往又位于小区边缘，因此在 LTE - A 系统中，一旦出现资源冲突，产生的干扰则将远远超过 LTE 系统。

1) 中继既收又发的干扰问题

为了提高效率，自然希望中继能够同时进行收发的操作。在这种情况下，接收侧难免会受到中继本身发射侧信号泄露的影响，从而对中继的信号接收造成很大干扰。而在中继的接收器和发射器间设置良好的物理屏蔽的代价又是很高昂的，有悖于利用中继建立廉价的通信网络的出发点。

为了避免在中继中加入屏蔽措施，层二中继和层三中继可利用收发时间间隔或频率间隔来降低中继的同时收发干扰。于是中继根据收发的类型分为时分(TD)和频分(FD)两种。

采用时分办法的中继，就是在不同的时间上分别进行收发业务；而频分的特点则类似于 FDD，在不同的上下行频段进行业务的收发。这两种方法各有利弊。由于存在收发的延时，在时分中继方式中需要在收、发两个时隙间插入足够的保护间隔；而由于频带的带外辐射，也需要在频分中继模式中的上下行频带间加入保护频带。

图 7.8 为 FD 和 TD 中继模式下的时隙示意图。

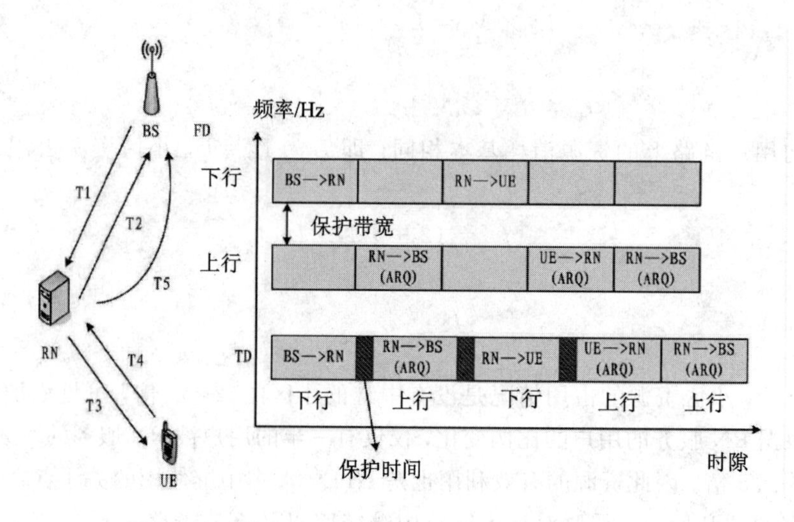

图 7.8 两跳中继 FD 和 TD 中继模式下的时隙示意图

2）中继影响 UE 的接入准则

中继的引入增加了小区内的发射源，小区内的发射源由基站和 UE 两种变成了基站、中继以及 UE 三种，发射功率也分成了三个量级。由于中继位置的不定和小区内发射功率的复杂化使得干扰呈现非均匀分布，更加复杂的干扰环境使得人们有必要重新考虑 UE 的接入准则。

LTE 中用户通常是选择接收功率最大的基站作为接入节点，然而在 LTE－A 中这种方法并不总是最好的。如图 7.9 所示，UE1 位于基站和中继中间，而基站和 UE 的链路性能要优于 UE 和中继间的链路时，即使此时 UE1 接收的中继信号功率要大于基站信号，也应该选择基站作为 UE1 的接入节点，但是在这种情况下 UE1 将受到中继的强烈干扰。而对于位于基站和中继同侧的 UE2，因为基站的发射功率要大于中继的发射功率，在信道条件很好的情况下很有可能接收到的基站功率要大于中继信号。而此时 UE2 也不能选择信号较强的基站作为服务节点，因为相比于接入中继，接入基站无论是对小区内的用户还是小区外的用户，都会造成更大的干扰。

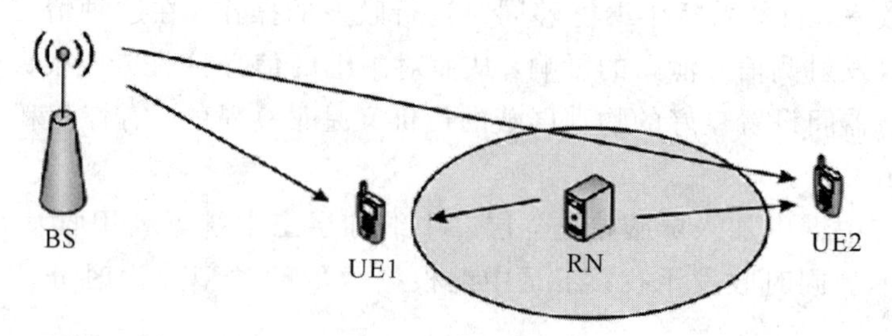

图 7.9 中继小区中用户的不同位置影响接入

中继的引入可以将小区内划分出若干的微小区，这些小区往往复用着小区内的部分资源。如果 UE2 直接接入基站，此时对所有的微小区都将造成很大的干扰。因此，UE 接入的标准不能再仅仅参考用户的接收功率，还要考虑到信道条件和 UE 所处的地理位置。当前讨论比较多的是根据用户接收的信噪比选择接入的节点。

3）微小区间的干扰

LTE 系统内因为资源的正交性可以认为小区内不存在干扰，而中继小区的引入可以视为小区内增加了新的小区，从而将 LTE 中的小区间干扰挪进了小区内。由图 7.10 可见，基站对 UE4 的直接服务有可能影响到 RN1 对 UE1 以及 RN2 对 UE2 的服务，这是直连链路与接入链路之间的干扰。而接入链路之间也存在着相互的影响，RN2 对 UE2 服务的同时也会对距离 UE2 较近的 UE1 产生干扰。而 LTE－A 中的小区间干扰依然存在，如 RN2 对邻小区用户 UE3 的影响。

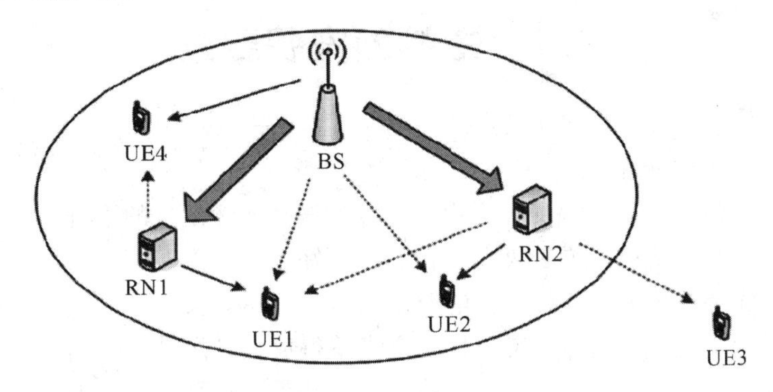

图 7.10　中继小区中通信节点间的干扰示意图

小区内不同区域间的资源复用，必然提升小区内的干扰水平。合理而有效地使用时域资源、频域资源、空间资源和干扰删除、干扰协调等技术，都有助于提高资源的利用率并降低系统内的干扰。

接入链路的传输必须以中继链路的正确传输为前提，即中继对用户发送数据之前基站必须将所需的数据准确地传送给中继。这一传输的前后关系很大程度上限制了时隙资源的调度方式。时隙的安排以及中继方式(时分和频分)的不同会产生不同的干扰情景，针对不同的情景应有不同的干扰解决方案。

有效的资源复用方案和干扰抑制技术成为当前关注的重点。而多天线技术在 LTE－A 系统中的应用，将为中继中资源的复用以及干扰抑制带来新的思路。

思考题

1. 在移动通信无线网络中，直放站的作用是什么？
2. 无线直放站做室内分布系统信号源有什么特点？
3. 无线选频直放站相较无线宽频直放站有什么优缺点？
4. 直放站的引入为什么会引起基站接收底噪抬升？
5. 为什么要合理设置直放站上行增益，使其对施主基站和直放站自身的影响达到平衡？
6. LTE－A 为什么要采用中继技术？
7. 层一中继、层二中继和层三中继有何主要区别？
8. 试分析支持中继技术的 LTE－A 网络架构与 LTE 的网络架构有何不同。
9. LTE－A 引入中继后，主要会造成哪些干扰？
10. LTE－A 引入中继后，为何会造成无线链路资源更紧张？

第8章　工程安装设计

8.1　主机的安装要求

1. 环境要求

主机安装的环境要求主要有以下几点：

（1）主机的安装位置必须保证无强电、强磁和强腐蚀性设备的干扰。

（2）主机的安装场所应干燥、灰尘小且通风良好。

（3）主机的安装位置要便于馈线、电源线和地线的布置。

（4）主机尽量安装在室内，安装主机的室内不得放置易燃品。

（5）室内温度、湿度不能超过主机工作温度、湿度的范围。

（6）施工完成后，所有的设备和器件要做好清洁，保持干净。

2. 位置要求

主机安装的位置要求主要有以下几点：

（1）设备安装位置应便于设备的调测、维护和散热。

（2）主机机架的安装位置应垂直且应安装牢固。

（3）主机为挂壁式安装时，主机底部距离地面需为1米以上；如在已有机房内安装时，主机底部或顶部应与其他原有壁挂设备底部或顶端保持在同一水平线上。

（4）主机为落地式安装时，龙门架底座或主机座应与墙壁距离0.8米；如在已有机房内安装时，应与原有设备保持整体协调。

3. 外周线槽的安装要求

连接主机的电缆必须固定，布线整齐，接头紧密；电缆进走线槽，走道布局美观，横平竖直，现场尽量无外露缆线，如有外露电缆必须用扎带扎紧。

挂壁主机外部的跳接馈线、电源线、地线均置于100 mm×60 mm的线槽内走线，主机走线槽的安装分A、B、C三种标准类型。

1）A型安装

A类型为单台主机布线线槽的安装。主机下方线槽相距主机底部150 mm水平安装，线槽长度与主机同宽。主机侧面线槽距离主机侧面20 mm垂直安装于主机左、右侧面均可，线槽下端延伸至与接地排同高，上端延伸至所需位置，见图8.1。

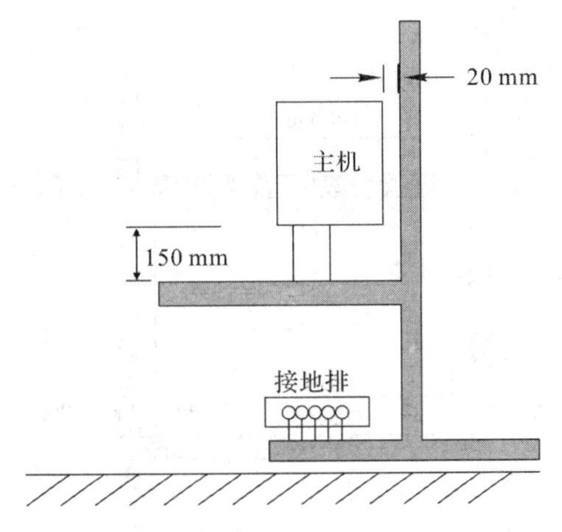

图 8.1　主机 A 型安装

2) B 型安装

B 类型为单台主机及覆盖端主机布线线槽的安装。主机上、下端均安装线槽，与主机相距 150 mm 水平安装。主机侧面线槽距离主机 20 mm 垂直安装于主机左、右两侧均可，线槽下端延伸至与接地排同高，上端延伸至所需位置，见图 8.2。

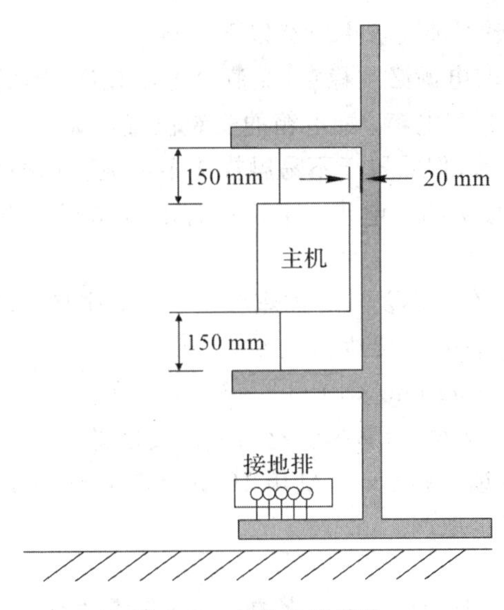

图 8.2　主机 B 型安装

3) C 型安装

C 类型为多台主机布线线槽的安装。主机四周均安装线槽，主机上、下端线槽与主机相距 150 mm 水平安装，两侧的线槽与主机相距 20 mm 垂直安装，其中一侧线槽下端延伸至与接地排同高，上端延伸至所需位置，见图 8.3。

线槽内走线均采用走线排并用 2.5 mm×100 mm 的扎带固定，水平/垂直走线必须平直美观，走线固定间距为 300 mm。所有线头标签均距线槽 10 mm 贴于馈线、地线、电源线上，标签字体朝上。线槽规格为 100 mm×60 mm，颜色为白色。走线排为镀锌铁片，其规格为 90 mm×10 mm×1.5mm。

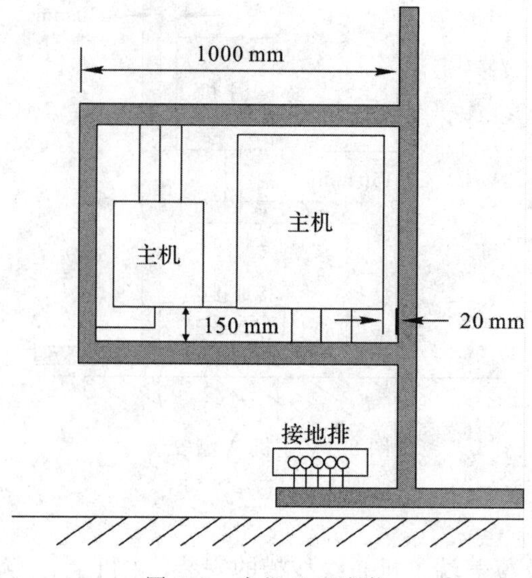

图 8.3　主机 C 型安装

4. 电源与接地的安装要求

主机安装的电源与接地安装要求主要有以下几点：

(1) 提供给主机/分机的电源必须稳定,交流电电压允许波动范围为 198～242 V。

(2) 主机/分机必须安装配电箱，配电箱的安装位置可靠近主机/分机，与主机/分机同高,也可安装在用户指定位置,但须置于不易触摸或不易被破坏的地方。

(3) 配电箱箱体要正直美观，电表、电源插座、电源保护开关均置于配电箱内专用位置。

(4) 设备电源插板至少有两芯及三芯插座各一个，工作状态时放置于安全位置。

(5) 各种主机必须正确有效地接地。

(6) 主机接地排规格为 300 mm×40 mm×5 mm，在主机下方，距地面 150～200 mm 处紧靠垂直线槽用两个 M10×60 的膨胀螺丝水平把接地排固定于墙上。

(7) 主机保护地、室内馈线接地，分别用 16 mm^2 的地线引至主机下端接地排上，再用 35 mm^2 的地线从接地排引至地网。

8.2　天线的安装要求

1. 室内天线的安装要求

室内天线的安装应满足以下要求：

(1) 天线的整体布局应合理美观，安装天线的过程中不得弄脏天花板或其他设施。

(2) 室内天线应尽量远离消防喷淋头安装。

(3) 吸顶天线应用天线固定件安装在天花板上，安装必须牢固可靠并保证天线水平；安装在天花板下时，应不破坏室内整体环境；安装在天花板吊顶内时，应预留维护口。

(4) 室内天线若为壁挂天线，必须牢固地安装在墙上，保证天线垂直美观并且不破坏室内整体环境，天线主瓣方向应正对目标覆盖区。

(5) 全向吸顶天线安装时应保证天线垂直，垂直度各向偏差不得超过±1°；定向板状天线的方向角应符合施工图设计要求，安装方向偏差不超过天线半功率角的±5%。

(6) 天线周围1米内不宜有体积大的阻碍物；天线安装应远离附近的金属体，以减少对信号的阻挡，不得将天线安装在金属吊顶内。

(7) 室内天线接头应密封良好，若安装位置潮湿又无其他合适的安装位置时，应将接头做好防水处理。

(8) 每副天线都应有清晰明确的标识，室内天线需外露安装时，应保证天线美观。

2. 室外天线的安装要求

室外天线的安装应满足以下要求：

(1) 室外天线必须牢固地安装在其支撑件上，各类型天线支架应结实牢固，支撑杆要垂直，横担要水平。

(2) 若天线支架的安装位置高于楼顶，则必须安装避雷针，避雷针长度应符合避雷要求，并良好接地，室外安装的天线应在避雷针45°保护角内，施主天线主瓣方向应指向施主基站。

(3) 室外天线的接头必须做好防水处理，连接室外天线的跳线应做一个滴水弯。

(4) 每副天线都应有清晰明确的标识。

8.3　器件的安装要求

器件安装要求主要是指对合路器、功分器、耦合器等无源器件的安装要求，主要有以下几点：

(1) 无源器件应尽量妥善安置在线槽或弱电井中，固定位置要便于安装、检查、维护和散热，避免强电、强磁或强腐蚀的干扰。

(2) 无源器件安装时应用扎带进行固定，并且要牢固、美观，不允许悬空放置，不应放置室外(如特殊情况需室外放置，必须整体做好防水、防雷处理)。

(3) 无源器件的接头应连接可靠，保证电气性能良好。

(4) 无源器件严禁接触液体，并防止端口进入灰尘。

(5) 无源器件不应安装在潮湿环境中，当安装位置潮湿又无其他合适位置时，无源器件必须整体做好防水处理。

(6) 无源器件的设备空置端口必须接匹配负载。

(7) 无源器件应有清晰明确的标签。

(8) 施工完成后，所有的设备和器件要做好清洁，保持干净。

8.4　馈线布放的要求

1. 总体要求

馈线布放的总体要求有以下几点：

(1) 所有馈线的布放要求走线牢固、美观，不得有交叉、扭曲、裂损情况。

(2) 布放馈线时，馈线必须从外圈由缆盘的径向松开、放出并保持弧形，严禁从轴心乱抽扩馈线。馈线在布防过程中，应无扭曲、盘绞、打结。

(3) 馈线布放时应注意端头的保护，不能进尘、进水、受潮；室内馈线接头与馈线接缝处需用防水胶带包裹做防尘处理；室外馈线接头应做好防水密封，已受潮、进水的端头应锯掉。

(4) 当跳线或馈线需要弯曲布放时，要求弯曲角保持圆滑，弯曲弧度在馈线允许范围内，走线路径应保证其稳固和不受损害。馈线一次转弯半径分别为：7/8 馈线大于 120 mm，1/2 馈线大于 70 mm，8D 馈线大于 50 mm。

(5) 馈线裸露部分必须加套白色 PVC 管，拐弯处用波纹管连接，波纹管长度不大于0.3 米。

(6) 馈线用扎带和 L 型馈线座、单/双孔波导卡、隔墙码、PVC 管卡码等进行固定。

(7) 所有馈线都应有清晰明确的标识。

2. 室内布放要求

馈线室内布放的要求如下：

(1) 所有馈线避免与消防管道及强电、高压管道一起布放走线，确保无强电、强磁的干扰。

(2) 上、下楼层的布线尽量安装在弱电井内，不得使用风管或水管管井。

(3) 馈线尽量在线井和吊顶中布放，至少每隔 1.5 米固定一次，与设备相连的跳线或馈线应用线码或馈线夹进行牢固固定。

(4) 不在线井、吊顶内布放的同轴电缆应穿 PVC 管、镀锌管或加装线槽，靠墙布放。

(5) 在电梯井道内布放馈线时，必须使用单联/多联馈线卡沿井道侧壁等间隔固定。

(6) 走线管应尽量靠墙布放，并用线码或馈线夹进行牢固固定。

(7) 对于地下车场等特殊场所，馈线无法靠墙布放又无走线架时，必须每隔 1.5 米安装一个馈线吊架，以供线管布线固定，且布线应高于消防管道或排气管道。

3. 室外布放要求

馈线室外布放的要求如下：

(1) 室外跳线要求沿天线支撑件固定，并且要求馈线的布放长度适当，以避免室外跳线形成多余的弯曲。

(2) 室外馈线应用线码沿墙壁等间距固定。

(3) 室外馈线进入室内前必须有一个滴水弯，波纹管滴水弯底部必须剪切一个漏水口，以防止雨水沿馈线进入室内，入线口/孔必须用防火泥密封。

(4) 室外馈线加套 PVC 管后，每隔 6 米就必须在水平布线的 PVC 管下方切口，用作漏水口。

(5) 禁止馈线沿建筑物避雷网带或与避雷地线捆扎在一起布放走线。

4. 馈线连接

馈线的连接应满足如下要求：

(1) 馈线接头与主机/分机、天线、耦合器连接口连接时，必须保持距离馈线接头

50 mm长的馈线为直出，方可转弯。

（2）馈线接头与主机/分机、天线、耦合器连接口连接时，必须连接可靠，接头进丝顺畅，不得野蛮死扭。

（3）整个天馈系统射频连接要可靠，整体驻波比不能大于 1.5。

（4）整个无源分布系统的三阶互调≤−100 dBc。

8.5　GPS 天线的安装要求

1. 位置要求

GPS 天线安装时对位置的要求如下：

（1）安装 GPS 天线的位置天空视野要开阔，周围没有高大建筑物阻挡，距离楼顶小型附属建筑应尽量远，安装 GPS 天线的平面的可使用面积越大越好，天线竖直向上的视角应大于 120°；南北方向是 GPS 卫星信号接收的理想方向，GPS 天线安装位置应优选建筑物顶部的这两面。

（2）注意不要受移动通信天线正面主瓣近距离辐射，不要位于微波天线的微波信号下方、高压电缆下方以及电视发射塔的强辐射下。

（3）从防雷的角度考虑，安装位置应尽量选择楼顶的中央，尽量不要安装在楼顶四周的矮墙上，一定不要安装在楼顶的角上，因为楼顶的角最易遭到雷击。

（4）天线安装位置附近应有专门的避雷针或类似的设施，如通信铁塔。天线应处在避雷针的有效保护范围内，即天线接收头与避雷针或铁塔顶端的连线与竖直方向的夹角小于 30°～45°。若无铁塔或避雷针，应安装专门的避雷针，以满足建筑防雷设计要求。

2. 馈线要求

GPS 馈线的安装应满足如下要求：

（1）GPS 馈线应尽量小于 100 米，如大于 100 米需加装 GPS 中继干线放大器。

（2）天馈线应做好防雷接地，天馈线防雷接地需符合规范；GPS 馈线应在下支撑杆、下天面(见图 8.4)、进馈线窗前接地；GPS 馈线接地要求顺着线缆下行方向进行接地，为了减少线缆接地线的电感，要求接地线的弯曲角度大于 90 度，曲率半径大于 130 mm。

图 8.4　GPS 天线天面安装

8.6 电源与接地

1. 电源线

安装时对电源线的要求如下：

(1) 主机/分机至配电箱的电源线可截断，如电源线不够长时，可以驳接，但火线、零线、地线须错位驳接，并用锡焊焊接，焊接处先用电工胶布包裹后，再用热缩管封固。

(2) 主机输入电源，必须火线、零线、地线相对应连接，不得错接。

(3) 连至主机的电源线不能和其他电缆捆扎在一起。

(4) 交流 220 V 供电电源线采用 2.5 mm^2 ×3 的橡胶皮包缆线。

(5) 直流(−48 V、24 V)供电电源线采用 2.5 mm^2 ×2 的橡胶皮包缆线。

(6) 连接电源时，必须做好安全防护工作，以绝对保证人身安全。

(7) 电源走线要加套 PVC 管，走线要平直/垂直美观；管口应光滑，管内清洁、干燥，接头紧密，不得使用螺丝接头，穿入管内的电源线不得有接头。

(8) 电源线如遇穿墙走线，穿墙部分必须加套 PVC 管或波纹管加以保护，穿墙孔/口必须用防火泥加以密封。

(9) 电源线加套 PVC 管水平/垂直布线的固定间距为 1.5 m，在 100 mm×60 mm 的线槽内布线的固定间距为 0.3 m。

(10) 直流电源线和交流电源线宜分开铺设，避免绑在同一线束内。

(11) 电源插座必须牢固固定，如需使用电源插板，电源插板需放置于清洁干燥且不易触摸到的安全位置。

(12) 电源线与电源分配柜接线端子连接，应采用铜鼻子与接线端子连接，并且用螺丝加固，保证接触良好。

(13) 电源线两端线鼻子的焊接(或压接)应牢固、端正、可靠，芯线在端子中不可摇动，电器接触良好。

(14) 电源线接线端子处应加热缩套管或缠绕至少两层绝缘胶带，不应将裸线和线鼻子及鼻身露于外部。

(15) 电源线与设备及电池组的连接应可靠牢固，接线柱处应进行绝缘防护。

2. 地线

地线的安装要求如下：

(1) 主机/分机馈线、施主/用户馈线、施主/用户天线架与接地线排的连接地线为子地线，用 16 mm^2 铜蕊橡胶皮包线连接；接地排至地网或室外施主天线支架直接至地网的连接地线为母地线，用 35 mm^2 铜蕊橡胶皮包线连接。子地线主机机箱接地柱连接用 60 A 线耳；子地线与施主/用户天线架、接地排连接用 200 A 线耳；母地线与接地排、地网连接用 300 A 线耳。

(2) 地线与地网连接时，严禁形成倒漏斗(即形成积水漏斗)，漏斗方向必须朝下。

(3) 地线必须加套 PVC 管或加装线槽，走线要平直或垂直且要美观。加装线槽时，线槽固定间距为 0.3 米。

(4) 地线如遇穿墙走线，穿墙部分必须加套 PVC 管或波纹管加以保护，穿墙孔(口)必须用防火泥加以密封。

(5) 8D 馈线用圆柱形 N－50KK 直通头进行馈线接地，即将 8D 馈线截断，馈线截断端线头分别制作 N－J8C 接头，中间用 N－50KK 直通头串接，再用喉箍把地线铜蕊线固定在直通头上；馈线上的接地点直接用防水胶泥密封，再用电工胶布包裹，接地排或地网上的接地点必须加涂黄油作防水、防锈处理。

(6) 为了减少馈线接地线的电感，要求接地线的弯曲角度大于 90°，曲率半径大于 130 mm。

(7) 当接线端子与线料为不同材料时，其接触面应涂防氧化剂。

(8) 主机保护地线、馈线、天线支撑件的接地点应分开。每个接地点要求接触良好，不得有松动现象，并作防氧化处理(加涂防锈漆、银粉、黄油等)。

地线的安装又分为室内接地和室外接地，其各自的安装要求如下。

1) 室内接地

(1) 设备的工作地线、保护地线应接入同一地线排，地线系统采用联合接地方式。接地电阻要求小于 10Ω。

(2) 室内地线排应尽量靠近地线进口，拉进机房的母地线必须直接连到室内地线排上，不能再经过任何设备才下地，必须直接落地。

(3) 室内设备要求用接地线与地排连接，每个接地点只能接一个设备，不能两个或多个设备连接在同一点上。

(4) 接地线应连接至大楼综合接地排，走线槽已经与综合接地排相连的，可连接至走线槽。

(5) 施主天线架的地线最终端的接地点为距离天线支架最近的地网或避雷网带，禁止将其接入室内。

(6) 室内设备保护地线禁止接至室外楼顶等高处避雷网带上。

2) 室外接地

(1) 天线支撑杆等室外设施都应与防雷地网接触良好，并做好防氧化处理，要求接地电阻小于 5Ω。

(2) 室外天线应安装避雷针，避雷针要求电气性能良好，接地良好，有足够的高度。室外天线应在避雷针的 45°保护角之内。

8.7　五类线的安装要求

工程安装过程中对五类线的要求如下：

(1) 五类线的布放应自然平直，不得产生扭绞、打圈接头等现象，不应受到外力的挤压和损伤。

(2) 五类线缆终接后，应有余量：交接间、设备间对绞电缆预留长度宜为 0.5～1.0 m，工作区为10～30 mm。

(3) 五类线必须用尼龙扎带牢固绑扎，在管道内、弱电井和吊顶内隐蔽走线时绑扎间距不应大于40 cm；在管道开放处和明线布放时，绑扎间距不应大于30 cm。

(4) 五类线的弯曲半径应符合：非屏蔽4对对绞电缆的弯曲半径应至少为电缆外径的4倍；屏蔽4对对绞电缆的弯曲半径应至少为电缆外径的6～10倍；主干对绞电缆的弯曲半径应至少为电缆外径的10倍。

(5) 五类线应避免与强电、高压管道、消防管道等一起布放，确保其不受强电、强磁等源体的干扰。

(6) 五类线与电源线平行敷设时，应满足表8.1中的隔离要求。

表8.1 五类线与电源线平行敷设时的隔离度要求

条件	最小净距离(mm)
对绞电缆与电力电缆平行敷设	130
有一方在接地的金属槽道或钢管中	70
双方都在接地的金属槽道或钢管中	平行长度小于10 m时，最小间距可为10 mm

(7) 对于不能在弱电井桥架、走线井、吊顶内布放的五类线，应考虑安装在电缆走线架上或套用PVC管。走线架或PVC管应尽可能靠墙布放并牢固固定。走线架或PVC管不允许有交叉和空中飞线的现象。

(8) 单一五类线的纵向和横向走线长度不应超过80 m(工程值)，如果超过80 m，可通过光缆加装光收发器进行转换，或者以增加交换机的方式解决；缆线中间不允许有接头，终接处必须牢固、接触良好，对绞电缆与插接件应认准线号、线位色标，不得颠倒和错接。

(9) 布放的网线一般使用直连网线，网线两端制作RJ45头，务必严格按照EIA/TIA T568B或是T568A标准制作，不能随便更改线序。

8.8 密 封

工程安装中对密封的要求如下：

(1) 室外馈线连接点必须进行防水密封，具体做法为：用电工胶布包裹接头金属部分，用防水胶泥包裹电工胶布并保证完全密封，再用电工胶布严密包裹防水胶泥。

(2) 室内馈线接头用电工胶布包裹作防尘处理，具体做法为：用电工胶布严密包裹射频接头，电工胶布要平滑美观。

(3) 馈线上、避雷网带上的接地点用防水胶泥直接严密包裹后，再用电工胶布严密包裹。室内与室外之间的走线孔/口必须用防火泥进行密封。

(4) 室外施主天线支架的螺丝(包括膨胀螺丝，避雷针连接螺丝、接地螺丝)，必须用黄油进行密封，以防水防锈。

(5) 固定主机机架的膨胀螺丝必须用黄油进行密封，以防锈。

8.9 标　　识

1. 标签要求

工程安装设计中对标签的要求如下：

（1）室内分布系统中每一个设备以及电源开关箱和各种线缆（馈线、电源线、地线、光缆、尾纤等）两端都应有明显的标签，方便以后的管理和维护。

（2）标签须格式统一、编号唯一。室内分布系统的标签应使用专用防水防腐标签，天线标签应使用白色铅印标签，不能手写。

（3）室内分布系统工程内所有设备均必须扎贴标识，贴于设备的显眼处，且不影响整体环境的统一协调性，以保持整体美观。

（4）主机标签要注明主机类型、编号，粘贴在正面可视的位置；主机、电源必须加挂警示牌。

（5）馈线的走向以系统信源下行为去向，即以施主天线或与基站直接耦合点为起始端，用户天线为最终端点。起始端标签为“To -设备代号”，终止端标签为“From -设备代号”。

（6）馈线及地线两端均须粘贴标签，注明电缆类型、长度及去向与来源；标签均贴于距线头 20 mm 处；在并排有多个设备或多条走线时，标签必须贴在同一水平线上。

（7）要求裸露馈线每隔 2 m 贴一张运营商的标志，每个器件和每条馈线都必须有记录，必要时标签要用透明胶带加固。

（8）空气开关上的标签必须正确标注对应的设备名称。

2. 标签编号格式

主要设备标签的编号格式如下：设备编号与原理图一致，n 表示设备的编号，以每楼层编一次序号，m 为该设备安装的楼层。

1）无源器件

楼层天线：ANTn - mF；

电梯天线：ANTn - mF - a＃；

功分器：PSn - mF；

耦合器：Tn - mF；

合路器：CBn - mF；

负载：LDn - mF；

衰减器：ATn - mF

2）有源分布系统设备

干线放大器：RPn - mF；

无线直放站：RPn - mF。

3）馈线

起始端：To——设备编号；

终止端：From——设备编号；

4）光纤分布系统设备

主机单元：HS$n-m$F；

远端单元：RS$n-m$F；

光路功分器：OPS$n-m$F。

5）光纤

下行输出：Down To——设备编号；

下行输入：Down From——设备编号；

上行输出：Up To——设备编号；

上行输入：Up From——设备编号。

例 8.1 安装在 9 层、编号为 2 的三功分器，它的标签应怎么做？

解 标签应为：

运营商 Logo	功分器 PS2 - 9F

例 8.2 一段馈线，起始点是安装在 9 层、编号为 2 的功分器 PS2 - 9F，终止点为安装在 10 层、编号为 3 的耦合器 T3 - 10F，则此段馈线的标签应怎么做？

解 起始端标签为：

运营商 Logo	馈线 To T3 - 10F

终止端标签为：

运营商 Logo	馈线 From PS2 - 9F

思考题

1. 工程安装过程中，对主机的安装环境有何要求？
2. 工程安装过程中，对主机的安装位置有何要求？
3. 工程安装过程中，对主机外周线槽的安装有何要求？
4. 工程安装过程中，对室内天线的安装有何要求？
5. 工程安装过程中，对室外天线的安装有何要求？
6. 工程安装过程中，对 GPS 天线的安装有何要求？
7. 工程安装过程中，对接地有何要求？
8. 工程安装过程中，对在室内分布系统工程中如何做防水密封？

第 9 章　典型场景的覆盖解决方案

9.1　居民小区场景

通常居民小区内不允许建大的宏基站，所以一般采用室外信号覆盖室内的方法。依据小区规模主要采用无线直放站、光纤直放站、室外小区分布系统和分布式基站的方式进行覆盖，天线要做相应的美化，保持与环境协调。对深度覆盖要求较高的物业，可以采用室内分布系统，主要覆盖地下车库和电梯，对住户而言，一般天线不进家门，放置于电梯厅较好。

对楼层较高(一般在 20 层以上)的小区，可以采用 BBU＋RRU＋美化天线/定向小板状天线，从室外往室内覆盖的方式进行覆盖，根据建筑物的楼高和楼间距以及现场的安装位置，考虑在楼宇的高、中、低位置安装天线进行均匀覆盖，以取得良好的覆盖效果。天线选型以安装方便、隐蔽、美观为主，天线水平波半角应尽量小，垂直波半角应尽量大，可以考虑将天线安装在楼梯间和电梯间的外墙或者内墙穿过玻璃后朝对面楼宇覆盖。同时根据容量的需求，可将多个 RRU 覆盖的目标区域合成为一个小区，尽量减少覆盖目标区域的切换。图 9.1～图 9.4 分别为几种典型的居民小区场景。

图 9.1　典型的小型居民小区

图 9.2　典型的大型居民小区

图 9.3　典型的中型居民小区

图 9.4　典型的城中村居民小区

当小区覆盖采用独立小区方式或直放站信源引取不同基站的信号时，面临的主要问题是周围基站的干扰协调，解决方法有控制小区内天线挂高、功率、主瓣方向等，同时优化小区外基站的天线工程参数，避免越区切换、邻小区漏配、乒乓切换等现象的出现。

典型的居民小区场景覆盖方案如表 9.1 所示。

表 9.1　典型的居民小区场景覆盖方案

场景	特　点	信源选取	覆　盖　方　式
小型小区	楼宇数量少，建筑面积在 200000 m^2 以下，人员少，话务量不高	直放站	无线网络整体优化，主要做好小区与周边小区综合覆盖，以室外信号穿透覆盖室内为主，可对地下室和电梯做室内专门覆盖
中型小区	楼宇数量多，建筑面积在 200000～500000 m^2 之间，人员多，话务量高	直放站、分布式拉远站	无线网络整体优化，采用周围基站或室外小区分布系统(美化天线)，以室外信号穿透覆盖室内为主，可对地下室和电梯做室内专门覆盖
大型小区	楼宇数量很多，建筑面积在 500000 m^2 以上，人员很多，话务量很高	直放站、分布式拉远站、微蜂窝	室内采用周围基站或小区内架天线覆盖；小区综合覆盖，主要做好小区与周边小区综合覆盖，划分区域
城中村	都是高 3～5 层不等的村民自建房，建筑物密集，结构不规则，且占地面积较大。人口密集，话务量较高，弱覆盖区域主要在低层	微蜂窝，主要是分布式或者集中式宏站	采用大增益板状天线，城中村天线安装在低层外围的墙上。划分好区域，尽量减少区域间切换

9.2　商业办公场景

商业、办公楼和星级宾馆等场景按建筑规模分，主要分为小型建筑、中型建筑和大型建筑。其中小型建筑为楼层小于 7 层，建筑面积小于 2000 m^2；中型建筑为楼层小于 20 层，建筑面积小于 5000 m^2；大型建筑为楼层大于 20 层，建筑面积大于 10000 m^2。

1. 小型建筑

图 9.5 所示为一个典型的小型建筑的内部。

图 9.5　典型小型建筑内部

小型建筑场景分析以及信源和覆盖方式建议见表 9.2。

表 9.2　典型小型建筑覆盖方案

场景	结构特点	信源选取	覆　盖　方　式
小型超市、网吧	面积小、区域空旷	直放站 家庭基站	吸顶天线等覆盖、家庭基站
咖啡厅	面积小、区域空旷		吸顶天线与板状天线等覆盖、家庭基站
小型娱乐场所	面积小、有隔断		吸顶天线与板状天线等覆盖、家庭基站

对于物业协调困难、施工难的小型建筑场景，或临时解决容量、覆盖等场景的区域，可以选择家庭基站覆盖。对于最大覆盖范围为 150 m^2 内的区域，可以选择家庭型基站。

2. 中型建筑

图 9.6 和图 9.7 所示为两个典型的中型建筑。中型建筑场景特点及解决方案如表 9.3 所示。

图 9.6　典型中型建筑

图 9.7　典型中型建筑

表 9.3　典型中型建筑覆盖方案

场景	结构特点	信源选取	覆　盖　方　式
商场	区域空旷，有电梯	直放站、 微蜂窝、 RRU	楼层采用吸顶天线覆盖，电梯采用板状天线专项覆盖
办公楼	内部有隔断，有电梯		天线尽可能放进办公区内覆盖，否则放入走道，电梯采用板状天线专项覆盖
酒店	中央走廊＋双边客房结构为主，有电梯		天线尽可能放进客房内覆盖，否则放入走道，电梯采用板状天线专项覆盖

例 9.1　某便捷酒店需做室内分布系统。该酒店共 1 栋楼 10 层高，无地下室，有两部客梯和 1 部货梯，1～2 层为餐厅，3 层为 KTV，4～9 层为客房，10 层为办公室，总建筑面积约 5000 m^2。试设计覆盖方案。

解 (1) 对于酒店场景通常采用“小功率，多天线”的分布思路，信号只经过一次穿透覆盖。

(2) 酒店场景话务量发生较大的区域为低层的大厅、咖啡厅、大型会议室、宴会厅、餐厅等场所，这些区域天线的布点可以相对密一些。一般要求天线进客房、会议室、总经理办公室及纵深较大的办公区、餐厅包间、酒店内娱乐场所等重要区域。

(3) 标准层客房的话务量一般发生在晚上，为达到客房深度覆盖，一般建议天线进标准层客房：在客房窗边安装一副定向天线可满足本身及左右两边各一个房间的覆盖，这样一个天线就可以覆盖三个房间；对于 VIP 客房这样的地方要一个房间一个天线，功率不需要太高，要重点保障。

(4) 室内外切换区应设置在宾馆、酒店出入口处，如果从室内通往室外，则切换区应该控制在出大门外 5 m 左右的距离；如果是从室外通往室内，则切换区应该在一进大门处，越近越好。

设计方案描述：

信号源：在 11 层电梯机房，新建光纤直放站作为信源。

覆盖范围：根据需求表的要求并经现场勘测，确定本工程为对酒店 1～10 层和三部电梯进行覆盖。

建设方式：

(1) 本工程采用射频同轴电缆分布式天馈线系统，使用无源全频耦合器和功分器，通过无烟无卤阻燃馈线传输信号。

(2) 对于 1 层大厅等与室外直接相连之处，应注意避免室内分布系统信号功率外泄，选用定向吸顶天线安装在大厅进门处靠柱子内侧的横梁上进行覆盖，配之以较低的天线输出功率，或者选用定向板状天线安装在门厅处向大堂内部覆盖。

(3) 对于电梯，可采用高增益、小方向角的定向板状天线或对数周期天线进行覆盖，每 3～4 层安装一副天线。

(4) 1～2 层餐厅使用全向天线进房间进行覆盖。标准层客房天线安装在房间内，采用定向天线。

(5) 走廊等公共区域可采用少天线、大功率的分布方式，采用全向或定向天线，满足覆盖要求即可。

3. 大型建筑

对于楼层高度在 20 层到 30 层、面积在 30000 m^2 以下的一般大型建筑物，在满足覆盖和容量需求的前提下，建议采用 BBU＋RRU 覆盖。

对于楼层高度在 30 层以上、面积在 30000 m^2 以上又有裙楼的一般超大型建筑物，在满足覆盖和容量需求的前提下，建议采用多个 BBU＋RRU 覆盖。

对于室内外都要覆盖的大型建筑场景，通常采用 BBU＋RRU 的方式或宏蜂窝＋RRU 的方式进行覆盖，充分利用信号源资源。

图 9.8 至图 9.10 中所示为三种典型的大型建筑。大型建筑的场景特点及覆盖解决方案如表 9.4 所示。

图 9.8　典型大型建筑之一：商贸城

图 9.9　典型大型建筑之二：高档写字楼

图 9.10　典型大型建筑之三：政府办公中心

表 9.4　典型大型建筑场景特点及覆盖方案

场景	特　点	信源选取	覆　盖　方　式
写字楼群	楼宇多，楼层高，电梯多，人员密集	宏蜂窝、微蜂窝、BBU+RRU	分区覆盖，做好外围区域覆盖区的切换。楼层采用吸顶天线覆盖，电梯采用板状天线覆盖，个别楼宇需要采用室内外综合覆盖
政府办公楼	楼层面积大，楼宇多，楼层不高，人员密集	宏蜂窝、微蜂窝、BBU+RRU	分区覆盖，楼层采用吸顶天线覆盖，电梯采用板状天线覆盖，注意各分区的切换
大型商贸城	楼层不多，面积超大，人员密集，节假日高话务量	宏蜂窝、微蜂窝、BBU+RRU	分区覆盖，楼层采用吸顶天线覆盖，电梯采用板状天线覆盖，注意各分区的切换

对于超大型建筑物，一般需要进行分区(cell)覆盖。小区的划分主要是从建筑结构的特点、射频功率分配的需要以及切换等方面进行考虑，分区尽可能做到依建筑结构相对独立，将整个室内分布系统做成一个无源系统，并且有利于小区间的切换。

小区之间的切换过多会造成网络指标下降和信令信道的开销增大，所以需对覆盖系统每一个切换区域(如大堂(室内外小区间)、上下楼层(大楼上下分区)以及电梯(电梯内外不同小区))进行模拟测试分析，通过合理的布放天线及控制天线口的功率确定相应的切换区域及切换区域的大小，以保证系统开通后顺畅地完成小区间切换。

根据模拟测试结果及楼层电磁环境的特点，采用低功率、密布天线的覆盖，在每层的走廊和办公室区域安装吸顶天线进行覆盖。

9.3　校园场景

9.3.1　校园用户及业务特点

大学校园一般存在多种功能性建筑，如教学楼、行政楼、图书馆、宿舍楼以及操场等，图 9.11 为一个典型校园平面图。

一般校园内的移动电话用户数目总量较为固定，但用户行为在不同的建筑内各不相同。从区域上看，基本可以划分为校园室内区域和校园室外区域。校园室内区域按照功能细分为教学楼、行政楼、实验楼、食堂、图书馆、大礼堂、体育馆、宿舍楼，此区域一般是校园话务量最为集中的区域，同时话务量具有规律的流动性；校园室外区域面积较大，主要是道路、广场、操场、室外运动区域和草地组成，覆盖区域较大，但是话务量相对较小。

大学校园内师生人数较多，综合性大学内学院众多，校园内人数变化普遍趋势如下：

(1) 每年有新生入校和毕业生离校，人数基本持平。

(2) 每天离开学校和进入学校的人员基本持平。

(3) 周一至周五校内人员较多而周末较少。

(4) 寒暑假校内人员较少。

(5) 9 月因新生入校人数增多，漫游数目较大。

(6) 5～7 月因毕业生陆续离校，人员总数减少。

图 9.11　典型校园平面图

校内不同楼宇的功能不同，人流量、话务量、业务需求各不同，表 9.5 列出了校园楼宇类型与业务特点。

表 9.5　校园楼宇类型与业务特点

序号	楼宇类型	人群	人流量	话务量	短信量	数据业务
1	教学楼	学生	较大	较少	较大	一般
2	行政楼	教师	较大	一般	一般	较少
3	实验楼	学生	一般	较少	一般	较少
4	食堂	学生	较少	较大	较大	一般
5	图书馆	学生	较大	较少	较大	一般
6	大礼堂	学生	一般	突发	突发	突发
7	体育馆	学生	突发	较少	较少	较少
8	宿舍楼	学生	很大	较大	较大	一般

大学内基本所有学生都住宿，宿舍区夜间的话务量相当高。周一至周五白天，人员集中在教学楼和实验楼。早中晚饭时间，人员主要集中在食堂。由于图书馆内有场馆限制，一般话务量较小。在活动期间，人员主要集中在大礼堂或者体育场馆。宿舍话务量基本可以作为整个校园话务容量的衡量标准。

9.3.2 校园建设方案

校园内的建筑有教学楼、行政楼、教工楼、实验楼、图书馆、礼堂、报告厅、体育馆、食堂，由于此类建筑纵深较大，存在大量走廊，室外宏站在室内信号较弱，所以建议采用室内分布系统进行覆盖，可以有效吸收室内话务量，提高用户感受，表 9.6 列出了对校园楼宇室内分布系统的建议。

各学校宿舍楼差异较大，一些典型的宿舍楼如宿舍房间之间存在公共走廊，则建议采用室内分布系统建设；而一些公寓型宿舍由于工程无法安装室内分布式天线，因此建议采用室外分布系统覆盖。

表 9.6 校园楼宇室内分布系统建议

楼宇功能	信源类型	覆盖方式	建设可行性
教学楼	RRU	室内分布系统	高
行政楼	宏蜂窝	室内分布系统	高
教工楼	RRU	室内分布系统	高
实验楼	宏蜂窝	室内分布系统	高
图书馆	RRU	室内分布系统	高
礼堂	RRU	室内分布系统	高
报告厅	RRU	室内分布系统	高
体育馆	RRU	室内分布系统	高
食堂	RRU	室内分布系统	高
宿舍楼	RRU	室内分布系统	中

对于业务量较小或存在业务错时现象且地域相邻的楼宇，可采用共小区 RRU 技术，将多个不同功能的楼宇组成一个小区。如将图书馆与食堂等楼宇组成共小区，可以有效地利用资源。RRU 共小区组网，需考虑各楼宇话务情况，即不可超过共小区技术提供的最大容量。

当某楼宇话务量需求较大时，通过多个分属不同小区的 RRU 对其进行覆盖，可较好地吸收该楼宇话务。同时为了减少不必要的小区间切换，一般将楼宇群呈块状分割然后组合，避免出现条状或者带状分割。楼宇间存在必然联系的部分或者存在大量人流的区域建议归入一个 RRU 共小区组覆盖。

校园场馆类楼宇一般较为高大宽敞，能同时容纳较多用户同时参与。平时话务量较低，而突发话务量较大。单个 RRU 容量无法满足时，可以使用多个 RRU 进行覆盖。场馆内场室分天线一般安装于建筑顶部，选择方向性好的赋形天线可以达到较好的覆盖效果。其他区域一般采用常规室分系统天线安装方式即可。

一些拥有较长建校历史的高校，某些楼宇无法进行室内分布系统建设，而校外宏站又无法对楼宇深度覆盖，可能导致某些楼宇手机用户感受较差。建议此类楼宇采用室外分布系统进行覆盖。室外分布系统即采用分布式天线系统安装于楼宇之间的空地或者楼宇外墙(天线采用伪装外型天线)，对楼宇内部进行覆盖。为避免引起干扰，一般建议在楼宇间使用，利用楼宇本身作为阻挡。

(1) 若楼宇高度较低，地面为草地，则可采用安装于地面的室外分布系统＋共小区RRU 进行覆盖。此类覆盖要求较高，对地面有破坏，牵涉面较多，一般由系统集成商完成建设。

(2) 若楼宇外墙可安装伪装天线，则采用楼宇间天线对打覆盖。一般天线安装于楼宇外墙，为了避免信号泄漏造成干扰，应严格控制天线挂高和主瓣方向角。

在某些面积不大或话务量较小的校园(或分校校园)附近，可新建专门覆盖校园的基站或者调整天线方向以专门覆盖校园。若主力覆盖校园的扇区无法在校内做到深度覆盖，在容量足够的前提下可将室外宏站同校内部分楼宇组成共小区。共小区 RRU 设备可以对宏站无法良好覆盖的区域进行补充覆盖。

新型学生公寓家庭基站覆盖的解决方案如下：

新型学生公寓的房间套型与普通家庭场景类似，一户多为四室一厅或三室一厅结构。房间分布在客厅周围。房间较小，每个房间住 4～6 个学生，一套公寓总共住 15 人左右。各种业务发生数量较多，高速 PS 业务使用率高且多发生在房间之中。

家庭基站的发射功率小，覆盖半径为 10 m 左右；每套公寓安装一个家庭基站，可同时满足覆盖需求和容量需求。

家庭基站安装在客厅之中，可根据现场情况(房间分布情况、房间顶部高低情况)采用吸顶或挂墙安装。

与室外网络的切换区域在公寓套房门外楼梯口处。

9.4　封闭道路场景

封闭环境下的道路一般有三种：地铁、公路隧道和地下人行通道。各自的特点和覆盖解决方案见表 9.7。

表 9.7　封闭环境下的道路覆盖方案

场景	特　点	信源选取	覆　盖　方　式
地铁	车速快，无信号，人流量大，空间封闭	宏蜂窝＋干放分布式基站	隧道以泄漏电缆覆盖为主，站台以吸顶天线覆盖，做好站台出入口的切换关系。
公路隧道	车流较大，空间封闭	直放站或 RRU	小平板天线覆盖(短隧道)泄漏电缆(中长隧道)
地下人行通道	人流较少，空间封闭	小型直放站	小平板天线覆盖

1. 地铁

地铁作为城市的重要交通，人流密集，业务量大，需要覆盖的范围包括站厅、站台、出入口、公共区域、办公区域、设备区域、隧道和附属商业设施等。毫无疑问，对于地铁分布系统，合路共用的通信制式众多，因此采用 POI 来实现各通信系统间的合路，同时为了更好地隔离各系统，减少系统间和频段间干扰，地铁分布系统的 POI 一般使用上下行独立天馈分布系统，如图 9.12 所示。

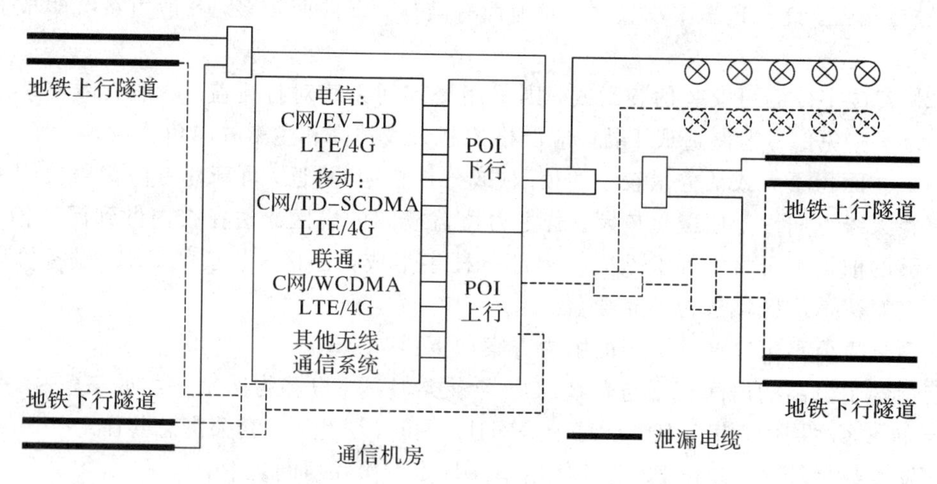

图 9.12　地铁上下行独立的 POI 建设方式

1）站厅覆盖

地下车站一般分为两层，上层为站厅(见图 9.13)，下层为站台；而高架车站则相反，下层为站厅，上层为站台；换乘车站则为多层立体。站厅包括商业区、进出站检票区、换乘/进出口通道、管理服务区、办公区等，通常较为开阔，因此可采用布设吸顶天线阵列方式实现全覆盖，同时合理控制切换区域的信号强度。

图 9.13　地铁空阔的站厅

2）站台覆盖

对于岛式站台（地下车站为主，见图 9.14），利用两侧隧道内的泄漏电缆辐射的信号进行覆盖，考虑列车停靠时，列车和屏蔽门对信号的阻挡衰减以及站台宽度和现场实际的电磁波是否受阻挡或衰减过大，可在站台层适当加装全向吸顶天线进行补充覆盖，上下行收发天线一般建议分隔 1500 mm。

图 9.14　地铁岛式站台

对于侧式站台（高架车站为主，见图 9.15），考虑站台宽度和站台附属建筑物或设施的多少，以及电磁波是否受阻挡或衰减过大，可在站台顶部适当安装全向吸顶天线阵列进行覆盖。

图 9.15　地铁侧式站台

3）隧道覆盖

地铁隧道(见图 9.16)是双向的狭长隧道，当列车经过时，隧道剩余的空间非常有限，且隧道通常是弯曲的，非常不利于电磁波的空间传播，因此地铁隧道的覆盖一般采用泄漏电缆。上下行泄漏电缆一般建议分隔 500 mm。

图 9.16 地铁隧道

采用泄漏电缆覆盖方式的链路预算如下：

(1) 泄漏电缆输入端注入功率：P_{in}。

(2) 要求覆盖边缘场强：$P=-85$ dBm。

(3) 泄漏电缆耦合损耗 L_1：指泄漏电缆在指定距离内(常为 2 米)辐射信号的效率；该值与覆盖概率有关，一般泄漏电缆厂家会提供覆盖概率为 95％的耦合损耗。

(4) 人体衰落 L_2：3 dB。

(5) 宽度因子 L_3：是指泄漏电缆到移动台的距离 d 相对于 2 米距离的空间损耗差，等于 $20\lg(d/2)$dB。

(6) 车体损耗 L_4：与车体有关，一般取 10 dB。

(7) 其他余量 L_5：包含功控余量、阴影衰落余量 3 dB。

(8) 每米馈线损耗 S：泄漏电缆指标，由厂家给出。

(9) 泄漏电缆的覆盖距离(m)$=[P_{in}-(P+L_1+L_2+L_3+L_4+L_5)]/S$。

将相关的损耗及参数带入链路预算公式，采用 13/8″的泄漏电缆，得到各系统主设备信源泄漏电缆覆盖的链路预算，进而得知各个网络的泄漏电缆的单边覆盖距离。

经过计算，CDMA 网络的单边覆盖距离约为 1532 m，而 WCDMA 网络漏缆的单边覆盖距离约为 407 m。

由于地铁各站台间隧道距离较长(一般为 1 km 以上)，对于高频系统，处于隧道口两边站台处的信源通过泄漏电缆无法覆盖到整条隧道区间，即使是低频系统，在较长隧道区间也无法仅通过站台的信源进行覆盖，需要在隧道中间的泄漏电缆上加注信号功率，一般可以采用 RRU、光纤直放站或干线放大器(仅能单边辐射)。对于各系统，只要各信号加注点的区间距离满足信号覆盖要求，就可以保证实现各系统信号的隧道内有效覆盖。

4）切换设计

地铁站内的切换形式一般是信号质量切换，其类型主要有隧道间小区切换、换乘站切换、站内外切换、隧道和地面切换等。

（1）隧道间小区切换：站台与其相连的隧道一般是同一小区，不存在切换；而不同车站一般是不同小区，因此小区切换只能在隧道完成。通行的做法是依据列车运行速度、各系统切换时间和切换电平，设计适当长度的切换带。在这个切换带中A小区信号逐渐减小，B小区信号逐渐增大，保障小区切换顺利完成。在工程上，可以把A小区的泄漏电缆和B小区的泄漏电缆在切换区域连通，使两边小区来的信号尽量形成较多的重叠区，保证在列车高速运行下的切换顺利进行。

（2）换乘站切换：换乘站一般涉及两条地铁线路，换乘切换不可避免。换乘站切换区域的设置，应该尽量避免乒乓切换。我们建议切换区设置在换乘通道内，在换乘通道内合理放置A/B小区的天线，以保证信号的梯度及平滑性。

（3）站内外切换：这是地面与地铁小区之间的切换，切换区设置在出入口处，一般要做到两点：

① 交叠区保证：车站出入口附近一定要设置天线，使站厅信号与站外信号的交叠区尽量在出入口通道附近。

② 梯度/平滑性保证：保证出入口附近站内信号的梯度及平滑性，优化外网在出入口的信号质量。

（4）隧道与地面切换：列车出隧道的过程中，其信号强度变化是隧道内信号迅速减弱，隧道外信号增强的过程，进隧道的过程与之相反，其切换区（信号重叠区）不足以确保切换成功。解决方法如下：

① 将泄漏电缆延伸到隧道外，在隧道口附近形成切换带。

② 在泄漏电缆的末端增加定向板状天线，将隧道内小区信号引到隧道外，在隧道外形成足够长的切换带。站台与站台小区形成足够重叠区，达到保证切换成功的目的。

2. 公路隧道

移动通信网络建设的目标是无缝覆盖，以保证随时随地通信，在实际的网络规划建设中通常的难点是对一些典型区域的覆盖，如公路隧道等。

公路隧道作为一种特殊场景，是网络覆盖建设的重要组成部分，其主要特点如下：

（1）公路隧道能做到很好的电磁波隔离，不用担心与地面宏基站之间的相互干扰。

（2）用户以车内用户为主，业务量不高。

（3）公路隧道具有中等的移动速度，平均设计时速在40～60 km左右。

（4）公路隧道可用空间有限，设备安装及走线均需在隧道规划设计时加以考虑。

对于短距离无弯道的直隧道的覆盖，可在隧道口一端或两端布设小型直放站，服务天线采用高增益、窄波束天线，主瓣朝向隧道深处，实现对隧道的信号覆盖。

对于距离较长且有弯道的隧道的覆盖，可在隧道口一端或两端布设小型直放站，并连接泄漏电缆，将信号馈入隧道中。如果隧道两端属于不同小区，应在无直放站的隧道口，做好小区切换设计。如果两端都有直放站，则切换带在隧道中间。在进行切换区域的长度设计时，应充分考虑车辆行驶速度（适当兼顾司机超速的情况）。

对于超长距离的隧道的覆盖，可以采用BBU＋RRU的组网方案，同时考虑到定向天线安装简便、造价低、覆盖距离远的特点，可以采用高增益的对数周期天线进行隧道覆盖。隧道内为同一小区设置，不存在隧道内切换；但要做好隧道口的切换区设计，保证足够的切换带长度和信号增衰梯度。

以南京长江隧道(双向两孔，见图9.17)的移动通信系统信号覆盖工程为例。整个方案采用BBU＋RRU＋定向天线的组网方式，隧道内每个RRU通过功分器、耦合器及馈线连接四个定向天线，每副天线负责覆盖200～210 m的距离，隧道出口处的两个RRU各有一条支路天线设计的隧道覆盖，其距离为130 m，是为了使隧道口有足够的功率余量，形成隧道小区与隧道外小区的切换保护带。方案原理图如图9.18所示。

图9.17　典型公路隧道

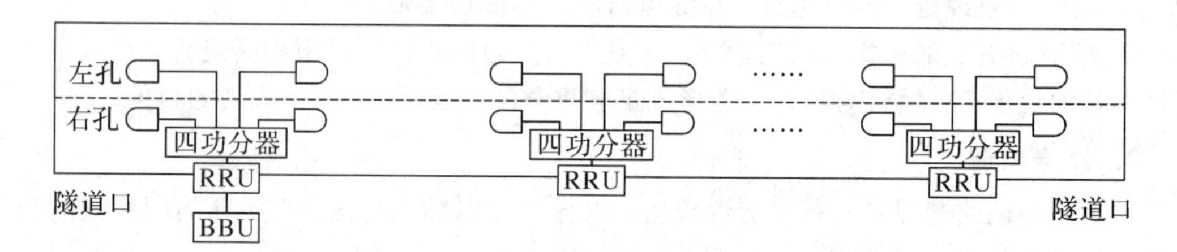

图9.18　长江公路隧道移动通信信号覆盖解决方案

对于中间弯道较多但又不是特别长的隧道，也可以采用在隧道两端和中间安装数字光纤直放站的方法，隧道两端的光纤直放站利用高增益、窄波束天线向内覆盖隧道；隧道中间的光纤直放站利用两个高增益、窄波束天线分别向隧道两边辐射信号，最终实现对隧道的覆盖。

3. 地下人行通道

如图9.19所示为一个典型的地下人行通道。

对于十字路口四通道的地下人行通道，一般采用直放站加小型分布系统的方式进行覆盖，建议在四通道的转向点处设置全向天线。

对于单通道地下人行通道，一般采用微型直放站加高增益、窄波瓣的定向天线的方式进行覆盖。

图 9.19　典型地下通道

9.5 巨型场馆

巨型场馆各自的特点和覆盖解决方案见表 9.8。

表 9.8　巨型场馆特点及覆盖方案

场景	特　点	信源选取	覆　盖　方　式
机场	面积大，人流多，业务量大，高端用户多	宏基站＋干放分布式基站	考虑话务容量，分区覆盖；充分利用机场的建筑结构和功能来安装；室内采用吸顶天线覆盖；做好与周边基站的整体规划，做好切换关系，控制好信号外泄；热点区域引入 WLAN
体育馆场	面积大，突发话务量大，中空区域多	宏基站＋干放分布式基站	分区覆盖，充分利用建筑结构特点，做好小区划分；观众席上引入 WLAN、板状天线和吸顶天线；对于大型室外场馆要做好室外信号覆盖，室外采用板状天线
会展中心	面积大，突发话务量大	宏基站＋干放分布式基站	分区覆盖；采用板状天线和吸顶天线相结合；热点区域引入 WLAN 覆盖

对于大型场馆的综合覆盖，建议采用 BBU＋RRU＋光纤分布系统的解决方案。从容量配置上来讲，BBU＋RRU 方案非常灵活，可以根据容量需求，在不改变室内分布系统和 RRU 的前提下，通过配置基带处理单元，灵活地支持载波的扩容。同时结合大型建筑内部的结构和功能特性分配信道资源。这种解决方案的特点在于：实现空间隔离，降低干扰；覆盖和容量独立规划，降低对干放的依赖；基带容量实现共享，扩容能力大；光纤无损耗，RRU 部署非常灵活。

1. 机场

机场是一个地区对外联络的重要门户，是一个地区经济发展的缩影。为公众提供高质量的移动通信、无线上网等服务是提高机场档次、树立机场形象的重要方面。机场空间巨大，室内结构复杂，既有办公区，又有公共服务区(见图 9.20)。

图 9.20　规模巨大的机场

传统的室内覆盖建设方式通常是每个运营商独立建设自己的室内覆盖系统，因此每个运营商都需要独立与业主协调，会占用业主大量的管理成本。同时也消耗了楼宇内的走线桥架等资源，有些甚至会影响楼宇的弱电系统，如消防、通风、电梯等。由于存在以上弊端，大型机场室内覆盖系统目前一般采用多系统合路技术(POI 技术)，把众多的无线系统进行合路并共用一套天馈系统输出，使业主的管理成本得以有效降低，同时把施工对楼宇的不利影响降至最低。

室内覆盖系统共网建设分两种方式：收发共缆和收发分缆。

1）*收发共缆方式*

收发共缆方式即所有系统的共用部分采用一套电缆。为了保证多系统的共用，实际操作中要选取隔离度高的合路器件，采用分级组网，增加适当的滤波器等形式保证各系统的正常工作。

2）*收发分缆方式*

收发分缆方式即所有系统上下行分开，上行链路和下行链路分别走一套天馈线。这种方式对于 FDD 系统来讲没有问题，但对于 TDD 来讲，可能涉及选择具体合路到上行还是合路到下行的问题。这需要根据工作频率来分析选定，一般是合路到下行系统。

显然，干线机场采用一个小区是不能满足容量需求的，因此必须对机场进行分区。一般情况下，机场单层面积大，建筑被分为多栋楼宇，可考虑采用立体结构划分小区，充分利用机场内部建筑结构和特殊地段的自然分隔，规划为小区边界。

机场内几种场景的覆盖解决方案如下：

(1) 对于楼层距离较小的区域(如办公区、VIP 厅等)采用吸顶全向天线，以“多天线，小功率”的滴灌技术进行覆盖。

(2) 对于房间纵深较深或房间内有隔断的区域，将全向吸顶天线尽可能安装在房间内，采用暗装方式。

(3) 对于楼层空旷区域(如候机厅、出发厅、到达厅等)，采用定向板状天线或者定向壁挂天线进行覆盖。

(4) 对于电梯，则采用定向壁挂天线安装在电梯井道内，主瓣方向朝上或者朝下覆盖。如不能在电梯井道内布放天线，则可以采用在电梯厅布放定向吸顶天线的方式，天线主瓣方向朝向电梯厅。

(5) 对于高层窗边区域，在窗边安装定向吸顶天线进行覆盖。

(6) 考虑在 VIP 区域、候机厅和办公区等热点区域引入 WLAN 系统。

2. 体育场馆

图 9.21 所示为一个规模巨大的主体育场。通常，体育场馆的单层面积极大，场馆覆盖区域包括看台和各功能工作区。看台空阔，人员密集，需要有多个小区共同提供大量的业务信道；而各功能工作区人员不多，主要是以覆盖为主。

图 9.21　规模巨大的主体育场

场馆类建筑一般较为高大宽敞，能同时容纳很多用户同时参与，平时话务量较低，而突发话务量巨大。单个 RRU 容量无法满足时，应使用多个 RRU 进行覆盖。多个 RRU 分属于多个小区，对于普通楼层结构建筑，建议采用上下分小区；对于中空或敞开结构场馆，一般采用水平方向分小区。建议对场馆中的观众席进行分区，每个区域采用室内分布式天线进行覆盖，信源采用 RRU 设备；当话务量较小时，采用共小区模式，保留 2～5 个小区；当话务量激增时，将共小区模式转变为每个 RRU 单独小区模式，一般在 6～18 个小区。

从场馆垂直面来看，建筑物分裙楼、主楼、内场、外围等区域。各区域建议利用建筑物现有隔断分割成多个小区进行覆盖，避免在人流量较大的区域设置切换边界。

根据场馆规模和结构的不同，可以采用不同的分区方式和分区数量。

例 9.2　某主体育场建筑面积约为 136000 m^2，覆盖顶篷面积 30 000 m^2，观众席位 62 000 个，其中，主席台席位 200 个，包厢 162 个。主体育场的内场地周长为 904 m，长轴方向 194 m，短轴方向 144 m，看台最高点第 85 排为 44.282 m。围绕主体育场有宽 60 m、周长 1300 m、净空高度为 7 m 的环状通道。观众从主体育场出来后，可以通过环状通道上部的人行道，到达其他任意一个场馆。通道下部是一个隐蔽的停车场，可同时停放各种机动车 3000 辆、非机动车 8000 辆。试设计覆盖方案。

解　对于如此巨大的容量需求，必须使用多个分布式基站做信源，并采用多 RRU 合并小区技术。此外，还需对体育场进行分区。依据体育场人员出入分区管控规律(观众进场时和进场后，应尽量避免大范围水平移动)，一般将体育场水平分区，上层看台与下层看台及其外侧通道等垂直方向上的构筑物空间均设置为同一个小区。切换区在观众席中远离通道的位置。为严格控制看台上各小区间的信号重叠区域，覆盖看台的天线应为窄波束、副瓣小的天线。覆盖看台的天线一般安装于顶棚马道上，并作适当的美化。

环状通道下部的停车场采用多 RRU 合并小区技术，设置为一个小区。

场内场外的切换带设置在场馆的安检出入口处，布设专门的定向天线控制，以保证进场的人员使用场内小区，而出场人员使用场外小区。

包厢应该有专门的天线进行覆盖，确保用户体验。另外，场馆内部房间众多，要特别关注功能工作区，应布设对应的天线进行覆盖，确保通信顺畅。

3. 会展中心

会展中心建筑特点：占地面积和建筑跨度大，层高较高；内部展厅隔断少、布局开阔；展会期间的业务密度巨大(如图 9.22 所示)。

图 9.22　规模巨大的会展中心

会展中心平时话务量较低，而突发话务量巨大。单个 RRU 容量无法满足时，须使用多个 RRU 进行覆盖。多个 RRU 分属于多个小区，对于普通楼层结构建筑，建议采用上下分小区；对于中空或敞开结构场馆，一般采用水平方向区域分小区。每个区域采用室内分布式天线进行覆盖，信源采用 RRU 设备；当话务量较小时，采用共小区模式，保留 2～5 个小区；当话务量激增时，将共小区模式转变为每个 RRU 单独小区，一般在 6～18 个小区。根据场馆规模和结构的不同，可以采用不同的分区方式和分区数量。

例 9.3　某国际展览中心占地约 126000 m^2，总建筑面积为 108000 m^2，集展览、会议、商贸、信息、娱乐、餐饮为一体。

室内展厅总面积为 45000 m^2，可以容纳 2200 个国际标准展位。展厅分上下两层，每层又分为三个展厅，可分可合。此外，在主建筑的东、南两面设有两个室外展场，可容纳 672 个国际标准展位。南、北、东主入口处均设有平台，可举行各种礼仪活动，其中南礼仪平台和广场占地约 25000 m^2，是举行重大活动的场所。

一层北部展厅 F 为下沉式展厅，净高 8 m，室外设有展场；其他两个展厅 D 和 E 层高为 8.7 m，净高为 6 m。

二层展厅是一个宽 75 m、长 245 m 的无柱大空间，由 75 m 大跨度的钢桁架承托的弧形屋面所覆盖。展馆的二夹层设有商务洽谈室 20 间，总面积约为 1700 m^2，可举办有 20～200 人参加的各种不同形式的洽谈活动。

三层设有贵宾会见厅和休息厅，总面积约为 400 平方米。另外，三层还设有面积近 3000 平方米的无柱多功能厅，可举办 2000 人参加的大型活动。三层观景大厅的总面积为 1400 平方米，可举行大型时装秀等活动。

地下层为设备用房及可容纳 250 辆机动车的停车库。展览中心地面和地下停车库的机动车总泊位可达 800 多个。

试为该国际会展中心设计覆盖方案。

解　覆盖方式的确定如下：

(1) 展馆标准层的覆盖方式。根据模拟测试结果及楼层电磁环境的特点，在展馆标准层每层的四角安装 4 副水平半功率角为 90°、垂直半功率角为 50°的定向板装天线进行覆盖，天线口功率控制在 15 dBm 左右；展厅旁的洽谈室采用低功率的密布天线的方式独立覆盖，全向吸顶天线的天线口功率控制在 5 dBm 左右。

(2) 多功能区的覆盖方式。根据模拟测试结果及楼层电磁环境的特点，在三楼无柱多功能厅的四角安装 4 个板状定向天线向中心覆盖，并对天线做适当美化处理；对于贵宾会见厅的覆盖，在靠近馈线路由的一角安装 1 个板状定向天线向前覆盖；对于观景大厅的覆盖，在靠墙一侧安装 2 个板状定向天线，分别向两侧外斜向辐射。

(3) 电梯的覆盖方式。电梯覆盖需要考虑以下几个方面：

① 考虑到会展中心楼层较高，电梯运行速度较快，为了避免电梯在运行过程中出现通话断续、单通和掉话等现象，电梯只采用一个小区进行覆盖。

② 为了节约投资，合理充分利用功率，根据就近原则，选择距离电梯最近的小区作为展厅电梯内的信源小区。

③ 考虑到会展中心楼层较高及进出电梯的切换问题，电梯内天线采用每层安装一副室内壁挂天线且主瓣方向朝电梯厅的方式进行覆盖。

(4) 小区划分。根据分析，忙时会展中心区域内将有 8 万用户，规模大、覆盖容量高，必须划分覆盖小区。地下车库设置一个 RRU；一层展厅对应 D、E、F 厅共设置 3 个 RRU，平时采用共小区技术；二层展厅对应 A、B、C 厅及其二夹层的商务洽谈室共设置 3 个 RRU，平时采用共小区技术；三层单独设置一个 RRU。

思考题

1. 在居民区建设移动通信信号覆盖工程时，如何获得居民支持？
2. 在装修精致的场所做室内信号覆盖工程时，如何协调天线覆盖效果和环境美观问题？
3. 如何解决覆盖物业潮汐业务量巨大的问题？
4. 地铁覆盖系统中，主要的切换有哪几种场景？
5. 如何满足体育馆比赛日巨大的话务容量需求？

附录 缩略语

3GPP	3 rd generation partnership project	第三代合作伙伴计划
3GPP2	3 rd generation partnership project 2	第三代合作伙伴计划 2
AC	access controller	接入控制器
ACIR	adjacent channel interference ratio	邻道干扰功率比
ACK	acknowledgement	确认指示
ACLR	adjacent channel leakage ratio	邻道泄漏功率比
ACS	adjacent channel selectivity	邻道选择性
AGC	automatic gain control	自动增益控制
ALC	automatic level control	自动电平控制
AMC	adaptive modulation and coding	自适应调制编码
AP	access point	接入点
ARQ	automatic repeat request	自动重传请求
AUC	authentication center	鉴权中心
BBU	base band unit	基带单元
BER	bit error rate	误比特率
BLER	block error ratio	误块率
BTS	base transceiver station	基站收发台
BS	base station	基站
CCK	complementary code keying	补码键控
C/I	carrier/interference	载干比
CIR	carrier to interference ratio	载干比
CW	continue wave	连续波
DTX	discontinuous transmission	不连续发射
EIRP	effective isotropic radiated power	等效全向辐射功率
ETSI	european telecommunications standards institute	欧洲电信标准化协会
EPC	evolved packet core	演进的分组核心网
E-UTRA	evolved universal terrestrial radio access	增强型通用陆地无线接入

FAF	floor attenuation factor	楼层衰减因子
FER	frame error rate	误帧率
GSM	global system for mobile communications	全球移动通信系统
GPRS	general packet radio service	通用分组无线服务技术
GPS	global positioning system	全球定位系统
GMSK	guassian filtered minimum shift keying	高斯最小频移键控
HARQ	hybrid automatic repeat request	混合自动重传请求
HSDPA	high speed downlink packet access	高速下行分组接入
HSUP	High speed uplink packet access	高速上行分组接入
IEE	Institute of electrical and electronics engineers	美国电气和电子工程师协会
ITU	international telecommunication union	国际电信联盟
ICI	inter-carrier interference	载波间干扰
ISI	inter-symbol interference	符合间干扰
KPI	key performance indicator	关键性能指标
LCR	low chip rate	低码片速率
LTE	long term evolution	长期演进
LOS	line of sight	视距
MAI	multiple access interference	多址干扰
MCL	minimum coupling loss	最小耦合损耗
MIMO	multiple-input multiple-output	多输入多输出
MOS	mean option scores	平均意见值
NACK	non-acknowledgement	不确认指示
NF	noise figure	噪声系数
OFDM	orthogonal frequency division multiplexing	正交频分复用
OFDMA	orthogonal frequency division multiple access	正交频分多址
OMC	operations maintenance center	操作维护中心
PAPR	peak to average power ratio	功率峰均比
PER	packet error ratio	包差错率
POE	power over ethernet	以太网供电

POI	point of interface	多系统接入平台
PVC	polyvinyl chlorid	聚氯乙烯
QPSK	quadrature phase shift keying	正交相移健控
RAB	radio access bear	无线接入承载
RB	radio bear	无线承载
RNC	radio network controller	无线网络控制器
ROT	rise over thermal	背景噪声提升
RRU	remote radio unit	远端射频单元
SAE	system architecture evolution	系统架构演进
SEM	spectrum emission mask	射频辐射模板
SGW	service gateway	服务网关
SIR	signal to interference ratio	信号干扰比
SISO	single input single output	单输入单输出
UMTS	universal mobile telecommunications system	通用移动通信系统
UTRAN	UMTS terrestrial radio access network	UMTS陆地无线接入网
WIMAX	worldwide interoperability for microwave access	全球互操作微波接入
WLAN	wireless local access network	无线局域网

参 考 文 献

[1] ITU－R P.1238－6－2009.
[2] 苏华鸿，等.蜂窝移动通信射频工程[M]. 北京：人民邮电出版社，2005.
[3] 罗世全. 移动通信中继覆盖系统设备与工程设计[M]. 北京：电子工业出版社，2012.
[4] 吴为. 无线室内分布系统实战必读[M]. 北京：机械工业出版社，2012.
[5] 陈德荣，等. 移动通信网络规划与工程设计[M]. 北京：北京邮电大学出版社，2010.
[6] 王有为，等. WCDMA 特殊场景覆盖规划与优化[M]. 北京：人民邮电出版社，2011.
[7] ETSI document TR 101 112.
[8] 陆健贤，等. 移动通信分布系统原理与设计[M]. 北京：机械工业出版社，2008.
[9] 上海市无线电协会. 移动通信多系统室内综合覆盖[M]. 上海：上海科学技术出版社，2007.
[10] 吴志忠. 移动通信无线电波传播[M]. 北京：人民邮电出版社，2002.
[11] 王亚峰，等. TD－SCDMA 及其增强和演进技术[M]. 北京：人民邮电出版社，2009.
[12] 3GPP TS 25.401 V5.8.0 UTRAN overall description-Release 5.
[13] 段红光，等. TD－SCDMA 网络规划优化方法与案例[M]. 北京：人民邮电出版社，2008.
[14] 华为技术有限公司. 华为 WCDMA 系统基本原理教材.
[15] 3GPP TS 25.301 Radio Interface Protocol Architecture.
[16] 3GPP TS 25.201 Physical layer-general description.
[17] 陈泽强，等. WCDMA 技术与系统设计[M]. 北京：机械工业出版社，2005.
[18] 3GPP TS 25.308 High Speed Downlink Packet Access(HSDPA) overall description.
[19] 赵绍刚，等.HSDPA 技术及其演进：HSUPA 与 HSPA＋[M]. 北京：人民邮电出版社，2007.
[20] 3GPP TS 25.950 UTRA High Speed Downlink Packet Access.
[21] 尹长川，等. 多载波宽带无线通信技术[M]. 北京：北京邮电大学出版社，2004.
[22] 3GPP TS 25.999 HSPA evolution(FDD)
[23] 关山，等. HSDPA 网络技术[M]. 北京：机械工业出版社，2006.
[24] YD/T 1337－2005，900/1800MHz TDMA 数字蜂窝移动通信网直放站技术要求和测试方法，2005.
[25] YD/T 883－1999，900/1800MHz TDMA 数字蜂窝移动通信网基站子系统设备技术要求及无线指标测试方法，1999.
[26] YD/T 1241－2002，800MHz CDMA 数字蜂窝移动通信网直放站技术要求和测试方法，2002.
[27] 刘元安，等. 宽带无线接入和无线局域网[M]. 北京：北京邮电大学出版社，2001.
[28] 林昌禄. 天线工程手册[M]. 北京：电子工业出版社，2002.

[29] 韩斌杰. GSM原理及其网络优化[M]. 北京：机械工业出版社，2002.
[30] 袁超伟. CDMA蜂窝移动通信[M]. 北京：北京邮电大学出版社，2003.
[31] 中兴通讯股份有限公司. 中兴TD多通道室内覆盖解决方案[OL]，2007.
[32] 段永福，等.无线局域网(WLAN)设计与实践[M]. 杭州：浙江大学出版社，2007.
[34] 周兴围，等. UMTS LTE/SAE系统与关键技术详解[M]. 北京：机械工业出版社，2009.
[35] 高峰，等. 无线城市：电信级Wi-Fi网络建设与运营[M]. 北京：人民邮电出版社，2011.
[36] 王映民，等. TD-LTE Advanced移动通信系统设计[M]. 北京：人民邮电出版社，2012.
[37] 彭宏利. 典型室内环境中的MIMO若干关键技术[M]. 上海：上海交通大学出版社，2012.
[38] YD/T5120—2005,无线通信系统室内覆盖工程设计规范，2005.
[39] GB8702-88,电磁辐射防护规定，1988.
[40] 大唐移动通信设备有限公司. TD-SCDMA大型场馆规划与组网解决方案教材.
[41] 大唐移动通信设备有限公司. TD-SCDMA地铁专项覆盖方案教材.
[42] 郑毅，等. LTE-A系统中继技术的研究[J]. 现代电信科技，2009.6(6).
[43] 华为技术有限公司.射频基础知识培训教材.
[44] 华为技术有限公司.共站建设与系统隔离分析教材.
[45] 京信通信系统(中国)股份有限公司. 直放站产品原理培训教材.
[46] 大唐移动通信设备有限公司. TD-SCDMA HSDPA技术及组网培训教材.
[47] 中国移动通信集团设计院有限公司. TD-LTE室内分布系统设计方法.
[48] GB9175-88，环境电磁卫生标准，1988.
[49] 中国电信集团. 中国电信无线维护岗位认证培训教材.
[50] 杭州华三通信技术有限公司. WLAN技术交流PPT.
[51] 京信通信系统(中国)有限公司. 室分建设思路PPT.
[52] 北京星地恒通科技有限公司. 射频基础知识培训教材.